世界互联网发展报告
— 2023 —

中国网络空间研究院　编著

商务印书馆
The Commercial Press

图书在版编目（CIP）数据

世界互联网发展报告.2023 / 中国网络空间研究院
编著.—北京：商务印书馆，2023
ISBN 978－7－100－22680－6

Ⅰ.①世… Ⅱ.①中… Ⅲ.①互联网络—研究报告
—世界—2023 Ⅳ.①TP393.4

中国国家版本馆 CIP 数据核字（2023）第126208号

封面设计：薛平　昊楠

世界互联网发展报告（2023）
中国网络空间研究院　编著

商　务　印　书　馆　出　版
（北京王府井大街36号　邮政编码 100710）
商　务　印　书　馆　发　行
山 东 临 沂 新 华 印 刷 物 流
集 团 有 限 责 任 公 司 印 刷
ISBN　978－7－100－22680－6

2023年10月第1版　　开本 710×1000　 1/16
2023年10月第1次印刷　印张 19¼
定价：278.00元

前　言

　　2023 年，世界百年未有之大变局加速演进，国际格局和秩序复杂演变。互联网、大数据、云计算、人工智能、区块链等新技术深刻演变，产业数字化、智能化、绿色化转型不断加速，智能产业、数字经济蓬勃发展，极大改变全球要素资源配置方式、产业发展模式和人民生活方式。同时，全球产业链供应链加速重构重组，网络和数据安全风险日益渗透，网络空间碎片化程度加剧，网络空间国际治理面临新的机遇和挑战。建设和维护一个和平、安全、开放、合作、有序的网络空间是各国的共同期盼，构建网络空间命运共同体日益成为国际社会的广泛共识。我们精心编纂《世界互联网发展报告（2023）》（以下简称《报告》），对世界互联网发展情况进行分析、总结和评估，旨在客观反映 2023 年度互联网领域的主要趋势，为全球互联网发展提供借鉴，主要特点有：

　　（1）立足实践，展示全球携手构建网络空间命运共同体的最新成效。一年来，面对国际形势的复杂多变，许多国家和地区主动把握数字时代发展机遇，深化网络空间国际合作，加快构建网络空间命运共同体，并取得积极进展。《报告》客观反映全球携手构建网络空间命运共同体的具体实践及成效，充分展示中国同世界各国一道，共同担起为人类谋进步的历史责任，推动践行全球发展倡议、全球安全倡议、全球文明倡议，积极推进全球互联网治理体系改革和建设，让互联网发展成果更好惠及全人类。

　　（2）把握态势，及时呈现世界互联网发展的最新前沿。《报告》全景式展现世界互联网领域的重要进展。一年来，信息基础设施建设逐渐成为大国关注焦点，信息技术创新取得新突破，数字经济成为多国经济复苏的强劲引擎，数字政府建设水平不断提升，新技术赋能媒体融合，全球数字娱乐产业蓬勃发展，各国积极布局增强网络安全能力，网络空间法治化趋势明显，生成式人工智能等新技术治理引发全球关注。

（3）科学评估，力求全面、准确、客观地反映世界互联网发展的总体情况。《报告》重点阐述世界互联网发展情况，优化世界互联网发展指数指标体系，从信息基础设施、数字技术和创新能力、数字经济、数字政府、网络安全、网络空间国际治理六大维度，对五大洲具有代表性的 52 个国家的互联网发展情况进行综合评估，深入分析主要国家和地区互联网发展的最新概况。《报告》关注发展中国家互联网发展情况，对 21 个欠发达国家互联网发展速度进行分析，评估其互联网发展潜力，以期更加客观地反映世界互联网发展全貌，推动弥合数字鸿沟，促进全球均衡发展。

《报告》客观地记录了 2023 年度全球互联网发展的进程。未来，我们将继续关注世界互联网发展态势，为促进更多国家和人民携手构建网络空间命运共同体贡献智慧和力量。

中国网络空间研究院

2023 年 9 月

目　录

— 总　论 —

— 第1章　世界信息基础设施建设 —

— 第 2 章　世界信息技术发展 —

— 第 3 章　世界数字经济发展 —

— 第 4 章　世界数字政府发展 —

— 第 5 章　世界互联网媒体发展 —

— 第 6 章　世界网络安全发展 —

— 第 7 章　世界网络法治发展 —

— 第 8 章　网络空间国际治理 —

— 第 9 章　中国为世界互联网发展做出贡献 —

当今世界正处于百年未有之大变局，世界多极化、经济全球化历史潮流势不可当，但同时，单边主义、保护主义、逆全球化思潮蔓延，全球性问题加剧，局部冲突频发，不确定、难预料成为常态。信息革命时代潮流加速向政治、经济、社会、文化等各领域广泛渗透，数字化、网络化、智能化深入演进，新技术、新应用不断涌现，人类日益向数字世界迈进。

　　一年来，互联网加速融入经济社会发展，日益成为大国竞争的焦点。网络基础设施支撑数字经济发展的底座基石作用更加凸显，世界主要经济体纷纷加大网络基础设施建设投入力度，筑牢互联网发展的基础。数字技术发展持续加速，5G技术、人工智能、量子计算、区块链等新兴技术进入发展快车道，数字技术成为国家间竞争的关键领域。数字化变革成为很多国家经济发展的主要方向，数字经济在全球经济总量中的比重不断增加。国际社会共享互联网发展成果，广大发展中国家努力提升网络发展能力，弥合数字鸿沟，联合国《2030年可持续发展议程》有关目标持续推进。在网络内容领域，生成式人工智能的发展引起高度关注，新技术不断改变网络内容生产传播形式，推动网络媒体纵深发展，但同时也给虚假信息治理带来挑战。在网络安全领域，网络空间成为全球冲突的新战场，在俄乌冲突中网络的作用引起国际社会担忧，全球网络安全形势日益严峻，应对网络安全问题已成全球共识，加强国际合作迫在眉睫。联合国、世界贸易组织（WTO）、二十国集团等国际组织积极推动数字贸易规则制定，在适应数字化转型、发展数字经济方面凝聚更多共识，推动实现更多合作。区域性国际交流合作深入开展，区域贸易协定为全球数字贸易规则的形成和制定提供基础，推动全球数字经济加快发展。构建网络空间命运共同体等理念得到越来越多国家的认同。

同时，网络空间国际治理赤字日益扩大，大国博弈加剧，治理碎片化和分裂化、数字技术安全化等问题凸显。全球互联网治理体系变革进入关键时期。联合国持续推动达成"全球数字契约"，努力构建开放、自由、安全、以人为本的数字未来。中国等国家，不断拓展数字经济国际合作，持续深化全球网络安全合作，积极推动网络空间全球治理，促进全球普惠包容可持续发展，为世界互联网发展贡献智慧和力量。

一、世界互联网发展概况

（一）信息基础设施建设持续推进，成为大国关注焦点

信息基础设施支撑经济社会发展作用愈发明显。一年来，在通信网络基础设施方面，世界主要经济体加强战略部署，促进5G应用普及，提升宽带网络接入速率和覆盖范围，加快IPv6规模化部署和应用，创新卫星互联网应用场景；在算力基础设施方面，多国加快部署，数据中心规模平稳增长，云计算、边缘计算等算力多元化发展趋势明显；在应用基础设施方面，物联网、工业互联网、车联网等应用基础设施建设步伐提速，推动全球数字化进程加快。

多国持续强化固定宽带网络战略部署，全球固定宽带用户数量稳步增加。市场调研公司Point Topic数据显示，2022年全球固定宽带连接数达到13.6亿。各国加大对5G网络建设投资力度，2022年底全球5G基站部署总量超过364万个，同比增长72%，5G网络已覆盖全球33.1%的人口，全球5G连接用户总数超过10.1亿。移动互联网用户数字鸿沟在缩小，平均从2017年的50%下降到2022年的41%，但差距仍较大。[1] IPv6规模部署取得显著成效，全球IPv6用户数和综合部署率以及网络、域名系统、网站等方面的IPv6支持度都在稳步提高，截至2022年12月，全球已有超半数的国家和地区的综合IPv6部署率达到30%及以上。全球卫星通信发展进入加速期，通信卫星发射数量呈现迅速增长态势。截至2023年1月，全球累计在轨通信用途的卫星数量达到4826颗。[2] 各国

1　GSMA Intelligence，《2023全球移动经济发展报告》，2023年3月。

2　UCS Satellite Database，https://www.ucsusa.org/resources/satellite-database，访问时间：2023年7月2日。

加快推进卫星互联网建设，卫星互联网广泛应用到偏远地区通信、应急救灾、海洋渔业、工业制造等领域。GPS、北斗、伽利略等卫星导航系统建设升级，性能不断提升，各国间合作深化，形成既竞争又互补的局面。

多国加快布局算力基础设施，全球数据中心规模平稳增长，2022年全球数据中心机架市场规模达到26.683亿美元，服务器市场规模约为480.9亿美元。[1] 以应用赋能为牵引，全面渗透、融合创新的应用基础设施建设步伐提速。物联网产业规模持续扩张，代表"物"连接的蜂窝物联网终端用户数超过代表"人"连接的移动电话用户数，物联网建设进入"物超人"新阶段。全球移动通信系统协会（GSMA）报告显示，2022年全球授权蜂窝物联网连接数达到25亿。[2] 全球工业互联网规模总体呈现增长态势，美、中、日、德表现突出，工业互联网智能化融合态势凸显，企业深化数字业务集成，打造工业互联网平台，服务企业数字化转型。车联网发展进入高速期，从试验验证逐步走向落地成熟。根据英国金融服务企业IHS Markit的数据显示，2021年全球车联网市场规模达1430亿美元，预计2023年将达1865亿美元。

（二）信息技术创新引领社会变革，全球技术合作遭冲击破坏

信息技术创新发展已成为新一轮产业变革的核心要素，各国在技术研发上的投入不断增加。一年来，全球信息技术创新发展驶入快车道，集成电路、人工智能、量子科技等技术均取得新的突破，各国竞相布局。

在集成电路领域，虽然2022年下半年以来全球集成电路产业进入下行周期，但作为信息技术的基础硬件支撑，集成电路产业依旧保持增长态势。芯粒（Chiplet）技术性能提升，成集成电路未来发展趋势，桌面及服务器CPU中X86架构芯片仍占据91%的市场，由英特尔、超威半导体公司（AMD）两家主导。手机处理器芯片性能和效能持续提升，ARM架构处于绝对优势，高通、苹果、联发科、三星和紫光展锐占据手机处理器市场90%以上的份额，且均采用ARM架构。人工智能技术突破引发GPU算力需求激增，据3D打印中心（3D Center）的数据显示，2022年全球GPU市场规模达到448.3亿美元。芯片制

1　Global Info Research, "Global Data Center Server Market 2023 by Company, Regions, Type and Application, Forecast to 2029", 2023年3月。

2　GSMA Intelligence,《2023全球移动经济发展报告》，2023年3月。

程工艺不断突破，3纳米制程工艺逐步量产，正向2纳米技术路线攻关。在软件技术方面，马太效应愈发凸显。截至2023年6月，Android、Windows、iOS、MacOS、Linux五大操作系统占据全球操作系统95.8%的市场份额。在人工智能领域，大模型技术的发展，推动行业进入全新发展阶段。以ChatGPT为代表的生成式人工智能应用技术被视为近年来最具颠覆性的技术之一，众多企业和机构发布了相关大模型产品或公布了大模型产品发展计划。多国加快区块链战略布局，推动区块链技术创新稳步发展，形成了公有链和联盟链两大体系，区块链应用路径日益清晰，逐渐在金融、能源、医疗健康等领域应用落地。量子通信已逐步实现商业化应用，多国积极布局量子技术，以期抢占量子计算技术高地。世界主要经济体启动6G技术研发，未来市场前景广阔。

大国数字技术竞争加剧，博弈烈度上升，呈现出全面性、长期性的特征，集成电路等领域开始呈现体系分化态势。美国等国家凭借其技术领先优势，推行技术霸权，实行科技"脱钩""断链"，恶意破坏全球信息技术合作与创新。2022年，美国出台《芯片与科学法》（CHIPS and Science Act），提供520余亿美元补贴吸引高端芯片产能回流本土，主导组建芯片四方联盟。欧盟公布《欧洲芯片法案》，提供430亿欧元补贴以提高欧洲芯片产能。日本为台积电设在日本的晶圆厂提供补贴4760亿日元，为美光补贴3.2亿美元支持其扩大产能。

（三）数字经济成为发展强劲引擎，多国强化顶层设计和布局

在世界经济复苏乏力的背景下，加快数字经济发展成为培育新动能、激发新活力的重要选择，数字经济日益成为全球经济发展的主要经济形态。根据国际数据公司（IDC）预测，全球数字经济产值占全球GDP的比重将由2020年的43.7%升至2023年的62%。全球数字产业化步伐加速，尤其是软件和信息服务业高速发展；产业数字化转型提速升级，成为全球数字经济发展的主导力量，数字经济在各行业渗透率持续提升。在数字经济高速发展的同时，全球范围内不平衡状况持续加剧。2023年，全球电子商务保持较快发展，拉美和东南亚电商增长尤其迅速，跨境电商等呈现快速增长趋势。据市场研究公司Statista预测，2023年全球跨境电商市场规模将达到4.47万亿美元，相比2019年增长120%。电子商务的快速发展以金融科技和电子支付的创新应用作为支撑。数字技术广泛运用在金融领域。2021年，全球金融科技投资总额已超过2200

亿美元并保持增长趋势。全球货币金融体系加速数字化变革，央行数字货币（CBDC）研发进程加快，应用场景增多。

多国加快布局数字经济发展顶层设计，通过政策、法律、技术等多种手段，提升国际竞争力。2021年，美国出台《创新与竞争法案》《人工智能权利法案蓝图》等文件，加大对前沿领域的研发和布局，强化关键新兴技术产业领域的领先地位。中国数字经济蓬勃发展，稳居世界第二。中国印发《数字中国建设整体布局规划》，提出要做强做优做大数字经济，培育壮大数字经济核心产业，研究制定推动数字产业高质量发展的措施，打造具有国际竞争力的数字产业集群；出台《关于构建数据基础制度更好发挥数据要素作用的意见》等政策，确立数据基础制度框架；组建国家数据局，协调推进数据基础制度建设，统筹数据资源整合共享和开发利用。欧盟发布《数据法案》《数据治理法案》等系列政策法案，试图弥补数字技术、产业链等方面的短板，加强数字经济治理。日本、韩国等国家基于其在全球数字格局的定位，制定一系列支持政策，建立健全国家数据政策委员会等数字经济管理机构，促进本国数字经济发展。

（四）政府数字化转型步伐加快，一体化在线政务服务成趋势

加快政府数字化转型已成为国际社会的普遍共识。一年来，多国加快完善数字政府战略布局，全球电子政务发展水平稳步提升。在线政务服务向着跨区域、跨部门、跨层级的一体化服务方向发展。

多国和地区通过发布国家战略规划引导数字政府建设，制订行动计划，提出发展重点，强化数字政府建设的制度和法律框架，为数字政府转型构筑生态。欧盟《2030年数字十年政策方案》、巴西《巴西数字化转型战略2022—2026》等文件都对政府数字化转型进行战略规划。全球电子政务发展水平持续提高，《2022联合国电子政务调查报告》显示，全球电子政务发展指数平均值从2020年的0.5988提高到2022年的0.6102，超过2/3的国家电子政务发展指数为"高"或"非常高"。政务服务呈现全面数字化趋势，3/4左右的联合国成员国建设"一站式"服务网站提供政务服务。很多国家的政府还积极探索新兴技术与政务服务的深度融合，为公民和企业提供智能化、精准化与个性化的政务服务。

数字技术的发展加速政府数字化转型，提升数字政府服务能力。智慧城市建设是其中重要领域，多国加快进行布局建设，促进新一代信息通信技术与城

市经济社会发展深度融合。数字孪生技术开始在新型智慧城市建设中应用，为城市运营管理提供新的治理方式。政务数据开放共享利用有助于增强数字政府效能，国家内部以及国家间政务数据开放程度不断推进。欧盟发布《欧洲互操作法》（Interoperable Europe Act），建立跨境互操作的治理框架，加强欧洲公共部门之间的跨境互操作与合作。同时，多国采取措施提高数字素养和技能。2023年，加拿大宣布投资1760万加元（约合1亿元人民币）用于提高全民数字化教育。中国印发《提升全民数字素养与技能行动纲要》，启动"全民数字素养与技能提升月"活动，加强全民数字技能教育与培训，提升公民数字素养，为数字经济发展夯实基础。

（五）新技术赋能媒体融合，全球数字娱乐产业发展前景广阔

一年来，以算法推荐、深度合成、人工智能为代表的新技术为媒体深度融合发展带来了新机遇。全球数字娱乐产业致力于打造优质内容服务，满足日益丰富的数字娱乐市场需求，呈现蓬勃发展生机，内容日渐"短视频化"和"音频化"。发展中国家积极制订数字发展计划，在互联网媒体使用人口、时长、市场表现等方面表现出较快的增长趋势。

在新闻媒体方面，人工智能技术逐渐向信息采集、生产、分发、接收、反馈等各环节渗透，深刻改变媒体运行模式，尤其在丰富产品应用、蓄势数字生产、赋能内容创作等方面呈现出巨大潜力。技术赋能新闻传媒业不断转型升级和融合创新成为顺应智能时代发展的共识。人工智能技术的广泛应用也引发多方面担忧，如深度伪造可被用于制造虚假信息等，甚至成为威胁国家安全的工具；通过算法处理，定向向用户推送特定内容，影响其观点和行为，导致信息过滤和个人观点的偏见，形成"信息茧房"等。

互联网媒体发展势头有所放缓，用户增速下滑和使用时长减少较疫情前的迅猛增长态势形成鲜明对比。据2023年4月统计，全球互联网用户每日使用时间同比下降4.4%。与上年相比，流媒体市场红利不断缩减，用户增长乏力，广告收入下降。各数字平台对新用户的争夺异常激烈，纷纷采取优化数字内容服务、开启降价订阅与低价广告等手段，以巩固原有市场，保持竞争力。在竞争激烈的互联网赛道上，短视频、音频化为主的信息传播流行趋势，成为各社交媒体巨头寻求创新的方向选择。

全球数字娱乐产业蓬勃发展，网络音乐、网络游戏等领域发展前景广阔。根据国际唱片业协会（IFPI）发布《2023年全球音乐报告》，2022年全球音乐销量连续第八年增长，在盈利模式方面，得益于知识产权保护，付费订阅增长显著。人工智能在音乐创作和营销领域的潜力不断凸显。游戏产业方面，2022年全年全球游戏市场总营收达1829亿美元。美国和中国为全球营收最高的两大游戏市场，市场份额共占全球总额的49%。云游戏成为游戏产业未来发展的趋势与方向，市场营收规模不断扩大，用户活跃度不断提升。2022年，全球云游戏市场收入已达23.98亿美元，同比增长72.8%，增长速度超出行业预期。

（六）网络安全威胁升级，各国积极布局增强网络安全能力

当前，网络安全与政治、经济、文化、社会、军事等诸多领域相交织，网络安全问题呈现出来源多样性、挑战综合性和影响全球性的特点。

全球范围内网络攻击明显增多，2022年全球网络攻击较上年增长38%，达到历史新高。勒索软件、数据泄露、高危漏洞、分布式拒绝服务（DDoS）攻击、高级持续性威胁（APT）等严重威胁国家安全和社会稳定。截至2022年末，企业因遭到勒索软件攻击而支付赎金最高达700万美元。[1] 针对云计算、工业互联网、车联网等领域的攻击快速增长，如2022年公开披露的工业领域勒索软件攻击事件数量较2021年增长78%，电子制造业遭受攻击最多。[2]

世界各国积极采取措施增强网络安全能力。美国发布新版《国家网络安全战略》，成立网络空间和数字政策局（CDP），提升网络安全保障能力；欧洲成立网络危机联络组织网络，负责管理欧洲国家间网络危机的合作；俄罗斯签署《确保俄罗斯信息安全额外措施》总统令，要求在联邦行政机关、机构、组织内设立信息安全部门；澳大利亚等国制定措施对关键基础设施开展风险评估；七国集团（G7）发布联合声明，强调加强基础设施网络安全的配合与防御行动，提高关键信息基础设施安全保护水平。多国加大网络安全技术研发和投入力度，网络安全产业市场规模持续增长，谷歌、微软等科技巨头纷纷加入

1　Palo Alto Networks，"2023年Unit42勒索软件与敲诈攻击报告"，https://www.paloaltonetworks.com/resources/research/2023-unit42-ransomware-extortion-report，2023年4月。

2　国家工业信息安全发展研究中心，《2022年工业信息安全态势报告》，2023年2月。

网络安全企业收购行列。根据市场研究咨询公司Markets and Markets的报告显示，2022年全球网络安全市场规模约为1735亿美元。网络安全行业的持续发展使其对网络安全人才的需求日益增长，网络安全人才缺口在扩大。《2022年网络安全劳动力研究报告》显示，2022年全球网络安全劳动力短缺与2021年相比增长26.2%，尽管2022年网络安全人员增加了46.4万，但仍有约343万的缺口。

（七）网络空间法治化趋势明显，多国不断推出细分领域立法

世界主要国家不断强化网络有关立法。一年来，全球网络空间法治建设的体系化与精细化程度不断提升，整体看，数据治理、反垄断、新技术、新应用等领域立法仍是各国关注的重点。网络领域也存在个别国家以国内法管辖境外实体的"长臂管辖"行为，通过出口管制、实体清单等形式推行霸权主义，干涉他国内政，侵害别国实体的合法权益。

在数据立法方面，从全球范围看，有关数据的立法增多，主要涉及数据分级分类、数据流动、数据保护等领域。欧洲议会通过《数据法案》，涉及数据共享、公共机构访问、跨境数据传输等内容，试图提供适用所有数据的更广泛的规则。中国出台《个人信息保护认证实施规则》《个人信息出境标准合同办法》等文件，进一步规范数据出境活动，完善跨境数据流动管理体系。印度尼西亚颁布的《个人数据保护法》，是该国第一部个人数据保护的综合性法律，确立了"告知-同意"规则，规定了数据泄露告知义务。在维护市场竞争秩序方面，欧盟《数字市场法》正式生效，重点关注数字市场竞争问题，明确了大型互联网平台的权利和规则，将"守门人"制度在立法中加以固化。在打击网络犯罪方面，各国立法执法力度加大。美国推出《优化网络犯罪度量法》，旨在提升打击网络犯罪的效率，帮助执法机构更好地识别网络威胁、防止攻击和起诉网络犯罪。中国通过《中华人民共和国反电信网络诈骗法》，推动形成全链条反诈、全行业阻诈、全社会防诈的打防管控格局。在新技术新应用立法方面，多国在人工智能、隐私增强技术（privacy-enhancing technologies，PETs）等新技术治理进行探索实践。中国制定《生成式人工智能服务管理暂行办法》，规定生成式人工智能发展和治理原则，提出促进生成式人工智能技术的发展的具体措施，对生成式人工智能服务实行包容审慎和分类分级监管。

欧盟通过《人工智能法案》（AI Act），旨在对任何使用人工智能系统的产品或服务进行管理，并根据风险高低，将人工智能系统的使用场景划分为低风险、有限风险、高风险和不可接受风险四个级别。新西兰发布《生成式人工智能指南》，着重加强对人工智能应用使用过程中隐私的保护。

（八）网络空间碎片化程度加剧，新技术治理引发全球关注

当前网络空间大国博弈加剧，网络空间对抗态势复杂多变，影响国际治理进程。在网络空间国际治理的路径选择上，各国尚未达成一致意见。个别国家通过构建小圈子等方式将网络空间划分阵营，加速网络空间碎片化，在治理理念上，个别国家将本国价值观强加他国，企图将西方标准上升为全球治理模式，而中国等国家反对将技术问题政治化，反对利用国家力量打压遏制他国企业发展，主张"发展共同推进、安全共同维护、治理共同参与、成果共同分享"，提倡携手构建网络空间命运共同体的发展理念。联合国等国际组织推动制定"全球数字契约"，以数字合作路线图为基础，倡导数字技术国际合作，推动全球数字发展。

在各方共同努力下，发展负责任的人工智能、全球和区域数字贸易合作、弥合数字鸿沟等网络空间国际治理热点议题取得进展。在新技术治理方面，发展负责任的人工智能在多个国际组织内部达成共识。联合国教科文组织呼吁尽快实施人工智能伦理标准，确保实现人工智能伦理问题全球性协议——《人工智能伦理问题建议书》的目标。经济合作与发展组织（OECD）提出十项人工智能原则，并强调人工智能开发和使用者对技术系统的正常运行需承担必要责任。在全球和区域数字贸易合作方面，联合国、世界贸易组织、二十国集团等积极推动数字贸易规则制定，区域贸易协定为全球数字贸易规则的形成和制定提供基础，亚太地区经贸协定逐步扩围，《区域全面经济伙伴关系协定》（RCEP）对15个成员国已全面生效，《全面与进步跨太平洋伙伴关系协定》（CPTPP）就英国加入协定达成共识，英国成为首个亚太以外的成员国。在弥合数字鸿沟方面，国际电信联盟（ITU）《2024—2027战略规划》提出要促进普惠安全的电信基础设施建设，加快解决各国和各地区的数字鸿沟，拉美、非洲、东南亚等地区持续推动数字基础设施建设，提升民众网络技能和素养。

二、主要国家互联网发展情况评估

"世界互联网发展报告"系列在2017年设立了世界互联网发展指数，并构建了相应的评估指标体系。为充分反映2023年度世界互联网最新发展情况，本书选取五大洲具有代表性的52个国家进行分析，具体名单如下。

美洲：美国、加拿大、巴西、阿根廷、墨西哥、智利、古巴。

亚洲：中国、日本、韩国、马来西亚、新加坡、泰国、印度尼西亚、越南、印度、沙特阿拉伯、土耳其、阿联酋、以色列、伊朗、巴基斯坦、哈萨克斯坦、乌兹别克斯坦、吉尔吉斯斯坦、塔吉克斯坦、土库曼斯坦。

欧洲：英国、法国、德国、意大利、俄罗斯、爱沙尼亚、芬兰、挪威、西班牙、瑞士、丹麦、荷兰、葡萄牙、瑞典、乌克兰、波兰、爱尔兰、比利时。

大洋洲：澳大利亚、新西兰。

非洲：南非、埃及、肯尼亚、尼日利亚、埃塞俄比亚。

（一）指数构建

世界互联网发展指数从信息基础设施、数字技术和创新能力、数字经济、数字政府、网络安全、网络空间国际治理六个方面综合测量，并反映一个国家的互联网发展水平。2023年的世界互联网发展指数结合实际情况对一级指标进行调整，下设18个二级指标和37个三级指标，并根据原始数据的可获取性，对个别三级指标的说明及数据来源进行了微调，具体如下。

将原一级指标"1. 基础设施"调整为"1. 信息基础设施"，在二级指标"1.2 移动基础设施"下面新增三级指标"1.2.4 移动宽带普及率"。

将原一级指标"2. 创新能力"调整为"2. 数字技术和创新能力"，将二级指标"2.1 ICT专利申请"移至二级指标"2.1 创新发展能力"下，变为三级指标"2.1.1 ICT论文、标准、专利申请数量"，并删除原三级指标"2.2.1 研发投入在GDP中的占比"。

将原一级指标"3. 产业发展"和"4. 互联网应用"合并调整为"3. 数字经济"和"4. 数字政府"，将原二级指标"4.1 个人应用"和"4.2 企业应用"合并为二级指标"3.3 应用情况"。

在一级指标"4. 数字政府"下，新设"4.1 总体规划部署""4.2 数据开放应用""4.3 在线服务提供""4.4 政民互动情况"指标。

在一级指标"6. 网络空间国际治理"下,将原二级指标"6.1 互联网治理"名称调整为"6.1 组织建设与政策法规","6.2.2 主导或参与网络能力建设"名称调整为"6.2.2 支持其他国家网络能力建设情况"。

为保证数据的真实性、准确性,2023年的世界互联网发展指数数据来源主要包括以下几个方面:一是联合国、世界银行、世界经济论坛、经合组织、全球移动通信系统协会等国际组织的统计数据、研究报告和相关指数;二是部分国际组织网站的统计数据;三是专家学者的综合评定。在时间跨度上,数据原则上截至2022年底,部分数据根据可获取情况做适当调整。

(二)评估指标体系

2023年世界互联网发展指数指标体系见表0-1。

表0-1　2023年世界互联网发展指数指标体系

一级指标	二级指标	三级指标	指标说明
1. 信息基础设施	1.1 固定基础设施	1.1.1 固定宽带网络平均下载速率	反映各国固定宽带用户在某段时间内进行网络下载的平均速率
		1.1.2 固定宽带订阅率	反映各国每百人订阅固定宽带的水平
	1.2 移动基础设施	1.2.1 移动宽带网络平均下载速率	反映各国移动宽带用户在某段时间内进行网络下载的平均速率
		1.2.2 移动网络基础设施	反映各国移动网络基础设施的建设情况
		1.2.3 移动网络资费负担	反映各国从价格角度看移动服务和设备的可获得性
		1.2.4 移动宽带普及率	反映各国每百万人订阅移动宽带的水平
	1.3 应用基础设施	1.3.1 超级计算机数量	反映不同国家超级计算机数量
		1.3.2 IPv6	反映IPv6的部署情况
2. 数字技术和创新能力	2.1 创新发展能力	2.1.1 ICT论文、标准、专利申请数量	反映各国申请ICT论文、标准、专利等方面的水平及能力
		2.1.2 新兴技术采用能力	反映各国企业应用人工智能、机器人、大数据、云计算等新兴技术的情况

续表一

一级指标	二级指标	三级指标	指标说明
2. 数字技术和创新能力	2.2 创新潜力	2.2.1 ICT人才情况	反映高等教育ICT领域的毕业生数量/高等学历ICT人才数量
3. 数字经济	3.1 产业发展环境	3.1.1 产权保护程度	反映各国保护实物产权、知识产权的程度以及实现产权保护的法律和政治环境
		3.1.2 参与全球化的能力	从经济、社会、政治维度反映各国参与全球化的水平
	3.2 数字产业	3.2.1 ICT附加值占比	反映各国ICT产业附加值在GDP的占比
		3.2.2 ICT服务出口占比	反映各国信息通信服务出口规模占国内服务出口规模的比例
		3.2.3 ICT产品出口占比	反映各国信息通信产品出口规模占国内产品出口规模的比例
		3.2.4 拥有数字"独角兽"公司的数量	反映各国拥有市值10亿美元以上数字产业公司的数量
		3.2.5 移动应用程序创造量	反映各国移动应用程序的创造情况
	3.3 应用情况	3.3.1 互联网使用人数	反映各国网民总数量
		3.3.2 互联网包容度	反映互联网使用中的性别鸿沟、数字支付的城乡差距、数字支付的社会经济差距等
		3.3.3 在线内容获取度	评估各国民众可获取的与之相关的在线内容和服务的可用性
		3.3.4 电子商务额	反映各国民众在电子商务方面的交易总额
4. 数字政府	4.1 总体规划部署	4.1.1 制度框架设计	反映各国是否制定数字政府相关的电子政务战略、隐私政策等规划设计
	4.2 数据开放应用	4.2.1 政府数据开放	反映各国政务数据开放平台建设,以及基于开放数据的影响等情况
	4.3 在线服务提供	4.3.1 在线服务信息	反映各国政务服务事项的在线公布情况,如采购信息、教育信息、司法信息等在线信息通知情况
		4.3.2 在线服务办理	反映各国政务服务事项的在线办理程度,如营业执照、居住证、出生证明、结婚证等在线服务办理情况

一级指标	二级指标	三级指标	指标说明
4. 数字政府	4.4 政民互动情况	4.4.1 技术渠道建设	反映各国开通门户网站、移动端口等政民互动渠道的情况
		4.4.2 在线参与	反映各国公众通过不同互动渠道与政府互动的情况，如在线咨询、信息在线发布、在线参与政府决策等
5.网络安全	5.1 网络安全立法	5.1.1 网络安全相关政策法规	反映各国网络安全、网络犯罪等方面的立法情况
	5.2 网络安全设施	5.2.1 每百万人安全的网络服务器数	反映各国每百万人中拥有安全的网络服务器数量
	5.3 网络安全产业	5.3.1 网络安全企业全球前100名数量	反映各国热门网络安全企业位于全球前100强的数量
	5.4 网络安全水平	5.4.1 防范网络攻击的能力和水平	反映各国防范网络威胁、管控网络犯罪能力等情况
		5.4.2 网络安全发展能力	反映各国在网络安全研发、教育与培训、政府部门提升国内网络安全发展能力的情况
6. 网络空间国际治理	6.1 组织建设与政策法规	6.1.1 互联网治理相关组织健全程度	反映各国设置的互联网治理等相关组织的情况
		6.1.2 互联网治理相关政策法规实施程度	反映各国互联网治理相关法规、政策的实施情况
	6.2 参与国际治理情况	6.2.1 参与相关国际组织情况	相关国家和地区专家在联合国相关机构（如ITU、WSIS、IGF等）、互联网名称与数字地址分配机构（ICANN）、国际互联网工程任务组（IETF）、国际标准化组织（ISO）、APEC数字经济工作组等相关组织中的任职情况
		6.2.2 支持其他国家网络能力建设情况	反映各国帮助其他国家的网络能力建设、给予技术援助、政策指导或培训项目等情况

（三）评估结果分析

通过对各项指标的计算，得出52个国家的互联网发展指数得分，见表0-2。

总的来看，美国和中国的互联网发展水平仍处于领先地位；新加坡、荷兰、韩国、芬兰、瑞典等国家排名较为靠前；欧洲国家互联网发展实力普遍较强；中亚和非洲地区的互联网发展仍有较大提升空间。

表0-2　52国互联网发展指数得分

排名	国家	得分
1	美国	67.86
2	中国	60.97
3	新加坡	57.87
4	荷兰	57.34
5	韩国	57.28
6	芬兰	57.17
7	瑞典	56.46
8	日本	55.94
9	加拿大	55.78
10	法国	55.77
11	挪威	55.71
12	瑞士	55.63
13	英国	55.57
14	德国	55.46
15	丹麦	55.37
16	澳大利亚	55.17
17	阿联酋	54.51
18	爱沙尼亚	54.07
19	以色列	53.78
19	新西兰	53.78
21	西班牙	52.79
22	沙特阿拉伯	52.40
23	爱尔兰	51.75
23	意大利	51.75

排名	国家	得分
25	葡萄牙	51.24
26	马来西亚	51.10
27	泰国	49.92
28	俄罗斯	49.68
29	比利时	49.48
30	智利	49.17
31	巴西	49.14
32	印度	49.12
33	波兰	48.93
34	土耳其	48.65
35	乌克兰	47.18
36	印尼	47.14
37	哈萨克斯坦	46.86
38	墨西哥	46.35
39	南非	46.13
40	越南	45.41
41	埃及	44.76
42	肯尼亚	44.51
43	阿根廷	44.14
44	乌兹别克斯坦	41.87
45	巴基斯坦	41.82
46	尼日利亚	41.29
47	伊朗	40.79
48	吉尔吉斯斯坦	40.02
49	埃塞俄比亚	34.33
50	塔吉克斯坦	34.32
51	土库曼斯坦	33.44
52	古巴	33.16

1. 信息基础设施

信息基础设施建设水平与一国（地区）的经济发展水平密切相关。从表0-3的评价结果可以看出，排名前10位的大多是经济发展水平较高、国土面积相对不大、数字鸿沟相对不明显的国家。相对而言，非洲、拉美和中亚部分国家在信息基础设施建设方面仍有较大提升空间。

表0-3　52国信息基础设施指数得分

排名	国家	得分
1	韩国	7.34
2	挪威	7.29
3	美国	7.23
4	新加坡	7.21
5	阿联酋	7.15
6	丹麦	6.99
7	中国	6.93
8	瑞士	6.82
9	荷兰	6.66
10	加拿大	6.48
11	法国	6.40
12	泰国	6.20
13	智利	6.15
14	日本	6.14
14	沙特阿拉伯	6.14
16	新西兰	6.07
16	西班牙	6.07
18	芬兰	5.97
19	瑞典	5.94
20	葡萄牙	5.84
21	澳大利亚	5.76
22	德国	5.70

排名	国家	得分
23	比利时	5.63
24	英国	5.47
25	爱沙尼亚	5.35
26	波兰	5.19
27	以色列	5.07
28	巴西	5.03
29	意大利	4.98
30	越南	4.91
31	马来西亚	4.90
32	爱尔兰	4.85
33	俄罗斯	4.64
33	阿根廷	4.64
35	土耳其	4.60
36	乌克兰	4.52
37	墨西哥	4.48
38	南非	4.21
39	哈萨克斯坦	4.19
40	印度	4.11
41	埃及	4.04
42	乌兹别克斯坦	3.91
43	伊朗	3.89
44	印尼	3.86
45	吉尔吉斯斯坦	3.83
46	肯尼亚	3.57
47	巴基斯坦	3.55
48	塔吉克斯坦	3.36
49	尼日利亚	3.24
49	埃塞俄比亚	3.24

续表二

排名	国家	得分
51	古巴	2.80
51	土库曼斯坦	2.80

2. 数字技术和创新能力

在数字技术和创新能力方面，美国仍位居第一，芬兰和瑞典分列第二、三位，中国位居第四（见表0-4）。在ICT论文、标准、专利申请数量和ICT人才情况方面，中国和美国作为人口大国，遥遥领先其他国家。美国、芬兰、瑞士、荷兰、瑞典、以色列等发达国家对新兴技术的应用持更加开放积极的态度，在新兴技术采用能力方面得分更高。相较而言，非洲、拉美、中亚等国的数字技术和创新能力稍显逊色，尤其在ICT论文、标准、专利申请数量和ICT人才情况等方面差距较大。

表0-4　52国数字技术和创新能力指数得分

排名	国家	得分
1	美国	10.62
2	芬兰	10.04
3	瑞典	10.03
4	中国	10.01
5	荷兰	9.88
6	以色列	9.80
7	瑞士	9.43
8	德国	9.39
9	新加坡	9.30
10	加拿大	9.05
11	挪威	9.04
12	日本	8.94
13	韩国	8.93

续表一

排名	国家	得分
14	英国	8.92
15	丹麦	8.87
16	法国	8.74
17	澳大利亚	8.71
18	阿联酋	8.11
19	爱尔兰	8.02
20	沙特阿拉伯	7.93
21	新西兰	7.90
22	比利时	7.81
23	爱沙尼亚	7.78
24	马来西亚	7.66
25	葡萄牙	7.61
26	西班牙	7.42
27	意大利	7.40
28	俄罗斯	7.16
29	印尼	6.56
30	智利	6.43
31	印度	6.41
32	泰国	6.40
33	南非	6.39
34	乌克兰	6.34
35	埃及	6.27
36	波兰	6.17
37	墨西哥	6.06
38	土耳其	6.04
39	肯尼亚	5.83
40	哈萨克斯坦	5.61
41	阿根廷	5.60
41	越南	5.60

续表二

排名	国家	得分
43	巴基斯坦	5.51
44	巴西	5.38
45	伊朗	5.32
46	尼日利亚	5.28
47	埃塞俄比亚	5.21
48	古巴	5.03
49	乌兹别克斯坦	4.76
49	土库曼斯坦	4.76
51	塔吉克斯坦	4.70
52	吉尔吉斯斯坦	4.63

3. 数字经济

数字经济指标不仅反映各国人均数字产业发展和数字技术应用情况，也反映国家间数字经济规模，英国、芬兰等数字产业实力较强的国家和中国、印度等数字经济规模较大的国家总体排名相对较高，既有技术产业优势又有规模优势的美国以绝对优势位居数字经济指标第一位。相对而言，非洲、拉美、中亚等国家排名相对靠后，这些国家数字经济发展空间很大，尤其是在应用方面提升难度相对较小（见表0-5）。

表0-5　52国数字经济指数得分

排名	国家	得分
1	美国	17.05
2	中国	13.27
3	英国	9.82
4	德国	9.78
5	芬兰	9.76
6	以色列	9.73

排名	国家	得分
7	瑞典	9.72
8	新加坡	9.67
9	荷兰	9.66
10	印度	9.63
11	爱尔兰	9.56
12	韩国	9.55
13	日本	9.53
14	加拿大	9.51
15	法国	9.44
16	瑞士	9.39
17	澳大利亚	9.32
17	挪威	9.32
19	丹麦	9.31
20	爱沙尼亚	9.18
21	马来西亚	9.17
22	新西兰	9.05
23	西班牙	9.03
24	比利时	9.02
24	俄罗斯	9.02
26	阿联酋	8.99
27	沙特阿拉伯	8.96
28	意大利	8.95
29	印尼	8.93
30	葡萄牙	8.85
31	巴西	8.78
32	波兰	8.70
33	乌克兰	8.67

续表二

排名	国家	得分
34	泰国	8.66
35	越南	8.57
36	智利	8.54
37	土耳其	8.53
38	墨西哥	8.50
39	阿根廷	8.47
40	南非	8.46
41	埃及	8.39
42	巴基斯坦	8.33
43	哈萨克斯坦	8.24
44	肯尼亚	8.21
45	伊朗	8.06
46	尼日利亚	8.01
47	吉尔吉斯斯坦	7.89
48	塔吉克斯坦	7.83
49	埃塞俄比亚	7.66
50	乌兹别克斯坦	7.26
51	古巴	7.21
52	土库曼斯坦	7.15

4. 数字政府

数字政府建设情况涉及各国（地区）数字政府总体规划部署、数据开放应用、在线服务提供、政民互动情况。《2022联合国电子政务调查报告》排名前10位的国家分别为丹麦、芬兰、韩国、新西兰、冰岛、瑞典、澳大利亚、爱沙尼亚、荷兰、美国，这些国家在本报告中数字政府相关指标的排名中也相对靠前。非洲、拉美、亚洲部分国家数字政府发展水平仍有待提高，在数据开放应用及政民互动情况等方面进步空间较大（见表0-6）。

表0-6　52国数字政府指数得分

排名	国家	得分
1	爱沙尼亚	16.99
2	丹麦	16.93
3	韩国	16.86
4	新西兰	16.73
5	荷兰	16.66
6	新加坡	16.64
6	澳大利亚	16.64
8	日本	16.60
9	芬兰	16.59
10	美国	16.50
11	瑞典	16.45
12	英国	16.40
13	阿联酋	16.39
14	中国	16.30
15	法国	16.24
16	西班牙	16.16
17	哈萨克斯坦	16.06
18	巴西	16.04
19	意大利	16.00
20	沙特阿拉伯	15.94
21	以色列	15.84
22	加拿大	15.83
23	瑞士	15.75
24	葡萄牙	15.70
25	土耳其	15.63
26	挪威	15.55
27	乌克兰	15.53
28	德国	15.43

续表一

排名	国家	得分
29	墨西哥	15.39
30	智利	15.36
30	爱尔兰	15.36
32	泰国	15.33
33	阿根廷	15.32
34	马来西亚	15.25
35	印尼	15.17
36	波兰	15.15
37	印度	14.98
38	俄罗斯	14.91
39	乌兹别克斯坦	14.75
40	南非	14.69
41	比利时	14.33
42	越南	14.00
43	肯尼亚	13.74
44	吉尔吉斯斯坦	13.44
45	巴基斯坦	13.13
46	埃及	12.59
47	尼日利亚	12.33
48	伊朗	11.69
49	塔吉克斯坦	11.43
50	埃塞俄比亚	11.12
51	土库曼斯坦	10.42
52	古巴	10.14

5. 网络安全

网络安全指数综合考察一国（地区）的网络安全法律法规完善程度、防护能力、安全技术实力等方面情况，因此排名靠前的大多是技术发达国家。其中，以色列和爱沙尼亚两国以其优秀的安全能力分别位居第二、第三。英国、德国、爱沙尼亚在网络安全水平方面表现优异，美国和以色列在网络安全产业方面遥遥领先。非洲、拉美、亚洲部分国家仍需加大提升网络安全能力，建设网络安全设施，壮大网络安全产业，完善网络安全立法，提升防范网络攻击的能力和水平（见表0-7）。美国虽然网络安全能力强大，但多年来一直凭借自身技术优势，对外国政府、企业和个人进行大规模、有组织的网络窃密和监听、监控活动，不论是俄罗斯等美国的竞争对手还是德国、澳大利亚、以色列、韩国和乌克兰等盟友都在范围内，严重威胁其他国家网络安全。

表0-7　52国网络安全指数得分

排名	国家	得分
1	美国	8.34
2	以色列	7.17
3	爱沙尼亚	7.05
4	德国	7.02
4	新加坡	7.02
6	加拿大	6.99
7	法国	6.95
8	荷兰	6.93
9	英国	6.92
10	瑞典	6.90
11	芬兰	6.89
12	丹麦	6.78
12	马来西亚	6.78
14	澳大利亚	6.74
15	俄罗斯	6.73
16	意大利	6.71
17	比利时	6.68
17	日本	6.68

续表一

排名	国家	得分
19	西班牙	6.66
19	韩国	6.66
21	挪威	6.65
22	爱尔兰	6.61
23	葡萄牙	6.59
24	波兰	6.57
25	土耳其	6.51
26	印度	6.45
27	巴西	6.37
28	中国	6.35
29	阿联酋	6.28
30	越南	6.25
31	埃及	6.22
31	瑞士	6.22
33	哈萨克斯坦	6.20
33	新西兰	6.20
35	泰国	6.12
36	肯尼亚	6.05
37	沙特阿拉伯	5.96
38	尼日利亚	5.93
39	印尼	5.75
40	乌兹别克斯坦	5.72
41	乌克兰	5.52
42	智利	5.30
43	南非	5.11
44	伊朗	4.77
45	巴基斯坦	4.69
46	墨西哥	4.55

排名	国家	得分
47	吉尔吉斯斯坦	3.91
48	古巴	3.66
49	阿根廷	3.15
50	塔吉克斯坦	2.68
51	埃塞俄比亚	2.40
51	土库曼斯坦	2.40

6. 网络空间国际治理

网络空间国际治理方面,鉴于网络空间国际规则仍在构建中,同时考虑到相关数据的可获得性,本指标主要考核相关国家互联网治理组织机构和法律法规完备程度,以及参与国际组织相关工作的情况。从结果来看,德国、中国、美国较为领先,日本、英国、新加坡紧随其后,瑞士、法国等国家在网络空间国际事务中表现良好。非洲、拉美、亚洲部分国家在互联网治理和相关政策法规实施方面亟待提升(见表0-8)。德国作为欧洲国家的代表,凭借其强大的经济基础,工业互联网等数字经济发展较快,数字市场相关政策和治理措施不断完善。而美国尽管在网络空间国际治理部分领域居于主导地位,但近年来,其在网络空间搞"小圈子",实行科技"脱钩""断链",严重破坏网络空间国际合作与交流,对网络空间国际治理和人类共同利益带来挑战和威胁。

表0-8　52国网络空间国际治理能力指数得分

排名	国家	得分
1	德国	8.13
2	中国	8.11
3	美国	8.10
4	日本	8.05
5	英国	8.04

续表一

排名	国家	得分
6	新加坡	8.02
7	瑞士	8.01
8	法国	8.00
9	澳大利亚	7.99
10	韩国	7.95
11	芬兰	7.92
12	加拿大	7.91
13	挪威	7.85
14	新西兰	7.83
15	爱沙尼亚	7.72
16	意大利	7.71
17	阿联酋	7.59
18	荷兰	7.55
19	印度	7.54
19	巴西	7.54
21	沙特阿拉伯	7.47
21	西班牙	7.47
23	伊朗	7.44
24	瑞典	7.42
25	墨西哥	7.38
25	智利	7.38
27	爱尔兰	7.35
28	马来西亚	7.34
29	土耳其	7.33
30	南非	7.27
31	埃及	7.25
32	泰国	7.21
32	俄罗斯	7.21

排名	国家	得分
34	波兰	7.15
35	肯尼亚	7.11
36	阿根廷	6.96
37	尼日利亚	6.93
38	印尼	6.87
39	葡萄牙	6.65
40	巴基斯坦	6.62
41	乌克兰	6.60
42	哈萨克斯坦	6.56
43	丹麦	6.49
44	吉尔吉斯斯坦	6.32
45	以色列	6.16
46	越南	6.09
47	埃塞俄比亚	6.06
48	比利时	6.01
49	土库曼斯坦	5.90
50	乌兹别克斯坦	5.47
51	古巴	4.33
52	塔吉克斯坦	4.32

三、欠发达国家互联网应用发展情况分析

　　世界互联网发展指数中选取的国家大部分是互联网发展较为发达的国家。但世界范围内发展中国家人口占全世界总人口的四分之三，他们的互联网发展对实现联合国2030年可持续发展目标具有重要意义。2023年是联合国2030年可持续发展目标中期评估年，近年来在世界数字浪潮发展推动下，欠发达国家的互联网发展增速较快，显示出其发展的巨大潜力。

　　为进一步弥合全球数字鸿沟，促进欠发达国家互联网发展，让互联网更好

造福人类，本报告参照联合国最不发达国家（LDCs）的界定标准[1]选定21个欠发达国家，分析其互联网应用发展情况。这些国家包括安哥拉、孟加拉国、贝宁、柬埔寨、乍得、埃塞俄比亚、老挝、莱索托、马达加斯加、马拉维、毛里塔尼亚、缅甸、莫桑比克、尼日尔、卢旺达、塞内加尔、苏丹、坦桑尼亚、乌干达、赞比亚、也门。[2]

在评价欠发达国家互联网应用发展方面，鉴于所选国家目前互联网技术创新能力和网络安全研发能力仍相对较弱，更多是应用其他国家已有的技术成果和网络安全产品，且参与网络空间国际治理能力有限，所以我们重点选取世界互联网发展指数中的信息基础设施、数字经济、数字政府3个一级指标及其下的固定宽带订阅率、移动宽带普及率、产权保护程度、参与全球化的能力、ICT服务出口占比、ICT产品出口占比、电子政务情况等7个二级指标，暂未将技术创新、网络安全、网络空间国际治理等因素纳入其中。

通过计算，得出了21个国家的互联网应用发展速度情况（见表0-9）。为了直观地看出这些国家的互联网应用进步情况，我们也应用相同的指标选取了15个发达国家[3]进行对比分析。

表0-9　2017—2022年部分国家互联网应用发展速度情况

国家	2017年得分	2022年得分	增加值	增长率
日本	19.34	22.14	2.80	14.48%
韩国	21.00	23.39	2.39	11.38%
新西兰	17.33	19.60	2.27	13.10%
以色列	20.72	22.96	2.24	10.81%
葡萄牙	18.76	20.83	2.07	11.03%

1　"Least Developed Countries (LDCs)"，https://www.un.org/development/desa/dpad/least-developed-country-category.html，访问时间：2023年7月。

2　ITU，Measuring digital development Facts and Figures: Focus on Least Developed Countries，2023年3月。

3　包括英国、法国、美国、澳大利亚、加拿大、德国、以色列、意大利、日本、韩国、新西兰、葡萄牙、新加坡、西班牙、瑞士，上述15个国家为世界互联网发展指数评估中52个国家中的部分发达国家，且15个国家中大部分为二十国集团成员。

国家	2017年得分	2022年得分	增加值	增长率
美国	17.97	19.36	1.39	7.74%
西班牙	18.54	19.76	1.22	6.58%
加拿大	17.48	18.33	0.85	4.86%
英国	21.10	21.91	0.81	3.84%
法国	20.41	21.14	0.73	3.58%
瑞士	22.44	23.10	0.66	2.94%
澳大利亚	17.41	17.92	0.51	2.93%
新加坡	21.98	22.25	0.27	1.23%
德国	22.16	22.29	0.13	0.59%
意大利	19.45	19.48	0.03	0.15%
所选发达国家平均水平	19.74	20.96	1.22	6.18%
老挝	12.00	18.81	6.81	56.75%
缅甸	16.96	21.24	4.28	25.24%
安哥拉	9.78	13.69	3.91	39.98%
马达加斯加	9.29	12.83	3.54	38.11%
柬埔寨	21.85	25.09	3.24	14.83%
乍得	9.48	12.69	3.21	33.86%
贝宁	15.28	18.00	2.72	17.80%
毛里塔尼亚	19.10	21.82	2.72	14.24%
马拉维	12.08	14.62	2.54	21.03%
埃塞俄比亚	9.33	11.81	2.48	26.58%
坦桑尼亚	14.73	17.09	2.36	16.02%
孟加拉国	19.31	20.95	1.64	8.49%
莱索托	19.61	21.17	1.56	7.96%
塞内加尔	21.76	23.04	1.28	5.88%
也门	13.11	14.25	1.14	8.70%
莫桑比克	10.70	11.64	0.94	8.79%

续表二

国家	2017年得分	2022年得分	增加值	增长率
卢旺达	15.14	15.89	0.75	4.95%
赞比亚	16.42	17.09	0.67	4.08%
苏丹	13.36	13.73	0.37	2.77%
尼日尔	12.30	12.56	0.26	2.11%
乌干达	13.72	13.85	0.13	0.95%
所选欠发达国家平均水平	14.54	16.76	2.22	15.27%

从计算结果可以看出，发达国家2017年的平均分为19.74，2022年的平均分为20.96，其增长量为1.22分，平均增长率为6.18%；而所选欠发达国家国家2017年的平均分为14.54，2022年的平均分为16.76，增长量为2.22分，平均增长率达到15.27%。以发达国家的平均水平作为参照系，21个欠发达国家中有14个国家（老挝、缅甸、安哥拉、马达加斯加、柬埔寨、乍得、贝宁、毛里塔尼亚、马拉维、埃塞俄比亚、坦桑尼亚、孟加拉国、莱索托、塞内加尔）的互联网应用增长分值位于发达国家平均增长分值之上，有15个国家（老挝、缅甸、安哥拉、马达加斯加、柬埔寨、乍得、贝宁、毛里塔尼亚、马拉维、埃塞俄比亚、坦桑尼亚、孟加拉国、莱索托、也门、莫桑比克）的增长率超过发达国家的平均增长率。这些国家在改善数字连接、推进数字经济发展、指导电子政务建设等方面均取得不同程度的进步，互联网应用发展速度较快。

四、世界主要国家和地区互联网发展综述

根据国际电联发布的报告《测量数字发展：事实和数据2022》（Measuring digital development: Facts and Figures 2022），全球的互联网用户约有53亿人，占世界人口的66%，仍有27亿人处于离线状态。2021—2022年网民的增长率为6.1%，高于2020—2021年的5.1%，但仍远低于新冠疫情开始时2019—2020年的11%。各洲、各国网民的差异较大。在欧洲、独联体和美洲国家，80%—90%的人口使用互联网，接近普遍使用（实际定义为互联网渗透率至少达到95%）。

阿拉伯国家和亚太国家大约2/3的人口（分别为70%和64%）使用互联网，与全球平均水平一致，而非洲的平均水平仅为40%。在最不发达国家和内陆发展中国家（LLDCs），目前只有36%的人口上网。本报告结合世界互联网发展指数的情况，对亚洲、非洲、欧洲、北美洲、拉丁美洲、大洋洲互联网发展概况以及部分国家的发展情况进行梳理。

（一）亚洲

亚洲互联网发展速度较快，互联网用户数居世界第一，亚洲国家较多，国家间经济和互联网发展水平差异较大，但区域经济合作意愿较为强烈。

1. 中国

中国在世界互联网发展指数中的得分排名第2位，其中，信息基础设施得分排名第7位、数字技术和创新能力得分排名第4位、数字经济得分排名第2位、数字政府得分排名第14位、网络安全得分排名第28位、网络空间国际治理得分排名第2位。

中国互联网发展迅速，网民规模位居世界第一。据中国互联网络信息中心（CNNIC）发布的《中国互联网络发展状况统计报告》显示，截至2023年6月，中国网民规模达10.79亿人，较2022年12月增长1109万人，互联网普及率达76.4%。[1]《网络就绪度指数2022》（NRI指数）报告显示，中国排名由2021年的第29位上升至2022年的第23位，是唯一一个不属于高收入经济体而进入前1/4的经济体（共有131个经济体）。

在数字技术创新方面，中国数字技术创新能力快速提升，2022年，中国信息领域相关PCT国际专利申请近3.2万件，全球占比达37%，数字经济核心产业发明专利授权量达33.5万件，同比增长17.5%。[2] 根据世界知识产权组织（WIPO）发布的《2022年全球创新指数报告》，中国的排名从2021年的第12位升至2022年的第11位，连续十年稳步提升。

在数字经济发展方面，中国数字经济发展势头较强，数字产业化向强基

1　"第52次《中国互联网络发展状况统计报告》发布：我国网民规模达10.79亿人"，https://baijiahao.baidu.com/s?id=1775454064764883521&wfr=spider&for=pc，访问时间：2023年8月30日。

2　国家互联网信息办公室，《数字中国发展报告（2022年）》，2023年5月。

础、重创新、筑优势方向转变，产业数字化向经济社会全方位和全链条渗透，与实体经济深度融合，表现出强大韧性。2022年中国数字经济规模达50.2万亿元，总量稳居世界第二，占GDP比重提升至41.5%。数据规模不断扩大，数据交易市场有序发展。数字产业创新能力稳步提升、创新应用加速落地。

在数字政府建设方面，中国数字政府发展水平稳步提升。《2022联合国电子政务调查报告》显示，中国电子政务指数排名全球第43位，创历史新高，较2020年排名提升2位。中国在线服务的分项排名位列第13位。2022年10月，中国政府印发《关于加快推进"一件事一次办"打造政务服务升级版的指导意见》，明确要推进企业和个人全生命周期相关政务服务事项"一件事一次办"，优化服务模式，加强支撑能力建设。截至2023年6月，国家政务服务平台"跨省通办服务专区"已接入个人办事事项249个、法人办事事项212个，公众的获得感显著提升，面向企业的数字经济营商环境不断优化。

在全球数字合作方面，中国不断深化与世界其他国家尤其是发展中国家数字合作。2022年11月，中国国务院新闻办公室发布《携手构建网络空间命运共同体》白皮书，阐述中国互联网发展治理实践和治理理念以及构建网络空间命运共同体的主张。同月，中国与泰国签署电子商务合作备忘录，泰国成为第27个与中国建立双边电子商务合作机制的国家。

2. 韩国

韩国在世界互联网发展指数中的得分排名第5位，其中，信息基础设施得分排名第1位、数字技术和创新能力得分排名第13位、数字经济得分排名第12位、数字政府得分排名第3位、网络安全得分排名第19位、网络空间国际治理得分排名第10位。

2022年9月，韩国发布《韩国数字战略》，将人工智能、半导体、5G和6G移动通信、量子、元宇宙、网络安全六大创新技术作为研发投资的主要方向，多措并举加速这些技术的落地应用，例如要求从小学、初中阶段起全面开展软件和人工智能教育，并扩大相关领域研究生招生规模，通过官民合作培养数字化转型专家。

在信息基础设施建设方面，据韩国科技信息通信部公布的数据显示，韩国移动用户总数达到7879万，其中5G移动用户数首次突破3000万，达到3002万，占移动用户总数的38.1%，4G网络的移动用户数量为4631万，占移动用户总数的58%。[1] 按照韩国数字战略规划，到2024年，韩国将完成5G移动通信全国网络，2026年抢占6G移动通信标准专利。目前，在6G技术上，韩国已投资6000亿韩元。[2]

在数字技术创新发展方面，韩国注重人工智能技术研发和落地应用，计划自主开发建设可控人工智能模型基础设施。韩国加大对人工智能芯片的投入力度。韩国实施《国家尖端战略产业法》，该法将半导体等产业技术指定为国家尖端战略技术并加强扶持和研发。韩国科学技术信息通信部（MSIT）表示，2030年前计划投入8262亿韩元预算，投资研发先进人工智能芯片的本土公司，以吸引AI芯片创业公司和云计算供应商合作。2023年3月，韩国政府提出，将在首都圈打造一个全球规模最大的半导体集群，包括创建一个能容纳巨型制造工厂、设计公司和材料供应商的半导体制造中心。同时，韩国政府重视人工智能技术的应用，计划推出"城市空中交通"（UAM）飞行器，提出的与城市空中交通、人工智能通信服务互通相关的四项详细技术标准获得国际电信联盟电信标准化部门的批准。

在网络安全方面，韩国注重提升国内网络安全保障能力，政府专设跨政府部门的网络安全管理小组（TF）以避免网络平台KAKAO服务瘫痪事故等安全问题重演，构建从预防、训练、应对到复原的全套网络服务检查体系。同时，加强与美国等国的合作。2023年4月，韩美签署《战略性网络安全合作框架》协议，将韩美合作扩展至网络空间，增进在网络安全技术、政策、战略层面的合作，构建互信关系。双方还将开展网络训练、关键基础设施保护研究及开发、人才培养等合作，实时共享网络威胁信息，构建民官学合作网络。

3. 新加坡

新加坡在世界互联网发展指数中的得分排名第3位，其中，信息基础设施得分排名第4位、数字技术和创新能力得分排名第9位、数字经济得分排名第8位、数字政府得分排名第6位、网络安全得分排名第4位、网络空间国际治理得

1　"S. Korea's 5G users top 30 mln in April: data"，https://en.yna.co.kr/view/AEN20230606001200320，访问时间：2023年9月。

2　韩国科学和信息通信技术部，《韩国数字战略》（The Digital Strategy of Korea），2022年9月。

分排名第6位。

近年来，新加坡政府大力推行数字经济基础设施建设，积极推动建成国际网络交换枢纽和亚太互联网数据中心。2023年初，新加坡有581万互联网用户，互联网普及率为96.9%。其中，社交媒体用户508万人，相当于总人口的84.7%。根据 Statista 的预测数据，2023—2028年间，新加坡互联网用户数量将持续增加，用户总计将增加30万，到2028年将达到607万。[1] 在网速方面，截至2023年3月，新加坡的移动下载速度76.48Mbps，上传速度15.76Mbps，位居世界第22名；宽带下载速度235.4Mbps，上传速度200.71Mbps，排名世界第一。新加坡成为全球首个全国覆盖5G网络的国家。[2] 2023年6月，新加坡政府推出数字连接蓝图（Digital Connect Blueprint），旨在加强新加坡的数字基础设施建设，确保新加坡的数字基础设施保持世界先进水平。

在数字技术创新方面，新加坡注重人工智能技术的发展。2022年，新加坡推出世界上第一个人工智能测试框架和工具包，名为AI Verify，旨在提供标准化的方法来验证人工智能系统在国际公认道德原则方面的表现。在量子技术领域，2022年5月，新加坡宣布启动量子工程计划（QEP），以提高在量子计算、量子安全通信和量子设备制造方面的能力。根据新加坡"研究、创新与企业2020计划"，将投入2350万美元，为期3.5年建设国家量子计算中心、国家量子无晶圆厂、国家量子安全网络三个国家量子平台。[3]

在智慧城市建设方面，新加坡建设了一个综合性智能国家传感器平台，通过遍布公共场所的各类传感器，全面精准地获取、采集各类必要数据信息，广泛应用在交通、健康、城市生活、政府服务等多个领域，如电脑视觉溺水探测系统、老年人无线紧急按钮、智能街灯等。

在网络安全方面，新加坡积极推动落实《网络安全战略2021》，2022年4月启动网络安全服务提供商的许可框架，并成立网络安全服务监管办公室（CSRO），其职责包括执行和管理许可流程，以及与公众共享可许可网络安全

1　Statista，"Number of social media users in Singapore"，https://www.statista.com/statistics/489234/number-of-social-network-users-in-singapore/，访问时间：2023年8月。

2　Ookla，Speedtest Global Index，2023年3月。

3　Government of Singapore，"Research, Innovation and Enterprise 2020 Plan, RIE2020"，https://www.mti.gov.sg/Resources/publications/Research-Innovation-and-Enterprise-RIE-2020，访问时间：2023年9月1日。

服务的资源，例如提供被许可人名单等。

在打击网络犯罪方面，2022年5月，新加坡内务部发布《网络犯罪危害法案》，赋予政府对网络内容的广泛审查权力。该法案赋予警方可针对网络犯罪活动发出指示的权力，若警方怀疑网站涉及诈骗和网络犯罪，或者存在助长其他犯罪活动的内容，就可以发出停止通讯、屏蔽内容、限制账户、切断网络和删除应用程序五大指示，若网络服务提供商不遵守将面临罚款或监禁惩罚。

在数字合作方面，新加坡将国外合作伙伴视为与个人、企业、政府部门并列的重要参与主体。近几年，新加坡与新西兰、英国等国家签订了相关合作协议，如《数字经济伙伴关系协定》（DEPA）、《英国—新加坡数字经济协定》（UKSDEA）等。

4. 沙特阿拉伯王国

沙特阿拉伯（以下简称沙特）在世界互联网发展指数中的得分排名第22位，其中，信息基础设施得分排名第14位、数字技术和创新能力得分排名第20位、数字经济得分排名第27位、数字政府得分排名第20位、网络安全得分排名第37位、网络空间国际治理得分排名第21位。

沙特互联网普及率高达99%，人均上网时间为每天7小时20分钟，平均每天使用社交媒体的时间是3小时。谷歌是沙特访问量最大的网站，其次是优兔（YouTube）和脸书（Facebook）。

在基础设施建设方面，沙特通信和信息技术部计划引资180亿美元建设大型数据中心网络。沙特电信公司投资4亿美元建设地区最大的云数据中心。

在数字技术发展方面，沙特政府积极投资数字技术发展。2022年，沙特向未来技术和创业领域拨款64亿美元，其中10亿美元用于开发世界上第一个整合虚拟和现实世界的认知元宇宙XVRS。同时，多个跨国互联网企业在沙特投资，如谷歌已与国有石油巨头沙特阿美公司建立合资企业，微软将投资25亿美元建设云数据中心，脸书母公司Meta公司将在利雅得开设该地区第一家元宇宙学院。

在数字经济发展方面，2022年沙特数字经济增速约达7%，相较于2021年5.6%的增速增长明显。2022年10月，沙特计划拨款27亿美元，启动全球供应链计划。[1]沙特电子商务发展较为迅速，据市场研究公司Research and Markets公司的分析，预计2022—2027年，沙特电子商务市场将以20.87%的复合年均增长率增长，到2027年将达到200.1亿美元。[2]电子商务的快速发展带动金融科技行业的发展，沙特央行（SAMA）与其他金融机构和科技公司合作，对央行数字货币开展测试。根据沙特金融科技公司（Fintech Saudi）发布的《2021—2022年沙特金融科技年度报告》显示，截至2022年年中，沙特已有147家活跃金融科技企业，比2021年增长了79%。[3]

在网络安全方面，近年来，沙特关键部门遭到大量网络攻击。2022年，沙特启动了"CyberIC"计划，发展本地网络安全技术，支持本地网络安全初创企业。2023年，沙特国家网络安全局表示将在2023年进行7000多项网络评估，以监测网络风险。

5. 阿拉伯联合酋长国

阿拉伯联合酋长国（以下简称阿联酋）在世界互联网发展指数中的得分排名第17位，其中，信息基础设施得分排名第5位、数字技术和创新能力得分排名第18位、数字经济得分排名第26位、数字政府得分排名第13位、网络安全得分排名第29位、网络空间国际治理得分排名第17位。

阿联酋重视数字经济发展。2022年4月，阿联酋内阁会议通过了阿联酋数字经济战略，该战略目标是在十年内将阿数字经济对国内生产总值（GDP）的贡献率从9.7%（2021年）提高一倍至19.4%（2031年）[4]，同时成立专门数字经济委员会，负责协调和帮助相关部门落实战略，以促进数字经济发展。电子商务也是阿联酋数字经济发展的重要领域之一。2023年1月，中东地区首个电子

---

1 《利雅得报》，"2022年沙特数字经济增速预计达7%"，转引自商务部网站，http://jedda.mofcom.gov.cn/article/jmxw/202205/20220503309673.shtml，访问时间：2023年9月6日。

2 Research and Markets，"The Saudi Arabia E-Commerce Industry is Expected to Reach \$20 Billion in 2027"，https://www.globenewswire.com/en/news-release/2022/12/06/2568020/28124/en/The-Saudi-Arabia-E-Commerce-Industry-is-Expected-to-Reach-20-Billion-in-2027.html，访问时间：2023年9月6日。

3 Saudi Arabia，"Fintech Momentum to Continue in 2023 Driven by Open Banking and Digital Banking"，https://www.fintech-galaxy.com/media-center/news/saudi-arabia-fintech-momentum-to-continue-in-2023-driven-by-open-banking-and-digital-banking，访问时间：2023年8月30日。

4 "阿联酋数字经济战略计划10年内将GDP贡献翻一番"，http://ae.mofcom.gov.cn/article/jmxw/202204/20220403306212.shtml，访问时间：2023年8月30日。

商务自由区——迪拜商业城宣布推出企业激励计划，为新老电子商务公司提供支持。

在新技术应用方面，阿联酋各个学校引入区块链、人工智能和其他新兴技术领域的课程，将编程作为一项关键技能，并鼓励学生通过黑客马拉松等项目提高编程能力。在产业数字化方面，2023年1月阿联酋启动了迪拜经济议程（D33），该计划为期十年，将通过100个具有划时代意义的项目为迪拜增加数十亿迪拉姆收入，目标是到2033年实现经济总量翻一番。创新和发展数字经济是实现这一目标的重要途径。

6. 中亚五国

中亚五国资源丰富，地理位置优势突出，是亚欧产业链供应链的重要一环。五国互联网发展水平差异较大，哈萨克斯坦数字经济起步最早、发展最快，乌兹别克斯坦和吉尔吉斯斯坦次之，塔吉克斯坦和土库曼斯坦发展最慢。

哈萨克斯坦于2017年通过了《数字哈萨克斯坦》国家规划，并在2020年确定了10个优先发展方向：社会关系数字化；建立能源和产业"工业4.0"技术平台；建立农业科技平台（AgriTech）；建立电子政务技术平台（GovTech）；保障高质量信息通信技术基础设施和信息安全；打造"智慧城市"技术平台（Smart City）；开发公共安全数字化工具；发展金融科技（FinTech）和电子商务；发展人工智能；建立创新生态体系。新版规划重点聚焦改进国家机关工作、改善医疗和教育体系、开发金融科技、打造智慧城市、建设信息通信基础设施等。[1] 根据这一战略，哈萨克斯坦大力发展能源、金融、交通、物流等行业的数字化转型，提升数据跨境传输能力，与中国共建数字丝绸之路，并力争在2050年进入全球数字经济30强之列。在人工智能发展方面，哈萨克斯坦积极吸引外资和技术，特别是在信息技术和数字经济领域，将发展人工智能作为政府的工作重点之一。

乌兹别克斯坦于2020年出台《2030年国家数字战略》，旨在通过扩大电信基础设施和数据中心建设、推动数字经济发展、加快创新技术发展、培养高素

1　"哈制定新版《数字哈萨克斯坦》国家规划"，https://kz.mofcom.gov.cn/article/jmxw/202010/20201003010533.shtml，访问时间：2023年9月1日。

质数字人才、完善数字经济法律法规、建立风险基金和技术园区、加强数字领域国际合作等措施，希望到2030年可提供高质量、安全、便宜和智能的高速互联网和移动通信，建立稳定和有竞争力的通信和电信市场，缩小城乡之间的数字鸿沟。乌兹别克斯坦还发布了"2020—2022年各地区和各行业数字化转型计划"作为落实该战略的路线图，确定数字化转型的重点领域：数字政务、数字产业、数字教育和数字基础设施。2022年，乌兹别克斯坦发布《2022—2026年创新发展战略》，将数字经济作为经济发展的主要动力，数字经济规模的增长目标为2.5倍。

土库曼斯坦于2018年批准了《土库曼斯坦2019—2025年数字经济发展构想》，提出了建立竞争性数字经济、消除城乡数字鸿沟、加快新技术应用等主要任务。在网络基础设施方面，土库曼斯坦网络速度相对较慢，从2023年3月1日起，土库曼斯坦电信在降低互联网使用费的同时，提高网络连接速度。在数字政府建设方面，土库曼斯坦主要推动工作流程电子化，确保机关、企业和其他非国有机构向数字化过渡，通过数字应用提高科学、技术和创新活动的效率，加强数字领域的国际合作，为经济数字化转型提供科技和智力支持。

吉尔吉斯斯坦2018年通过《2019—2023年吉尔吉斯斯坦数字化转型构想》决议，提出发展数字技能、改善规范性法律框架、发展数字基础设施和平台、发展数字化国家、发展数字经济和管理体系等任务。同时政府在全国范围内开启"Taza Koom"智能国家计划。

塔吉克斯坦于2019年发布《塔吉克斯坦数字经济构想》，拟分2020—2025年、2026—2030年和2031—2040年三个阶段，且在数字中亚—南亚项目（Digital CASA）框架下实施该构想。塔吉克斯坦拟从发展数字基础设施、优先以可负担得起的价格为国内所有人提供宽带接入服务、向数字政府过渡等方向发展数字经济。在电子商务方面，2022年12月，塔吉克斯坦《电子商务法》正式实施，旨在规范利用信息通信技术进行的电子交易，保障电子商务各主体的权益。

7. 东盟地区

东盟正在积极实施《东盟数字总体规划2025》，目标是将东盟建设成一个由安全和变革性的数字服务、技术和生态系统所驱动的领先数字社区和经济体。

东盟各国数字经济发展情况不一，新加坡、马来西亚数字经济基础良好，水平较高。印度尼西亚、越南数字经济增速较快，市场潜力巨大。菲律宾以数字媒体和数字金融为抓手向其他数字经济领域继续拓展。泰国在"泰国4.0"战略的指引下，加强数字基础设施建设和各类互联网应用，以养老、农业、旅游等行业为先导推进产业数字化转型。缅甸、老挝、文莱、柬埔寨四国则处于探索阶段，数字经济发展整体水平相对较低，但也在积极努力，如柬埔寨于2022年宣布实施《2022—2035年柬埔寨数字政府政策》，旨在建立一个以数字基础设施和技术为基础的智能政府。在数据中心建设方面，东盟约70%的数据中心集中在新加坡、印度尼西亚和马来西亚。

在数字技术方面，除了新加坡外，泰国、印度尼西亚等其他东盟国家也在积极探索。泰国希望通过"泰国5G联盟"将其发展成为"东盟数字中心"。2022年11月，印度尼西亚证券交易所宣布与新加坡元宇宙绿色交易所达成合作，利用非同质化数字孪生技术和数字碳信用，共同为印度尼西亚开发国家碳登记和交易系统的基础设施。

在个人信息保护方面，参考《东盟个人数据保护框架》，成员国相继出台数据保护相关法案。2022年，泰国《个人数据保护法》正式生效，成为泰国第一部综合性数据保护立法。印度尼西亚通过了《个人数据保护法》，对印度尼西亚本土和跨国企业使用及管理该国消费者数据做出规定。同时，印度尼西亚加入了东盟其他有专门个人数据保护法国家的司法管辖区。2022年10月，新加坡《个人数据保护法》修正案生效，旨在严格限制企业使用国民身份信息权限，以防个人信息被用于盗窃、欺诈等非法活动。

在国际合作方面，东盟及其成员国加强与中国、欧盟等国家和地区的合作。中国—东盟数字部长会议通过了《落实中国—东盟数字经济合作伙伴关系行动计划（2021—2025）》和《2022年中国—东盟数字合作计划》，双方就加强数字政策对接、新兴技术、数字技术创新应用、数字安全、数字能力建设合作等达成共识。《东盟数字总体规划2025》提出，要确保亚太经合组织的跨境隐私规则和欧盟《通用数据保护条例》（GDPR）的标准互通，确保两个地区能够自由共享数据。

（二）非洲

非洲互联网发展潜力较大，增速较快。自2010年以来，互联网普及率增长十倍，是全球平均增速的三倍，但普及率仍远远落后于世界平均水平。非洲国家如坦桑尼亚、肯尼亚、津巴布韦等国家积极推进网络基础设施建设，提高宽带普及率。随着非洲数字化发展，人们掌握的数字技能无法满足发展需求。据波士顿咨询公司统计，约87%的非洲业界领袖将数字技能发展列为"未来投资优先领域"。世界银行、国际金融公司（IFC）的高等教育数字化计划（D4TEP）等国际组织和部分国家投资支持非洲国家的数字化发展和数字技能提升。非洲国家和地区加大网络安全保护力度，如2022年非洲建立区域网络安全监控中心，纳米比亚成立网络安全委员会，坦桑尼亚议会通过了《2022年个人数据保护法案》，采取多种措施加强网络安全保护。

同时，近几年非洲在数字创新发展方面发展较快。根据世界知识产权组织2022年发布的全球创新指数，毛里求斯、南非和摩洛哥的排名明显提升，成为非洲最具创新力的国家，摩洛哥、突尼斯、肯尼亚、坦桑尼亚和津巴布韦在中低收入国家中表现突出，卢旺达、马达加斯加、莫桑比克和布隆迪在低收入国家中"创新表现优于其发展"，南非在中高收入国家中表现优异，毛里求斯表现中规中矩。

1. 埃及

埃及在世界互联网发展指数中的得分排名第41位，其中，信息基础设施得分排名第41位、数字技术和创新能力得分排名第35位、数字经济得分排名第41位、数字政府得分排名第46位、网络安全得分排名第31位、网络空间国际治理得分排名第31位。

埃及是整个中东北非版图中互联网经济发展最活跃的国家，作为整个中东北非地区的连接枢纽，埃及市场的突出特点是移动互联网优势明显。埃及移动设备的普及率非常高，近94%的埃及人口拥有智能手机。[1] 全球移动通信系统协会报告显示，埃及在2022年第一季度拥有9829万个蜂窝移动连接，占其总人

---

1 "Egyptians and Digital: 2023 Report"，https://naos-solutions.com/egyptians-and-digital-2023-report/，访问时间：2023年8月30日。

口的93.4%；在同一时期，该国的互联网普及率为71.9%（7566万）。截至2023年1月，埃及拥有近8100万互联网用户。2023年1月，埃及有4625万活跃社交媒体用户。据估计，18岁及以上的埃及人中有60.9%是活跃的社交媒体用户。[1]

在信息基础设施方面，近年来，政府出台《2030年信息通信技术战略》《数字埃及》等重要规划以推动数字转型、数字创新、数字基础设施和数字治理。截至2023年6月，埃及已投资20亿美元来升级互联网服务，固定互联网速度从2019年的5.6兆／秒提高到目前的47兆／秒。2022年10月，埃及政府宣布投资500亿埃及镑，用于数字化转型项目。

在数字经济发展方面，埃及政府将发展电子支付视为推动经济数字化转型的一项重要抓手。2022年埃及电子支付量增长52%，电子支付接入点增加84万个，交易金额达500亿埃及镑，均创历史新高。其中，埃及政府推出的电子钱包Meeza卡发行量当年增长至5700万张，手机钱包数量达到3000万。

在网络安全方面，埃及政府不断加强网络和数据安全能力。2023年3月，埃及政府信息与决策支持中心（IDSC）与埃及计算机应急响应小组联合开展了网络安全演习，旨在模拟一些网络攻击场景，评估相关各方应对电子攻击等网络事件的反应和准备情况，强化各部门沟通和协调。[2] 2023年7月，埃及政府与网络安全的全球提供商大猩猩科技集团公司（Gorilla Technology Group Inc）签署了一份价值超过2.7亿美元的合同，通过提供强大的网络安全措施，以保护整个政府网络基础设施免受网络威胁，从而提高政府工作流程中安全运营的效率和有效性，同时实现更好地决策、主动威胁监测和对新出现的风险的快速响应。[3]

在互联网治理方面，埃及国家电信监管局（NTRA）正在结合数字化转型进程的实施情况，制定私营企业实施网络安全标准的总体政策。此外，还针对人工智能、物联网、5G等现代技术的发展制定了新的监管框架。埃及政府认

1　"Egyptians and Digital: 2023 Report"，https://naos-solutions.com/egyptians-and-digital-2023-report/，访问时间：2023年8月30日。

2　"Egypt ramps up cyber, data security capabilities"，https://www.al-monitor.com/originals/2022/03/egypt-ramps-cyber-data-security-capabilities，访问时间：2023年9月1日。

3　"Gorilla Technology Signs Contract to Deploy Massive Smart Government Project in Egypt"，https://www.globenewswire.com/news-release/2023/07/06/2700855/0/en/Gorilla-Technology-Signs-Contract-to-Deploy-Massive-Smart-Government-Project-in-Egypt.html，访问时间：2023年9月1日。

为未来十年人工智能将在信息通信技术发展中扮演最为重要的角色，是实现"埃及2030愿景"的重要驱动力。

2. 南非

南非在世界互联网发展指数中的得分排名第39位，其中，信息基础设施得分排名第38位、数字技术和创新能力得分排名第33位、数字经济得分排名第40位、数字政府得分排名第40位、网络安全得分排名第43位、网络空间国际治理得分排名第30位。

南非是非洲互联网发展较为成熟的国家之一。来自datareportal的数据显示，截至2023年初，南非共有4348万互联网用户，互联网普及率高达72.3%，并且还呈现出持续增长的趋势。[1] 此外，南非的人口结构也趋于年轻化，为发展电商提供了大量用户资源。

在信息基础设施方面，由于互联网设施成本高昂、缺乏数字化教育培训等诸多复杂因素，南非地区数字鸿沟依然严重。南非通信和数字技术部（DCDT）承诺扩大信息基础设施建设规模，让170万户家庭接入互联网，确保低收入社区优先接入可负担得起的宽带互联网。

在网络安全方面，近年来，南非与网络安全漏洞相关的犯罪行为急剧增加。根据英国网络安全公司守护使（Sophos）的《2023年南非勒索软件状况》报告，2022年，78%的南非机构遭受勒索软件攻击，约49%的攻击形式是漏洞利用，约24%的攻击形式是信息泄露。[2]

（三）欧洲

根据国际电联统计，欧洲3/4以上的国家都是高收入经济体，总体互联网渗透率为89%。但欧洲内部各个国家间互联网发展水平差异较大。

1. 欧盟

根据欧盟2022年11月发布的年度数字经济和社会指数（DESI）报告，在

---

1 "DIGITAL 2023: SOUTH AFRICA"，https://datareportal.com/reports/digital-2023-south-africa，访问时间：2023年9月1日。

2 "South Africa is facing a massive ransomware problem"，https://businesstech.co.za/news/technology/687131/south-africas-growing-ransomware-problem/，访问时间：2023年9月1日。

2021年，16—74岁的欧盟公民中有87%经常使用互联网，但只有54%的用户拥有基本数字技能。荷兰和芬兰是欧盟互联网和数字化发展的领先者，两国拥有基本数字技能的人口比例接近80%，而罗马尼亚和保加利亚则只有约30%的人口拥有基本数字技能。根据欧洲电信网络运营商协会（ETNO）的《2023年数字通信状况》报告，在光纤覆盖方面，到2022年底，欧盟成员国中仅有一半以上（55.6%）的人口能够接入光纤到户／楼（FTTH/B）网络。在5G覆盖方面，欧洲目前有73%的公民可以使用5G服务，而美国为96%，韩国为95%，日本为90%，中国为86%。[1]

　　在数字化发展方面，2023年1月，欧盟委员会（以下简称欧委会）宣布《2030年数字十年政策方案》正式生效，具体措施包括：欧委会在年度数字经济和社会指数（DESI）的框架内监测各目标进展；欧委会每年发布"数字十年状况报告"，评估数字目标进展情况和提出建议；成员国每两年调整一次"数字十年"战略路线图；支持共同行动和大规模投资的项目，拟启动5G、量子计算和互联网公共管理等领域项目。欧洲各国也积极推动数字化发展。2022年9月，法国发布"国家云战略"实施方案，旨在进一步推动法国企业及政府数字化转型。西班牙提出了"量子西班牙"（Quantum Spain）项目，致力于开发自己的技术，以保持最大程度的技术和经济主权。

　　在网络安全方面，2022年9月，欧委会发布《网络韧性法案》（Cyber Resilience Act，CRA），旨在整合现有安全监管框架，加强欧盟数字产品安全，将网络安全的范围扩大到整个产业链，保障产业链供应链的整体安全。2022年11月，欧盟正式通过《数字运营韧性法案》（DORA），规定欧盟金融实体必须监控其使用第三方ICT提供商所产生的风险；对欧盟金融实体签署的外部合同施加限制；赋予欧盟金融监管机构统一的监督权。2022年12月，欧盟理事会通过了《关于在欧盟全境实现高度统一网络安全措施的指令》（NIS 2指令），并于2023年1月正式生效，以进一步提高公共和私营部门以及整个欧盟的网络安全、韧性及事件响应能力。NIS2指令取代了《网络和信息系统安全规则》（NIS指令），NIS2规范的必要实体与重要实体范围更广，对实体规

1　European Telecommunications Network Operators' Association，"The State of Digital Communications 2023"，https:// etno.eu/library/reports/112-the-state-of-digital-communications-2023.html，访问时间：2023年2月1日。

定了登记、管理责任、网络安全风险管理措施、事故通知等新义务，并将正式建立欧洲网络危机联络组织网络（EU-CyCLONe），支持大规模网络安全事件和危机的协调管理。

在网络治理方面，欧盟侧重平台治理和用户权利保护。2022年12月，欧盟公布《欧洲数字权利和原则宣言》，强调了数字化转型中的团结和包容，包括合理、高效的数字连接服务、数字教育的获得、公平公正的工作条件以及在线无缝访问网络数字公共服务的权利等；重申了选择自由和公平的数字环境的重要性，每个人都享有在数字环境中做出选择的权利；明确了要推动数字产品和服务的可持续性发展等。欧洲加强人工智能领域立法，2023年6月，欧洲议会通过了《人工智能法案》，旨在对任何使用人工智能系统的产品或服务进行管理，并根据风险高低将人工智能系统的使用场景划分为低风险、有限风险、高风险和不可接受的风险。

2. 法国

法国在世界互联网发展指数中的得分排名第10位，其中，信息基础设施得分排名第11位、数字技术和创新能力得分排名第16位、数字经济得分排名第15位、数字政府得分排名第15位、网络安全得分排名第7位、网络空间国际治理得分排名第8位。

在基础设施方面，根据法国频谱机构（ANFR）发布的最新月度报告显示，截至2023年4月1日，法国共有39895个授权5G站点，其中30460个由当地运营商宣布技术运营。[1]

在云计算方面，2022年9月，法国发布"国家云战略"实施方案。该战略是在《法国2030发展战略》框架下设立的，提出了五项重点措施：支持企业获得法国国家信息系统安全局安全认证；加强政府数字化转型；开展与欧盟层面匹配的数字监管与技术研究；推动欧洲共同利益重要项目（IPCEI）云项目；成立"可信数字"部门战略委员会。

在人工智能方面，法国将人工智能视为一项确保国家主权的技术。根

---

1 "France ends March with 39,895 authorized 5G sites"，https://www.rcrwireless.com/20230405/carriers/france-ends-march-39895-authorized-5g-sites，访问时间：2023年7月23日。

据 Statista发布的数据，截至2023年3月，法国有近600家初创公司专门从事人工智能产品开发。法国通过了一项法案，允许警方利用人工智能技术加强监控，及时识别潜在威胁。

在教育数字化方面，2023年1月，法国发布《2023—2027年教育数字化战略》，一方面旨在加强学生的数字能力并培养学生的数字素养，另一方面旨在为教师开展数字化教学提供支持。战略制定了四大方针并提出了相应的行动计划：一是建立为公共政策共享服务的生态系统，二是推进培养公民意识和数字能力的数字教育，三是建立依托数字技术的教育社区，四是为教育部信息系统制定新规并服务于用户。

在网络安全方面，法国网络行业人才缺乏，据统计该行业有1.5万个职位空缺，预计到2025年空缺岗位将达到3.7万个。2023年4月，法国专门从事网络安全技能培训的企业École 2600宣布获得600万欧元融资，目标是到2030年培训1万名网络安全专家。[1] 2023年5月，法国政府通过了一项互联网安全法案，主要应对多种互联网不安全信息来源，包括防止未成年人接触色情网站、提供反欺诈过滤工具、打击网络欺凌和假新闻。

3. 荷兰

荷兰在世界互联网发展指数中的得分排名第4位，其中，信息基础设施得分排名第9位、数字技术和创新能力得分排名第5位、数字经济得分排名第9位、数字政府得分排名第5位、网络安全得分排名第8位、网络空间国际治理得分排名第18位。

截至2023年1月，荷兰互联网普及率为95.5%。其中，91%的地区已经被超高容量的固网覆盖，人口稠密地区的5G覆盖率达到97%。网速测试机构Ookla公布数据，荷兰2023年初移动互联网连接速度中位数为109.06Mbps，固定互联网连接速度中位数为120.82Mbps。[2]

1　"L'école 2600 lève 6M€ pour former des salariés aux métiers de la cybersécurité"，https://www.lemondeinformatique.fr/actualites/lire-l-ecole-2600-leve-6meteuro-pour-former-des-salaries-aux-metiers-de-la-cybersecurite-90037.html，访问时间：2023年7月30日。

2　"Datareportal: DIGITAL 2023: THE NETHERLANDS"，https://datareportal.com/reports/digital-2023-netherlands，访问时间：2023年2月9日。

近年来，数字化转型一直是荷兰发展的重点。2022年7月，荷兰发布"数字化战略2.0"（The Dutch Digitalisation Strategy 2.0），明确了未来几年发展的系列优先事项，如人工智能、社会问题和经济增长的数据科学、数字包容和技能、数字政府、数字连接、数字韧性等，尤其是数字技能被认为是高度优先事项。荷兰通过国家增长基金（National Growth Fund）投资200亿欧元用于转型。荷兰政府的数字化服务范围和质量以及荷兰劳动力的数字技能均高于欧盟国家平均水平。

在网络安全方面，根据欧盟现行的《网络和信息安全指令》，荷兰政府已经确定了必须采取网络安全措施并报告严重网络事件的基本服务提供商（如银行、能源供应商）和数字服务提供商。司法和安全部下属的荷兰国家网络安全中心向基本服务提供商提供支持和建议，而经济事务和气候政策部下属的计算机安全事件响应小组（CSIRT-DSP）则向相关数字服务提供商提供这方面的支持和建议。

4. 西班牙

西班牙在世界互联网发展指数中的得分排名第21位，其中，信息基础设施得分排名第16位、数字技术和创新能力得分排名第26位、数字经济得分排名第23位、数字政府得分排名第16位、网络安全得分排名第19位、网络空间国际治理得分排名第21位。

西班牙互联网普及率超过95%，拥有超过17.2万个移动基站和5490万部移动电话。据消费者调查显示，几乎90%的消费者都使用过网购，70%的西班牙消费者体验过跨境购物。最受西班牙消费者欢迎的电商平台是美国和中国平台。

在人工智能发展方面，2022年，西班牙国家图书馆与巴塞罗那超级计算中心联合开发了基于海量数据的首个西班牙语人工智能模型MarIA。2023年，西班牙IE大学科学技术学院开放了全新的机器人和人工智能实验室，还发布了《人工智能宣言》，促进人工智能的道德规范，防止其不当使用。2023年4月，西班牙国家数据保护局称该机构已经正式对ChatGPT可能违反法律的行为展开初步调查。

在量子计算方面，西班牙提出了"量子西班牙"（Quantum Spain）项目，致力于开发自己的技术，以保持最大程度的技术和经济主权，以期在西班牙建立一个坚实的量子计算生态系统。2022年11月，西班牙加泰罗尼亚的六家研究机构正式启动了"量子互联网计划"，旨在开展量子技术研究，并最终将其应用在未来的欧洲量子互联网中。2022年7月，西班牙量子初创公司 Qilimanjaro Quantum Tech 和西班牙科技公司GMV组建的临时合资企业（UTE）赢得了"建造南欧第一台公共使用的量子计算机"的公开招标，第一台西班牙量子计算机将于2023年底之前安装在巴塞罗那超级计算中心。

在网络安全方面，西班牙基本沿用了欧盟的网络安全框架，注重加强网络安全防御和打击网络安全犯罪。俄乌冲突爆发后，面对网络攻击增加的局面，西班牙成立了网络安全委员会，提升了网络安全警戒级别，重点关注可能来自俄罗斯或乌克兰的网络攻击。西班牙政府坚决打击"庞氏骗局"、身份盗用或"网络钓鱼"等犯罪行为。2023年5月，西班牙国家警察局逮捕了40名 Trinitarians 网络犯罪团伙的成员，该团伙成员有通过网络钓鱼等技术手段实施银行诈骗的黑客，也有实行银行诈骗、伪造文件、身份盗窃和洗钱等多项罪行的犯罪分子，共造成了70多万欧元的损失。

5. 俄罗斯

俄罗斯在世界互联网发展指数中的得分排名第28位，其中，信息基础设施得分排名第33位、数字技术和创新能力得分排名第28位、数字经济得分排名第24位、数字政府得分排名第38位、网络安全得分排名第15位、网络空间国际治理得分排名第32位。

俄罗斯重视互联网发展。2017年以来，相继颁布了《俄罗斯联邦数字经济规划》《俄罗斯联邦主权互联网法》《2030年前俄罗斯国家人工智能发展战略》等文件，从数字经济、基础设施保护、网络安全、人工智能发展等领域促进本国经济的发展，提升自身竞争力。

由于经济水平和综合实力的限制，俄罗斯将军事实力增长点放在人工智能等尖端科技领域，战斗机器人是其典型代表。俄军先后出台了《2025年前未来军用机器人技术装备研发专项纲要》《2030年前国家人工智能发展战略》《未来俄军用机器人应用构想》等纲要性文件，并开发了"平台-M""野狼-2""天王星-9""维克"等多款具有独立作战能力的战斗机器人。

在推动自主技术发展方面，2022年俄乌冲突爆发之后，微软、英特尔、

Autodesk、Oracle、SAP等数十家美西方跨国科技巨头先后宣布暂停在俄罗斯的相关软件业务及后续服务支持，GitHub开源代码托管平台也宣布将考虑限制俄罗斯开发人员使用开源软件。为此，俄罗斯进一步强化自主技术发展。一是加强互联网信息服务的自主化替代。俄乌冲突爆发后，俄罗斯封禁脸书、推特等西方媒体并签署俄联邦刑法修正案，严惩发布涉俄军假消息的媒体，CNN、BBC、彭博社等西方媒体随即宣布停止在俄业务。俄罗斯推出VKontakte社交平台、Yandex搜索引擎以及Wildberries电子商务平台，推出RuStore、Nashstore应用商店，以代替谷歌、苹果的应用商店。二是推出首个俄罗斯软件网站分享平台，关注专业软件的替代研发。2022年3月，俄罗斯要求禁止在国家采购中未经相关部门许可为重要的国家基础设施部门购买外国软件，并且从2025年开始，俄罗斯国家重要基础设施部门将完全禁止使用外国软件。三是自建SSL证书颁发机构。目前正在面向当地少数政府机构和企业进行签发测试。

2023年5月，俄政府批准了《2030年前俄罗斯技术发展构想》，主要目的是通过应用本国研发成果确保实现技术主权。俄政府将为创新领域企业建立扶持体系，计划到2030年在芯片、无人机等高技术产品上实现国产替代。该规划的实施，将使俄罗斯国内ICT等高技术产品解决方案的份额增加一倍，自主保障程度增加到近75%，对外依赖度下降到约25%。

（四）北美洲

美国和加拿大作为发达国家，互联网普及率和整体数字技术、数字经济发展水平都处于全球前列。墨西哥近几年互联网普及率不断提高，电子商务等数字经济发展速度不断加快。

1. 美国

美国在世界互联网发展指数中的得分排名第1位，其中，信息基础设施得分排名第3位、数字技术和创新能力得分排名第1位、数字经济得分排名第1位、数字政府得分排名第10位、网络安全得分排名第1位、网络空间国际治理得分排名第3位。

在基础设施建设方面，美国2021年通过《基础设施投资和就业法案》，大力加强基础设施投资，其中约投资650亿美元用于促进宽带发展，以达到100%

的高速宽带覆盖，降低宽带互联网服务的成本。为此，2022年美国联邦通信委员会（FCC）上调了美国高速宽带的标准，从原来的25Mbps（下行）/3Mbps（上行）提升至100Mbps（下行）/20Mbps（上行）；运营商在此基础上，进一步推出了8Gbps和10Gbps的高速光纤宽带。此外，美国5G可用性也处于世界前列，已经覆盖了超过3.25亿美国人。

在数字技术和创新能力方面，美国保持领先，依旧是全球最重要的创新基地和市场。根据世界知识产权组织发布的《2022年全球创新指数报告》，美国攀升至第二，是世界上最具创新性的经济体。人工智能、5G、量子技术、航空航天已成为政府重点投资领域。2022年5月，美国总统拜登签署总统行政令，要求加强国家量子倡议咨询委员会，提出了保持国家在量子信息科学方面的竞争优势所需的关键步骤，推动美国量子信息科学发展。6月，美国启动了前沿基金，专门投资包括人工智能在内的重点领域，通过开发先进技术建立有韧性的供应链。

在数字经济方面，数字经济已经成为美国经济增长的重要新动能。根据美国商务部经济分析局（BEA）发布的数据显示，2010—2021年的十一年间，美国数字经济增加值始终呈现连年上涨的态势。2021年美国数字经济增加值达到2.41万亿美元，增长率为9.8%，而同期GDP增长率仅为5.9%。

在产业链供应链发展方面，美国重新调整产业链布局，推动产业链供应链本地化、近岸化、友岸化和多元化，并利用数字化加速提升产业链供应链竞争力。2022年8月，美国总统拜登正式签署《芯片与科学法》，将为美国半导体研发、制造以及劳动力发展提供527亿美元支持，并为在美国建立芯片工厂的企业提供为期四年的25%税收抵免，价值约240亿美元，以吸引芯片大厂赴美设厂。同月，美国政府颁布《通胀削减法案》（IRA），要求电动汽车必须在北美组装，才有资格获得税收抵免，并要求其使用的部分关键矿物需来自美国或美国的自由贸易伙伴，以推动产业链供应链本地化或友岸化。10月，美国发布《国家先进制造业战略》，建立强大的美国供应链是其三大战略目标之一，部署了加强供应链互联互通、降低供应链脆弱性、加强和振兴先进制造业生态系统等重点任务。

在管理机构上，2022年4月，美国国务院宣布成立网络空间和数字政策局，负责统筹分散在各联邦机构内部的网络外交相关工作，制定保护互联网基础设施的完整性和安全性相关政策，应对与网络空间、数字技术和数字政策相关的挑战和影响。该机构成立不到一个月，就与60个国家和地区发布《未来互联网宣言》，以期在全球互联网建立具有排他性的美国主导的"数字联盟"。

2. 加拿大

加拿大在世界互联网发展指数中的得分排名第9位，其中，信息基础设施得分排名第10位、数字技术和创新能力得分排名第10位、数字经济得分排名第14位、数字政府得分排名第22位、网络安全得分排名第6位、网络空间国际治理得分排名第12位。

在数字素养提升方面，2023年3月，加拿大宣布将投资1760万加元用于提高全民的数字化教育，这笔资金将用于数字素养交流项目（Digital Literacy Exchange Program，DLEP）。这一项目通过资助全国范围内的23个非营利组织，为对数字工具和互联网技能不过关的加拿大居民提供帮助和培训，提高加拿大民众数字素养。

在数字技术发展方面，2023年1月，加拿大政府宣布启动《国家量子战略》，旨在扩大、发展和巩固量子研究，将量子研究优势转化为经济优势。该战略优先发展量子计算、量子安全通信和量子传感器，共投资3.6亿美元，用于扩大加拿大在量子研究方面的现有实力，并推动量子技术、相关企业和人才的发展，巩固加拿大在新兴技术领域的领先地位。

在网络安全方面，2022年6月加拿大推出《网络安全法案》，旨在加强金融、电信、能源和交通部门的网络安全保障。该法案允许加拿大政府指定对国家安全或公共安全至关重要的服务和系统，确保被指定的运营商为支撑加拿大关键基础设施的网络系统提供保护。该法案还对网络事件上报制度做了规定，强制要求有关单位采取措施应对网络安全威胁或漏洞，并提供跨行业的网络安全保障措施。

3. 墨西哥

墨西哥在世界互联网发展指数中的得分排名第38位，其中，信息基础设施得分排名第37位、数字技术和创新能力得分排名第37位、数字经济得分排名第

38位、数字政府得分排名第29位、网络安全得分排名第46位、网络空间国际治理得分排名第25位。

2022年，墨西哥网民规模达到9680万，互联网普及率超过80%。[1] 2022年，超过6300万人通过互联网进行购物与服务，这个数字在五年内增加了1.7倍。据Statista统计，2022年墨西哥电商市场规模达到了380亿美元，在拉美地区排名第二，电子商务零售市场价值年增长率达23%。墨西哥美洲市场情报公司的研究认为，墨西哥电商市场年增长率有望在2025年达到24%。

在数字技术创新发展方面，目前墨西哥全国共有8家独角兽企业。2022年5月，数字化货运代理平台Nowports在前期融资总额超过2.4亿美元的基础上，又获得1.5亿美元C轮融资，投后估值11亿美元。

在规范人工智能发展方面，2022年5月，墨西哥发布《使用人工智能技术处理个人数据的推荐指南》，提供了在使用人工智能技术中遵守数据保护原则的建议，例如：遵守目的规范原则建议在隐私声明中应明确通过人工智能产品或服务处理个人数据的所有目的；遵守比例原则建议在使用人工智能技术处理数据时应严格按照数据收集的目的处理必要、充分和相关的数据。同时，指南还罗列了关于使用人工智能技术处理数据的最佳实践指南以供企业参考。

在网络安全方面，墨西哥是2022年遭受网络攻击最严重的国家之一。根据墨西哥网络安全协会的数据，2022年上半年，墨西哥发生850亿次网络攻击未遂事件，比2021年同期增长了40%。黑客的目标是墨西哥的公司以及联邦和州政府。国防部服务器也遭受大规模黑客攻击，存储在服务器中的数万封电子邮件，包含2016—2022年9月的政府机密通信，也遭到黑客攻击和泄露。

（五）拉丁美洲

拉丁美洲互联网普及率已达到70%以上，覆盖人口约4.5亿人，为数字技术和经济创新发展提供了良好条件。在技术创新方面，根据世界银行的统计，拉美共有5000多家科技企业，其中48%的科技企业位于巴西，19%位于阿根廷，14%位于墨西哥，8%位于智利，7%位于哥伦比亚，这是拉丁美洲科技氛

1　"AI Opens New Opportunities in Mexico"，https://mexicobusiness.news/tech/news/ai-opens-new-opportunities-mexico，访问时间：2023年9月。

围最浓厚的5个国家。在数字经济方面，拉丁美洲的电子商务是世界上增长最快的地区之一，目前年增长率超过15%。[1] 金融科技企业也在拉美地区飞速发展。目前，信用卡仍然是拉丁美洲使用最多的支付方式（2021年占销售额的46%），但该地区使用的信用卡有78%仅在国内使用。[2] 同时，相关国家越来越倾向于采用移动银行和数字支付方式，如巴西中央银行提供的电子和即时支付方式Pix，推动了该地区的金融包容性和创新，改变了传统支付格局。

1. 巴西

巴西在世界互联网发展指数中的得分排名第31位，其中，信息基础设施得分排名第28位、数字技术和创新能力得分排名第44位、数字经济得分排名第31位、数字政府得分排名第18位、网络安全得分排名第27位、网络空间国际治理得分排名第19位。

2022年巴西互联网用户约1.65亿，互联网渗透率高达77%。巴西用户人均使用移动应用时长超5个小时，上网时长位居世界前三。[3] 巴西是南美洲最具创业活力的国家之一，2022年，巴西全国共有23家独角兽公司，数量居拉美之首。其中，巴西电子商务平台Nuvemshop近年来发展势头迅猛，其电商网络已囊括来自巴西、阿根廷和墨西哥的近9万名商家。

在人工智能发展方面，巴西是拉丁美洲地区人工智能技术应用率最高的国家。据统计，巴西有63%的企业使用与人工智能技术相关的应用程序。人工智能技术已经在巴西许多行业中投入使用，尤其是农业领域，如无人驾驶拖拉机、喷药无人机和挤奶机器人等，出现在许多偏远农场里，已解决劳动力减少、生产效率低等问题。[4]

在数字经济方面，2022年11月，巴西科技与创新部（MCTI）出台《巴西

1　科技日报，"拉美独角兽企业正快速发展"，https://www.stdaily.com/guoji/shidian/202209/6bbc59f7e1c241b2bf42558a7c9415c2.shtml，访问日期：2023年9月。

2　拉美金融科技公司BoaCompra by PagSeguro、美国企业Americas Market Intelligence（AMI），《拉丁美洲数字复兴：深入了解拉美电子商务行业的趋势、机遇和挑战》白皮书（Digital renaissance in Latin America: a deep dive into trends, opportunities, and challenges in the Latin America e-commerce industry），2022年6月。

3　Data Reportal，DIGITAL 2023: BRAZIL，2023年2月。

4　"巴西人工智能应用率居拉美首位"，http://www.jjckb.cn/index.htm?QKID=lpPW?93028ij07r，访问时间：2023年9月。

数字化转型战略2022—2026》，对巴西数字化转型所面临的挑战进行了新的判断，明确了未来四年所要采取的新行动，以充分发挥数字技术的潜力。该战略内容包括"支撑轴"和"数字转型轴"两大类。其中，支撑轴构成数字化转型的基础，包括基础设施和信息技术的获取、研发和创新，专业人才教育和培训，数字环境可信度等，数字转型轴则是基于以上基础对政府和经济活动进行的数字化转型。

2. 智利

智利在世界互联网发展指数中的得分排名第30位，其中，信息基础设施得分排名第13位、数字技术和创新能力得分排名第30位、数字经济得分排名第36位、数字政府得分排名第30位、网络安全得分排名第42位、网络空间国际治理得分排名第25位。

根据Blacksip的报告，智利是拉丁美洲电信网络最发达的国家之一，是拉美互联网普及率最高的国家、移动互联网价格最低的国家之一，在发展数字经济方面位列拉美国家前列。

在数字经济发展方面，2022年智利政府提出的"智利2035数字转型战略"，围绕数字基础设施、数字素养、数字权利、数字经济、数字治理等方面提出30个细化目标，计划到2035年使全国一半企业实现电子商务模式，2035年前每年对1万家中小企业进行数字技术培训，研发支出占国内生产总值的比重在2035年提升至2.5%，增加对技术型企业的融资等。智利电子商务发展较快，过去二十年里，尽管智利人口只占拉美地区人口的2%，却创造了9%的电商市场份额。[1]圣地亚哥商会表示，2023年智利电商市场规模有望增长5%，达到110亿美元，约为2019年的两倍。[2]

在弥合国内数字鸿沟方面，智利政府推出"零数字鸿沟计划2022—2025"，完善数字基础设施建设，包括加强农村及偏远地区的互联网连接，推进全国及地方光纤工程以及5G工程建设，让更多公众享受到数字经济带来的

1　贸促会驻智利代表处，"智利数字经济发展现状和趋势研究"，https://www.ccpit.org/chile/a/20220929/20220929　w5rk.html，访问时间：2023年9月。

2　"智利加快发展数字经济"，http://tradeinservices.mofcom.gov.cn/article/news/gjxw/202306/149306.html，访问时间：2023年9月。

便利与实惠。政府还与学校等不同机构加强合作，着力提升公众数字素养，开展"虚拟校园"等项目，通过线上授课方式，使偏远地区学生也能进修信息技术类课程。

在加强数字经济合作方面，智利政府注重与其他国家合作促进数字经济发展，由新加坡、智利、新西兰发起的首份数字经济区域协定《数字经济伙伴关系协定》已在智利正式生效。

（六）大洋洲

大洋洲经济和互联网发展水平差异较大，各国基础设施数量、互联网应用普及等情况参差不齐。疫情期间各国普遍经济复苏乏力，力图加快发展数字经济，促进经济转型。相较而言，澳大利亚和新西兰互联网发展较好，具有良好的基础设施，并不断致力于提高网络服务水平，目前已经拥有较为成熟的电商市场。

1. 澳大利亚

澳大利亚在世界互联网发展指数中的得分排名第16位，其中，信息基础设施得分排名第21位、数字技术和创新能力得分排名第17位、数字经济得分排名第17位、数字政府得分排名第6位、网络安全得分排名第14位、网络空间国际治理得分排名第9位。

在信息基础设施方面，澳大利亚持续强化宽带和移动网络建设。澳大利亚启动一项投资25亿澳元用于升级国家宽带网络的计划，以期到2023年为200万户澳洲家庭提供光纤到户服务。2022年，澳洲电信（Telstra）宣布将在五年内投资两个国家级的建设项目，总投资14亿—16亿澳元，以加强澳大利亚的连通性。随着网络的建设，澳大利亚的在线购物也逐渐发展起来。2022年，澳大利亚有940万家庭进行线上购物，占该国家庭总数量的82%。Common Bank IQ数据显示，2022年澳大利亚消费者零售支出总额为3530亿美元，同比增长9.2%。线上销售额为638亿美元，比2021年同期增长1.7%，线上零售额占零售总额的百分比也上升至18.1%。[1]

1　雨果跨境，《2022—2023年澳大利亚电商市场趋势报告》，2023年6月。

在信息技术发展方面，澳大利亚重视人工智能等互联网前沿技术发展。2023年2月，美国国家科学基金会与澳大利亚国家科学机构合作开发"负责任和道德"的人工智能，向美国、澳大利亚的研究团队分别提供180万美元和230万美元。[1] 6月，澳大利亚出于对技术滥用的担忧，计划加强对人工智能的监管，包括可能禁止深度伪造（Deepfake）等内容。

在数字经济发展方面，澳大利亚发布《2022年数字经济战略更新》，制定实现2030年愿景的框架和方向，并确定了在技术投资促进计划、量子商业化中心、5G创新、帮助妇女在职业生涯中期向数字劳动力过渡、改革支付系统等方面的新行动。同时，澳大利亚开展数据确权的探索，确定了消费者数据权（CDR），加强消费者对于数据的控制权。

在网络安全方面，澳大利亚网络安全形势严峻。根据澳大利亚网络安全中心（ACSC）发布的《2022年度网络威胁报告》，该机构在上个财年收到了76000份网络犯罪报告，与前一个财年相比增长了13%，相当于"平均每7分钟一次"。2022年8月，澳大利亚国防部发布《国防网络安全战略》，这是澳大利亚第一份国防背景下的专门网络安全战略，明确了澳国防网络安全的理念原则、战略目标和能力建设的优先领域，是该国未来十年国防网络安全建设的指导性战略。澳大利亚是"五眼联盟"[2]中美国最亲密的盟友，在网络安全和全球国际治理领域和美国共进共退，破坏全球国际合作。2023年，澳大利亚禁止在政府设备上使用TikTok，并有意将该禁令扩大至所有承包商，以及禁止在政府电子设备上使用微信（WeChat）。

2.新西兰

新西兰在世界互联网发展指数中的得分排名第19位，其中，信息基础设施得分排名第16位、数字技术和创新能力得分排名第21位、数字经济得分排名第22位、数字政府得分排名第4位、网络安全得分排名第33位、网络空间国际治理得分排名第14位。

---

1 "New NSF-Australia awards will tackle responsible and ethical artificial intelligence"，https://new.nsf.gov/news/new-nsf-australia-awards-will-tackle-responsible，访问时间：2023年9月6日。

2 美国、英国、澳大利亚、加拿大、新西兰等国共同组成全球情报共享系统，简称"五眼联盟"。

新西兰的互联网普及率相对较高。截至2022年3月，新西兰共完成了358个城镇光纤覆盖，超过179万户家庭和企业实现了光纤到户，86.2%的新西兰人口能够使用超快速宽带。预计到2023年底，99.8%的新西兰人能够接入升级后的宽带网络，实现412个城镇光纤覆盖。在移动互联网方面，据皮尤研究中心、新西兰商业委员会等数据显示2022年，新西兰约有95%的人口是活跃的互联网用户，智能手机普及率高达95%，约有82%的人口同时拥有智能手机和电脑。2023年8月，新西兰最大的电信公司Spark公布最新的三年战略，将在数据中心和移动领域方面投资高达3.5亿新西兰元，以加快5G的部署，目标是到2023年年底实现90%的人口覆盖率。[1]

在网络安全方面，新西兰加强机构设置，增强网络安全防护能力。2023年7月，新西兰政府表示将设立一个牵头机构来加强网络安全防御，以便公众和企业在网络入侵期间更容易寻求帮助。据悉，新西兰计算机应急响应小组将被纳入新西兰国家网络安全中心，改善新西兰政府对网络事件的响应。同时，新西兰作为五眼联盟的成员，在政治上受美国裹挟，实行破坏全球网络合作与发展的行为，如2023年新西兰将禁止在接入议会网络的设备上使用TikTok等软件。

五、世界互联网发展趋势展望

数字技术作为新的生产力，推动数字经济的快速发展，使数字经济成为当代世界经济发展的关键变量。数字化浪潮中，有的国家成为受益者，而有的国家没有跟上时代步伐，区域化现象越来越明显，推动数字经济发展、弥合数字鸿沟仍是世界各国共同努力的方向。在数字经济发展中，产业链供应链是重要的一环，数字领域的优势成为大国竞争的筹码，为赢得数字时代的主导权，大国竞争博弈加剧，地缘政治因素加速推动全球产业链供应链价值链的重组重构重塑，一定程度上阻碍了全球化的进程。人工智能等数字技术的快速发展使得网络安全形势日益复杂化。数据作为新型生产要素，已快速融入生产生活各个环节，如何促进数据流动与数据规制也成为各国关注的焦点。

---

1 商务部，《对外投资合作国别（地区）指南：新西兰（2022年版）》，2023年6月。

（一）数字经济持续高速发展，弥合数字鸿沟亟需全球方案

当前，全球经济增长乏力，而数字经济发展势头强劲，产业数字化转型进程持续深化，成为增强全球经济复苏动能的关键引擎。围绕数字技术和数字经济，世界主要国家和地区不断加快战略部署，加大对数字经济领域的优质资源投入，人才、资金、数据等各类要素将加速向数字经济领域集聚。数字经济有望步入发展快车道，释放更强劲动能。

数字经济发展加剧了世界发展不平衡。由于地区、性别、收入、语言和年龄等因素，数字发展不平衡问题仍然存在，数字鸿沟问题依然突出。发达国家与发展中国家之间、城乡之间、不同收入群体之间互联网普及率差距仍然很大。其中，最突出的是发达国家与发展中国家之间的数字鸿沟，使基于数字经济的利益分配趋向不均等化，从而引发各类经济社会问题，全球不稳定因素增加，这是南北问题在数字经济时代的体现。因此，弥合数字鸿沟，共享数字文明红利，推动建立更加富有生机活力的网络空间是全球共同的紧迫任务。各国亟需加强数字政策协调和数字领域互联互通，推动完善网络基础设施，构建数据互通合作、技术创新合作、产业发展合作和数字经济治理合作，构建全球数字治理体系和治理模式。

（二）全球产业链供应链加速重构重组，保持韧性与稳定面临挑战

新一轮科技革命和产业变革推动全球经济结构发生深刻变化，改变国家间的产业关系，催生全球产业链发生转移；新冠疫情、中美战略竞争、俄乌冲突等因素加速推动全球产业链供应链的重构。国与国之间"信任赤字"扩大，一些国家认识到产业链安全可靠、自主可控、摆脱过度依赖的重要性，以所谓强化国家安全的名义推动制造业等产业回流，全球产业链朝着本土化、区域化和多元化等方向发展。2022年，应美国政府要求，苹果将在中国的部分生产线迁往印度、越南、泰国、印度尼西亚等国家。

只有维护全球产业链的韧性和稳定，才能更好推动世界经济发展，让发展更好惠及世界各国人民，而目前地缘政治加剧、逆全球化思潮不断涌现等因素给全球产业链供应链带来重大挑战。美国商会发布的报告显示，与中国"脱钩"严重威胁美国在贸易、投资、服务和工业等领域的利益。如果对所有中国

输美商品加征关税，将令美国经济在2025年前每年损失1900亿美元；美国投资者可能因"脱钩"每年损失250亿美元资本收益，国内生产总值因此损失可达5000亿美元。未来，世界各国将围绕提升供应链的韧性和稳定而努力，一方面各国要提升能力快速识别并应对供应链中断，有效缓解断供、脱钩等带来的风险挑战；另一方面，短期内，各国要继续加强全球化合作，维持供应链的相对稳定，以更好促进全球经济复苏。

（三）媒体向数字化智能化深度转型，信息操控等问题呼唤全球合作治理

人工智能等数字信息技术的发展深刻改变了社会生活与信息传播方式。世界主要互联网平台顺应智能技术发展趋势、紧跟信息革命步伐，充分运用新技术新应用创新媒体传播方式，把媒体融合发展作为主要战略方向，以占领信息传播制高点，掌握媒体舆论主动权。媒体融合将进入数字化智能化纵深发展阶段。

人工智能在技术、产品、应用等各个层面应用，给数字社会和文明的发展带来机遇，同时伴随着传播虚假信息和用户操纵等威胁，给网络生态治理带来严峻挑战。例如，生成式人工智能在人为操控下有意生成误导性信息，加剧社会分裂和不信任危机。部分发达国家长期占据着资源优势，利用人工智能等技术操控话题舆论、进行欺骗性宣传等，散播虚假信息，垄断全球信息流动方向。广大发展中国家话语权微弱，国际信息传播秩序不平衡的结构性矛盾日益凸显，严重割裂全球化分工合作、经贸交往，也加剧了全球数字鸿沟，破坏了人类文明多样性。

各国应采取有效行动，深化国际交流合作，推动文明交流互鉴，广泛凝聚多边共识，改革和完善全球治理体系，打破话语霸权主义，建立正常而正当的全球网络空间信息流动秩序，不断推进互联互通、共享共治的网络空间命运共同体建设。

（四）网络与数据安全问题影响日益广泛，加强安全规制成普遍趋势

网络安全是国家安全的重要组成部分。网络安全问题已经不再是单纯的技术问题，而是一个涉及政治、经济、军事等多个方面的复杂问题，是全世界

面临的新的综合性挑战。传统的网络安全威胁仍然频发，并不断渗透至社会各领域。以人工智能、零信任、量子计算等为代表的网络安全前沿技术逐步落地应用，新的网络攻击形式不断涌现，对网络安全检测和防护能力提出了新的要求。以人工智能应用尤为明显，网络攻防逐步进入智能化对抗时代。网络战成为目前军事作战的选项，数字技术深刻影响现代战争的规则和方式，网络空间军事化威胁日益明显。

随着数据要素的价值日益凸显，世界范围内数据资源的共享流动交换成为刚需。七国集团提出《促进基于信任的数据自由流动计划》，欧洲议会提出《关于欧盟各国执法机构跨境共享信息的规则（草案）》，英国成立国际数据传输专家委员会，以共同商谈国际数据传输问题，美欧也已就新的《跨大西洋数据隐私框架》达成原则性协议。而数据作为国家的重要战略资源，在数据共享的同时数据安全问题也成为各国关注焦点，主要国家都将加强数据隐私立法作为重点，强化对企业数据安全和用户隐私保护的监管。未来几年，数据安全问题仍是各国普遍关注的问题，各国仍将在数据流动与保护之间寻求平衡。

（五）人工智能技术加速赋能各领域，规范治理将成为重要议题

人工智能是驱动经济和社会发展的重要力量。世界各国普遍视人工智能为本国经济发展新动力的重要抓手，加强顶层设计，加速投棋布子，力争抢占新高地。人工智能技术在众多领域加快落地，已经从自然语言处理、图像识别、视频处理等逐步扩展到金融、医疗、教育等诸多领域，提高各行业生产效率，为全球经济发展注入活力。世界经济论坛预测，到2030年，人工智能对全球经济贡献可高达15.7万亿美元。

人工智能在赋能经济社会发展的同时，也带来潜在的法律风险和道德伦理问题，引起社会广泛关注。2023年3月，国际上1000多名行业高管和专家签署公开信，在信中阐述人工智能系统可能对社会和文明带来的潜在风险，呼吁所有人工智能实验室应立即暂停训练至少6个月，在确保其效果是积极的、风险是可控的情况下，才应该开发强大的人工智能系统。2023年7月，中国发布《生成式人工智能服务管理暂行办法》，规定生成式人工智能发展和治理原则，提出促进生成式人工智能技术发展的具体措施，是全球范围内针对生成式人工

智能的首部专门立法。美国、英国、新西兰、欧盟等主要国家和地区也在探索促进与规范人工智能尤其是生成式人工智能发展的做法。未来，世界范围内相关国家在推动人工智能发展的同时，也将兼顾科技的两面性，促进人工智能治理和行业自律，规范科技伦理道德，推动人工智能朝着负责任的方向发展，更好赋能人类社会发展。

互联互通是网络空间的基本属性，共享共治是互联网发展的共同愿景。互联网广泛渗入到政治经济社会生活的方方面面，世界上没有任何一个国家可以独自应对网络空间发展带来的各种风险挑战，也没有任何一个国家可以脱离互联网而存在。利用好、发展好、治理好互联网，是国际社会共同的责任。因此需要全世界携起手来，深化网络空间国际合作，构建网络空间命运共同体。

第1章

世界信息基础设施建设

世界正在进入以信息产业为主导的经济发展时期，信息基础设施在促进数字经济发展方面的重要性不断凸显。一年来，全球信息基础设施建设规模持续扩大，覆盖全球的人口比例日益增加，主要国家持续推动技术迭代更新，人工智能等新应用发展不断催生新需求。全球范围来看，韩国、挪威、美国、新加坡、阿联酋、丹麦、中国、瑞士、荷兰、加拿大等国信息基础设施建设排名靠前，其中经济发展水平较高、国土面积相对不大、数字鸿沟相对不明显的国家占据多个席位。通信网络基础设施方面，5G网络建设加速，覆盖范围不断扩大，应用创新层出不穷；千兆光纤已成为宽带主流发展趋势，城乡信息基础设施的数字鸿沟不断缩小；IPv6部署政策、用户数量不断增加；全球卫星通信市场规模不断扩大，卫星互联网建设竞争加速，应用场景日趋丰富；主要国家加快卫星导航系统建设升级，卫星导航建设跨国合作增多。算力基础设施方面，云计算市场规模逐年扩大、新技术不断涌现，数据中心整合并购加速进行，专用算力需求快速增长。新应用基础设施方面，物联网、工业互联网等产业持续发展、布局调整，工业互联网融合应用深度发展，车联网进入高速发展期。

1.1 通信网络基础设施建设竞争加剧

以5G、千兆光纤网络、IPv6、卫星互联网、卫星导航等为代表的通信网络基础设施，是全球数字化、网络化和智能化发展的承载底座。为持续构筑国家竞争新优势，全球主要国家开启新阶段通信网络基础设施战略部署，力争在数字基础设施新一轮竞争中抢占制高点。其具体举措包括：加快5G技术研发攻关、促进5G网络应用普及、提升宽带网络接入速率、扩大宽带网络覆盖范围、加快IPv6部署并积极拓展应用、创新卫星互联网应用场景、跨国建设卫星导航系统等。

1.1.1 5G网络建设持续推进

1. 多国加大5G网络建设投入

欧盟积极改善现有5G网络建设布局，2022年1月，欧盟发布了"连接欧

图1-1 5G网络建设者穿越山海保障广大客户通信需求

（图片来源：中国电信广东分公司）

洲设施"数字部分的第一个工作计划，确保到2030年5G网络覆盖所有人口稠密地区。

英国在5G建设及应用领域加大投入。2022年7月，英国更新了《英国数字战略》，提出要建设世界领先的、安全的数字基础设施，计划通过加大5G研发和测试投入、实施政府5G多元化战略等举措，到2027年实现5G网络覆盖英国大多数人口。

德国多措并举推进5G网络建设升级。2022年3月，德国发布了《2030千兆战略》，提出加强5G创新应用部署，提升全国范围内5G网络覆盖能力，计划到2030年将5G服务覆盖全国所有家庭和企业。

日本加大国家对5G建设的补助力度。2022年6月，日本发布了"数字田园都市国家构想"的基本方针，该计划称将持续实施"5G投资促进税制"，为投资5G建设的电信运营商提供相当于投资额15%的税额优惠，目标为到2030年末5G人口覆盖率提高到99%。

韩国移动运营商鲜京电讯（SK）、韩国电信（KT）和LG集团下属运营商LG Uplus三家公司于2021年5月签署协议，在偏远沿海和农村城镇共享5G网络基础设施，协议覆盖韩国131个偏远地区，占韩国总人口的15%，预计在2024年前分阶段实现商业化服务。

智利推出"零数字鸿沟计划2022—2025"，完善数字基础设施建设，包括加强农村及偏远地区的互联网连接，推进全国及地方光纤工程以及5G工程建设。

2. 5G基站数量和用户数量齐头并进

截至2022年底，世界领先国家已初步完成第一批5G商用网络建设，5G网络覆盖全球近三分之一人口，5G用户数量持续攀升。2022年全球5G基站部署总量超过364万个，同比（2021年211.5万）增长72%。其中，中国5G基站总量达231.2万个，全球占比为63.5%。

5G网络覆盖逐步扩大。截至2022年底，全球5G网络已覆盖33.1%的人口，其中欧洲、美洲、亚洲、大洋洲41个国家/地区5G网络人口覆盖率已超过50%，新加坡、美国、韩国、日本、中国等国家5G网络人口覆盖率超80%。

5G已覆盖全球所有大洲，全球102个国家和地区的251个运营商推出了基于第三代合作伙伴计划组织（3GPP，3rd Generation Partnership Project）标准的商用5G网络，全球5G独立组网（SA）商用网络达到32张，5G网络投资数达到515张。

5G连接用户数量持续增长，截至2022年底，全球5G连接用户总数超过10.1亿，5G渗透率达到12%；中国5G连接数达5.6亿，排名全球第一。预计2023年底5G投资运营商将达到550个，到2025年全球将会有超过420家运营商在133个国家和地区推出商用5G网络，到2030年商用5G网络运营商数量会超过640家，5G将覆盖全球几乎所有的国家和地区。[1]

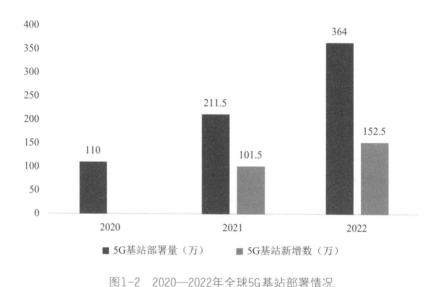

图1-2 2020—2022年全球5G基站部署情况

（数据来源：TD产业联盟，《2022—2023全球5G/6G产业发展报告》）

3. 5G技术体系不断创新发展

2022年，3GPP持续推进5G国际标准研制，并达成阶段性目标。一是R17版本围绕商用特性改进、新功能引入、新方向探索等方向持续演进，并于2022年6月9日正式宣布冻结，标志着5G系统的增强功能已具备完整的技术支撑，5G技术和标准进入成熟稳定期；二是R18版本（即5G演进标准，被称为5G-Advanced）标准化工作稳步推进，目前已经进入标准协议制定阶段，首批

---

1 TD产业联盟，《2022—2023全球5G/6G产业发展报告》，2023年3月。

共有28个项目已通过立项，标志着技术研究和标准化将进入实质性进展阶段。R18标准计划正逐步向增强宽带能力、提升精细化设计与垂直行业应用供给能力、开发新业务场景等方向演进，预计将于2024年完成。

全球经济体积极推进5G专利技术发展，中国已成为全球5G专利的首要产出国和标准制定国。全球5G标准必要专利的年度声明量呈现逐年攀升的态势，截至2022年12月，全球声明的5G标准必要专利超过8.49万件。[1] 从有效全球专利族的占比来看，华为的有效全球专利族数量占比为14.59%，排名第一；高通排名第二，占比为10.04%；三星排名第三，占比为8.80%。中国企业持续积极开展5G创新技术研究和5G国际标准研制，截至2022年底，5G标准必要专利已占全球39.9%。[2]

表1-1　有效全球专利族排名前十位企业占比情况[3]

排名	专利权人	全球专利族
1	华为	14.59%
2	高通	10.04%
3	三星	8.80%
4	中兴	8.14%
5	乐金	8.10%
6	诺基亚	6.82%
7	爱立信	6.28%
8	大唐	4.34%
9	欧珀	4.19%
10	小米	4.10%

4. 5G开始进入规模应用发展期

总体来看，全球主要国家5G行业应用多处在起步阶段，示范项目众多，

1　中国信息通信研究院，《全球5G标准必要专利及标准提案研究报告（2023年）》，2023年4月。

2　TD产业联盟，《2022—2023全球5G/6G产业发展报告》，2023年3月。

3　中国信息通信研究院，《全球5G标准必要专利及标准提案研究报告（2023年）》，2023年4月。

商业化的成熟应用相对较少，整体仍处于初期阶段，开始进入规模应用发展阶段。多国积极推动5G应用落地，在增强现实/虚拟现实（AR/VR）、工业互联网、智慧交通等领域大力开展5G融合应用投资、探索、示范，在智慧生活、智能生产等方面发挥了重要作用。

美国联邦通信委员会通过设立5G基金促进5G技术向精准农业、远程医疗、智能交通等领域扩散，打造了苹果采摘机器人（FFRobotics）、医疗咨询对话机器人（Dr. Gupta）、自动驾驶芯片（Eye QULTRA）等应用试验项目。

欧盟5G部署规模有待提升。据统计，截至2022年6月，欧洲34个市场的108家运营商已推出商用5G服务，普及率稳步提高，目前5G用户在移动用户中的占比为6%。挪威在采用5G方面处于欧洲领先地位，目前有16%的人使用5G，瑞士（14%）、芬兰（13%）、英国（11%）和德国（10%）属于欧洲先进行列。[1]

韩国5G融合应用已在工业互联网、医疗健康、智慧交通和自动驾驶等领域小范围落地，公私合营的示范项目正逐步向私营企业商业化方向推广，如：自动驾驶汽车服务于2022年1月开始在济州岛运营，用于运送当地居民和游客；庆南和光州使用5G和3D建模，开发了火灾/烟雾扩散预测服务、实时安全管理监控服务。

中国5G应用发展已进入规模化发展关键期，大量5G商业化项目开始落地。在行业融合领域，5G应用在矿山、港口等多个场景发挥赋能效应。在民生服务领域，出现大量适配医疗、教育、文旅场景的5G应用案例。在终端设备领域，截至2022年底，中国共有230家终端厂商1084款5G终端获得工信部进网许可，产品类型丰富。

1.1.2 固定宽带网络发展势头良好

1. 持续强化固定宽带网络战略部署

美国通过国家资金支持和提高标准速率推进宽带网络部署，2022年5月

1　GSMA协会，《2022年欧洲移动经济报告》，2022年10月。

美国启动了450亿美元的"全民互联网"计划，计划于2030年前在全国范围内部署端到端光纤基础设施，为全民提供价格合理、高速可靠的宽带互联网服务，同时美国联邦通信委员会建议，将最低宽带速度的国家标准提高到下行100Mbps和上行20Mbps。

欧盟明确对固定宽带网络的部署目标。2022年1月，欧盟发布了"连接欧洲设施"数字部分的第一个工作计划，提出到2030年实现千兆连接覆盖欧盟所有家庭的目标。

德国提出固定宽带网络升级覆盖目标。2022年3月，德国发布了《2030千兆战略》，计划到2025年底将光纤到户覆盖全国50%以上的家庭和企业，到2030年将光纤到户覆盖全国所有家庭和企业。

2. 全球宽带网络用户数稳步增加

随着多国加快宽带网络建设，全球固定宽带用户数量稳步增加。截至2022年12月，全球固定宽带连接数全年增长6.65%，达到13.6亿[1]，其中光纤到户和光纤到楼连接数占固定宽带用户数的65.7%。有线宽带连接紧随其后，占比达16.3%，非对称数字用户线路（ADSL）和其他光纤接入分别降至8.8%和6.8%。固定电话网络服务占固定宽频服务总用户的比例上升至59.1%，超高速和超快有线宽带连接，市场份额为16.8%。预计到2030年底，全球固定宽带用户数将达到16亿，即从2022年中期开始，固定宽带年用户增长率将达到18%。2021—2023年，网速在1Gbps及以上的联网家庭数量将翻三倍，从2021年的6300万增至2023年的1.69亿[2]，千兆宽带已成为先进宽带市场消费者的主流选择。

3. 持续扩展宽带网络覆盖范围

多个国家积极推动农村特别是偏远贫困地区的信息基础设施建设，出台数字农业、数字乡村等战略，提高农村地区网络连通性，填补城乡信息基础设施的数字鸿沟。

1　Point Topic，"Global Broadband Subscriptions at end-2022: Fibre Claims Two Thirds"，https://www.point-topic.com/post/global-broadband-subscriptions-end-2022-fibre-claims-two-thirds，访问时间：2023年4月。

2　Tech Going，"Omdia: Number of connected homes with speeds of 1Gbps and above to rise to 169 million this year"，https://www.techgoing.com/omdia-number-of-connected-homes-with-speeds-of-1gbps-and-above-to-rise-to-169-million-this-year/，访问时间：2023年2月。

美国实施缩小数字鸿沟的农村宽带计划，并根据技术的变迁不断调整政策。2020年初，美国联邦通信委员会设立农村数字机会基金，目标是在十年内拨款204亿美元，支持美国农村地区的千兆宽带网络建设。到2022年初，该基金已经为美国47个州的宽带部署提供了47亿美元的支持，覆盖约270万个场所。

英国从2019年起投资50亿英镑启动千兆宽带项目，至2022年11月已将千兆宽带覆盖场所占比从6%提高到72%，计划2025年将这一占比提高至85%，帮助广大乡村地区弥合数字鸿沟。

中国持续深化农村及偏远地区宽带网络建设，当前51万个村级单位均已通宽带。2022年，第八批电信普遍服务试点项目累计支持全国超过9000个农村4G、5G基站建设，面向有条件、有需求的农村地区逐步推动5G网络建设。[1]

1.1.3　IPv6规模部署取得显著成效

1. 多国加大IPv6政策扶持力度

世界多国紧抓全球互联网演进升级的重要机遇，美国和一些欧洲国家已进入到加快IPv6部署实施阶段，通过发布政策文件明确IPv6部署的阶段性指标。美国行政管理和预算局（OMB）发布关于IPv6部署和使用指南，要求政府机构加快制订计划，完成向IPv6的过渡，计划到2023年末，至少有20%的IP资产运行纯IPv6，这一比例到2024年至少提升至50%，到2025年至少达到80%。英国正在加快IPv6开发和产品化进程，在网络过渡、用户规模、终端升级、技术突破等方面提出了明确目标及完善的政策导向，在相应配备政策推进下，各种试验项目逐步成熟。

亚洲各国积极发布IPv6部署计划政策。中国发布《关于开展IPv6技术创新和融合应用试点工作的通知》《关于推进IPv6技术演进和应用创新发展的实施意见》等政策文件，明确到2025年底IPv6技术演进和应用创新应取得显著成效的目标。越南公布《2021—2025年阶段政府使用IPv6 计划》，要求在2021—2025年间，100%的部委、行业及地方发布IPv6规模部署计划并完成其门户网站、公共服务网站等的IPv6部署工作，做好完全基于IPv6运行的相关准备。

1　中国信息通信研究院，《中国宽带发展白皮书（2022年）》，2022年12月。

非洲地区也逐渐意识到IPv6的重要性，并出台计划向IPv6过渡。肯尼亚于2022年7月发布《IPv4到IPv6迁移行动计划》，计划在2022—2023年间执行IPv6的培训计划，提升IPv6的大众认知，并要求服务商在2023年6月前提交IPv6准备度报告。[1]

2. IPv6部署发展势头良好

全球IPv6部署发展势头良好。根据亚太互联网络信息中心（APNIC）国家/地区IPv6能力统计，截至2023年5月，全球IPv6支持度为35.35%，其中有19个国家/地区IPv6支持度突破了50%，支持度排在全球前五的国家/地区分别为印度、比利时、圣巴泰勒米岛（法国海外省）、马来西亚、法国，支持度分别是79.33%、67.02%、66.48%、65.97%、65.52%。[2]

分区域来看，各大洲的IPv6支持度差异性较大，支持度最高的美洲达到41.64%，排在第二的亚洲为40.93%，只有这两个区域超过了40%，排在第三的大洋洲为33.81%，非洲地区IPv6支持度与其他大洲相比差距巨大，仅为1.85%。

表1-2　各大洲IPv6能力统计（截至2023年5月）

地区	IPv6支持度
全球	35.35%
美洲	41.64%
亚洲	40.93%
大洋洲	33.81%
欧洲	29.64%
非洲	1.85%
其他地区	16.60%

（数据来源：APNIC统计数据）

随着IPv6的部署发展，网络产品IPv6支持度不断增强，并逐步满足商业部

1　下一代互联网国家工程中心、全球IPv6测试中心，《2022全球IPv6支持度白皮书》，2022年12月。

2　"IPv6 Capable Rate by country (%)"，https://stats.labs.apnic.net/ipv6，访问时间：2023年5月。

署需求。截至2022年11月，全球已颁发第二阶段IPv6标识认证[1]3014个，认证设备数量达到了6228款，呈加速增长趋势。其中中国、美国、日本获认证的设备数量分列全球前三位。从IPv6认证设备的类别角度来看，全球共有路由器、交换机等超过30类的产品申请认证，其中交换机标识（Logo）数量已超过500个，设备数量已超过1900个，位列第一，路由器和网络安全产品分列二、三位。[2]

1.1.4　卫星通信发展加速

1. 卫星通信市场规模逐步扩大

全球卫星通信市场规模正在逐步扩大。根据美国卫星工业协会（SIA）2022年7月发布的《卫星产业状况报告》，2021年全球卫星通信行业市场规模约为1816亿美元，同比增长24.28%，2017—2021年市场规模复合增速达到11.98%。

单位：亿美元

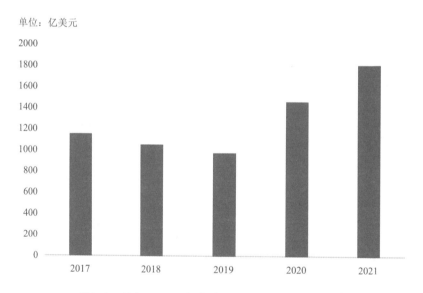

图1-3　2017—2021年全球卫星通信行业市场规模[3]

（数据来源：美国卫星工业协会，《卫星产业状况报告2022》）

1　第二阶段IPv6认证是指IPv6 Ready Phase-2 Logo认证，是IPv6 Ready Logo委员会开展IPv6 Ready Logo测试认证，包括一致性测试和互通性测试，其认证主要目的是保障IPv6设备和应用软件互联互通能力，第一阶段已于2011年底终止申请，Phase-2 Logo指目前正在开展的第二阶段。

2　下一代互联网国家工程中心、全球IPv6测试中心，《2022全球IPv6支持度白皮书》，2022年12月。

3　美国卫星工业协会，《卫星产业状况报告2022》，2022年7月。

　　卫星通信产业细分为多个市场。卫星电视直播以77%的市场份额成为全球卫星通信产业最重要的细分市场。此外，卫星固定通信、卫星广播位列第二大、第三大细分市场，分别占据了13%、6%的市场份额。

　　全球通信卫星发射数量呈现迅速增长态势。根据中国航天科技集团有限公司、空间瞭望智库统计数据，2018—2021年全球通信卫星航天器发射数量复合增速达到163.27%，2021年发射总量为1405颗。[1]全球在轨通信卫星数量也进一步增多，截至2023年1月，全球累计在轨通信用途的卫星数量达到了4826颗。其中，美国在轨通信卫星数量最多，累计达到3802颗（含与他国合作）；英国、俄罗斯、中国、日本分别达到547、90、72、24颗。[2]

　　卫星通信行业竞争较为明显。从国别来看，美国占据绝对领先地位：截至2023年1月，全球在轨通信卫星前列的企业多为欧美企业。而企业间竞争实力差距也十分悬殊：全球在轨通信卫星排名第一的企业为美国太空探索技术公司（SpaceX），其在轨通信卫星发射数量达到3395颗，占全球70.35%；英国一网公司（OneWeb）排名第二，其在轨通信卫星数量为502颗，占全球10.40%；美国地球数据和分析公司Planet Labs排名第三，在轨通信卫星195颗，占比4.04%。

2. 多国加快布局卫星互联网

　　2019年美国SpaceX公司提出"星链"计划，计划到2024年在太空搭建由约4.2万颗卫星组成的"星链"网络以提供互联网服务。截至2023年4月，"星链"组批发射共79次，总计升空卫星数量达到4238颗，其中2023年已升空数量为572颗。在"星链"卫星互联网服务的阶段性测速结果显示，其服务下载速度达到了301Mbps。

　　欧盟继续推进其在2022年2月推出的卫星互联网项目"安全连接"（Secured Connectivity），并在同年11月就《2023—2027年欧盟安全连接计划》达成临时协议，将欧洲主权星座计划更名为卫星韧性、互联和安全的卫星基础设施。[3]该计划预计于2027年前发射170颗卫星，这些卫星绝大多数都将是距地球400—

1　前瞻产业研究院，《2022—2027年中国卫星通信行业市场前瞻与投资战略规划分析报告》，2023年1月。

2　忧思科学家联盟（Union of Concerned Scientists，UCS）卫星数据库，https://www.ucsusa.org/resources/satellite-database，访问时间：2023年5月。

3　Infrastructure for Resilience, Interconnectivity and Security by Satellite, IRIS.

500公里的低轨卫星。

俄罗斯积极部署卫星互联网，争取提供卫星宽带服务。2022年10月"联盟-2.1b"运载火箭从俄东方航天发射场升空，随后把"球体"项目首颗卫星"斯基泰人-D（Skif-D）"和三颗"信使-M"通信卫星顺利送入预定轨道，"斯基泰人-D"将成为未来宽带互联网接入"斯基泰人"系统技术的演示卫星，是"球体"卫星群的一部分。下一步计划是发射"马拉松"演示卫星，2025年底将发射高椭圆轨道的第一颗卫星"快车-RV"（Express-RV）。[1]

中国稳步推进卫星互联网及其配套基础设施建设。2023年7月，中国成功将卫星互联网技术试验卫星发射并顺利进入预定轨道。[2] 随着技术验证星的入轨，一系列科学实验和技术验证将全面启动，对应的地面配套环节（信关站、测控站、地面接收终端）等设施的建设/研制也将同步展开。

3. 卫星互联网应用创新活跃

随着卫星互联网的相关技术水平不断提升，卫星互联网有望在偏远地区通信、应急救灾、海洋渔业、工业制造等领域发挥巨大的应用潜力。当前，全球的卫星互联网计划只有美国的"星链"计划于2022年第二季度开始提供商用服务，其于2022年7月11日公布了提供海上联机服务的海域范围，包括北美、欧洲、大洋洲及南美地区的海岸及海域。用户即使处于最遥远的海域也可以连接上网络，且比大多数家庭网络的速度还要快。目前星链官网公布了星链住户版（Starlink Residential）、星链商业版（Starlink Business）、星链旅行版（Starlink RV）、星链海事版（Starlink Maritime）4种产品供不同需求的用户选择，月租费用和硬件费用不同，提供的服务质量也不同。

1.1.5　卫星导航系统建设升级加快

1. 世界主要国家持续推进卫星导航系统建设

世界主要国家积极部署升级卫星导航系统，先进国家抢占下一代全球卫星

1　PNA HobocTN，"Роскосмос в октябре выведет на орбиту первый спутник группировки 'Сфера'"，https://ria.ru/20220801/sputnik-1806498001.html，访问时间：2022年8月。

2　新华社，"我国成功发射卫星互联网技术试验卫星"，http://www.news.cn/politics/2023-07/09/c_1129740518.htm，访问时间：2023年7月。

导航系统先发优势，其余国家立足于确保区域国家卫星导航自主权。

美国正在加速新一代美国全球定位系统（GPS）卫星部署。新一代GPS卫星包括10颗第三代（GPS III）卫星和22颗第三代后续（GPS IIIF）卫星，GPS IIIF卫星性能更为先进，将为在电磁对抗环境下作战提供高达60倍的抗干扰能力。2022年，美空军"导航技术卫星-3计划"（NTS-3）也取得了实质性的进展，NTS-3试验星将于2023年内发射，用于验证弹性天基PNT新概念等新技术，验证后的新技术将在GPS IIIF卫星上部署实施。

中国北斗三号全球卫星导航系统于2020年7月建成并正式开通全球服务，系统共由35颗卫星组成，可免费向用户提供全球范围内定位导航授时服务。作为世界上首个具备全球短报文通信服务能力的卫星导航系统，可为特定用户提供全球随遇接入服务。2022年北斗三号系统完成了在轨软件升级，进一步提升了卫星的可靠性、健壮性，并优化了系统服务体验。2023年，北斗三号系统预计将发射3颗备份卫星，进一步增强系统可靠性。未来中国将进一步发展下一代北斗系统，构建高中低轨导航星座，计划于2035年全面建成更加泛在、更加融合、更加智能的国家综合定位导航授时体系。

欧洲伽利略（Galileo）卫星导航系统性能进一步提升。伽利略一代卫星预计2025年部署完毕。目前系统有28颗卫星在轨，其中24颗处于运行状态。2022年3月，伽利略二代导航卫星系统概念成功通过了初步设计评审。2023年1月，伽利略系统高精度定位服务（HAS）启用，水平和垂直导航精度分别可达到20厘米和40厘米，目前已经服务于全球超过30亿用户。

俄罗斯加快部署格洛纳斯（GLONASS）导航系统。2022年，俄罗斯使用"联盟-2.1b"中型运载火箭成功发射一颗格洛纳斯-K新型导航卫星。格洛纳斯-K是俄罗斯全球导航系统的第三代系列卫星（第一代——格洛纳斯，第二代——格洛纳斯-M）。目前，俄罗斯的格洛纳斯导航卫星系统有26颗在轨卫星，其中3颗新型的格洛纳斯-K，23颗格洛纳斯-M。

印度自主研发部署区域卫星导航系统（NavIC、IRNSS），覆盖印度半岛和从其边界延伸至1500公里以内的区域。2022年11月印度发布消息称将为印度区域导航卫星系统建造5颗更加先进的导航卫星。

日本自主建设的准天顶卫星导航系统QZSS，由四颗称为"向导"的地球静止轨道卫星组成，以增强现有的全球PNT系统，并在国家紧急情况下提供自主卫星导航服务。整个系统的最终目标是到2036年，导航空间信号测距误差维持在0.3米左右。日本计划到2023年左右发射3颗卫星QZS-5、QZS-6、QZS-7，但目前还未公布发射日期。由于最近日本H3火箭首次发射失败，后续一系列发射计划可能将会受到影响。

2. 卫星导航建设跨国合作增多

世界主要国家越来越重视卫星导航领域的跨国交流与合作，形成竞争又互补的局面，推动全球卫星导航系统发展。

俄罗斯与中国继续深化卫星导航系统相关合作。2023年3月，双方达成协议在全球卫星导航方面进行深度合作，两国将成立专门负责卫星导航合作的分委会，协调中俄两国在卫星导航的各项合作事宜，同时分委会将加强北斗和格洛纳斯导航系统之间的兼容互补性。

欧美计划达成导航卫星发射协议。2023年4月，欧盟委员会拟在征求欧盟国家许可后，与美国谈判达成一项"特别安全协议"，通过SpaceX等美国私营火箭公司发射伽利略卫星，以弥补法国阿丽亚娜集团开发的"阿丽亚娜5"运载火箭将在2023年内退役，但其替代品"阿丽亚娜6"运载火箭的部署却一再推迟给伽利略系统带来的困难。

韩美讨论KPS与GPS对接方案。2023年3月，韩国科学技术信息通信部、外交部与美国国务院、商务部、太空军、海岸警备队在首尔举行了"韩美航天与卫星导航会议"，双方重申应向公众免费提供基于和平利用太空理念的定位、导航与授时（PNT）服务，讨论了加强KPS、GPS的共存性与互换性的政策与技术合作方案。

1.2　算力基础设施稳步发展

随着5G、人工智能等新技术应用加速落地，全球数据规模持续飞速增长，全球数据中心规模平稳增长，数据并购交易活跃，越来越多的超大规模数据中心建设提速。据统计，2021年全球计算设备算力总规模达到615EFlops。[1] 人工智能大模型不断涌现引发新一轮算力需求，云计算、边缘计算、超级计算等算力多元化发展趋势愈发明显。

1.2.1　数据中心资源整合持续发展

1. 数据中心规模平稳增长

从数据中心机架市场规模和服务器市场规模两方面看，数据中心整体市场规模呈现平稳增长的趋势。

全球数据中心机架规模平稳增长。2022年全球数据中心机架市场规模约为26.7亿美元，预计2029年将达到37.2亿美元，复合年均增长率为4.9%。[2] 全球数据中心机架的前五大制造商为艾默生、伊顿、施耐德、慧与（HPE）、戴尔，这些制造商占据了全球一半以上的市场份额。其中美国数据中心机架的市场占有率超过50%，居全球首位，其次是欧洲和中国，二者的市场占有率超过了30%。

全球数据中心服务器市场稳步扩张。2022年全球数据中心服务器市场规模约为480.9亿美元，预计2029年将达到654亿美元，复合年均增长率为4.5%，其中中国数据中心服务器市场份额高达41%，位列全球第一，其次是美国，市场占有率约为30%。[3] 数据中心覆盖范围最广泛的企业是全球云计算龙头厂商，如亚马逊、微软、谷歌和IBM，这些云计算厂商在全球分别拥有60多个数据中心，在北美、亚太地区、欧洲中东及非洲、拉丁美洲等地区的数据中心超过3个，此外甲骨文、阿里巴巴和腾讯的数据中心分布也较为广泛。

2. 超大规模数据中心快速增长

随着业务的不断扩张，数据容量需求日益增大，超大规模数据中心（即Hyperscale Data Center，区别于传统数据中心，在规模上可以容纳数百万台服务器和更多的虚拟机，性能上具有更高的可扩展性和计算能力的数据中心）数

1　中国信息通信研究院，《中国算力发展指数白皮书（2022年）》，2022年11月。

2　Global Info Research，"Global Data Center Rack Market 2023 by Company, Regions, Type and Application, Forecast to 2029"，2023年3月。

3　Global Info Research，"Global Data Center Server Market 2023 by Company, Regions, Type and Application, Forecast to 2029"，2023年3月。

量也持续快速发展。据统计，目前已知有314个新的超大规模数据中心处于建设阶段，预计未来三年超大规模数据中心将会超过1000个，并且此后继续快速增长。[1] 从区域分布来看，美国超大规模数据中心在全球占比将近40%，依旧最高，其次是中国、爱尔兰、印度、西班牙、以色列、加拿大、意大利、澳大利亚和英国。从数据中心容量来看，亚马逊、微软、谷歌和Meta处于全球领先地位，但是中国的数据中心容量增速最快。

3. 数据中心并购交易活跃

全球数据中心并购交易活跃。2022年全球共计完成187宗数据中心并购交易，总价值高达480亿美元。[2] 过去七年，并购交易的总价值已突破2000亿美元，其中将近一半的并购交易是在近两年内完成的。2022年美国投资公司KKR和全球投资伙伴公司（Global Investment Partners）以150亿美元收购数据中心运营商CyrusOne，数据中心投资商DigitalBridge以110亿美元收购数据中心运营商Switch，美国电塔公司（American Tower Corp）以100亿美元收购数据中心运营商CoreSite，黑石集团（Blackstone Group）以100亿美元收购数据中心企业QTS，这是近两年金额最大的四笔数据中心并购交易。

私募股权快速涌入交易市场并主导交易并购活动。自2018年以来，私募股权融资平均每年增长50%，2022年已经达到440亿美元，私募股权占已完成交易价值的91%，比2020年增长了36个百分点，比2021年增长了25个百分点，私募股权已经完全主导了数据中心交易并购活动。

1.2.2 云计算新技术不断涌现

1. 云计算市场规模跃升

公有云服务收入持续增长。2022年在主要公有云服务和基础设施市场中，

---

1 Synergy Interactive Analysis (SIA™), "Pipeline of Over 300 New Hyperscale Data Centers Drives Healthy Growth Forecasts", https://www.srgresearch.com/articles/pipeline-of-over-300-new-hyperscale-data-centers-drives-healthy-growth-forecasts, 访问时间：2023年3月。

2 Data center Dynamics, "Private equity leads 2022 data center M&A, in \$48bn year of deals", https://www.datacenterdynamics.com/en/news/private-equity-leads-2022-data-center-ma-in-48bn-year-of-deals/#:~:text=Synergy%20Research%20Group%20In%20a%20huge%20year%20of,-%20slightly%20behind%20the%202021%20record%20of%20%2449bn., 访问时间：2023年1月。

云计算运营商的收入达到5440亿美元,与2021年相比增长了21%,在全球经济持续下行的趋势下,云计算继续保持20%以上增速。从细分市场看,增长最快的是基础设施即服务(IaaS)和平台即服务(PaaS),这些服务的年收入超1950亿美元,增长率达到29%;在托管私有云服务、企业软件即服务(SaaS)和内容分发网络(CDN)服务领域的收入达到2290亿美元,比2021年增长了19%。从市场份额看,头部厂商市场格局趋于集中。2022年头部云计算厂商的市场份额略有调整,亚马逊的市场份额增加1个百分点,继续保持大幅领先的发展态势。微软的市场份额基本保持稳定。中国厂商阿里云和腾讯云的市场份额相比2021年均下降1个百分点。[1]

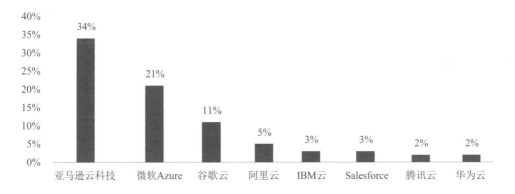

图1-4 2022年各主要厂商市场份额

(数据来源:Synergy Interactive Analysis (SIA™))

基础设施即服务、软件即服务和平台即服务持续引领云计算市场增长。2022年全球终端用户在公有云服务上的支出为4910亿美元,预计2023年将达到5973亿美元,同比增长21.7%,这主要是由于ChatGPT等生成式人工智能应用的增加。从细分市场看,2022年全球终端用户在IaaS、PaaS、SaaS三个市场的支出最多。预计2023年所有细分市场的终端用户支出都将实现增长,其中IaaS增长最快,增速将达到30.9%;其次是PaaS,增速将达到24.1%;SaaS增速预

---

1 Synergy Interactive Analysis (SIA™), "Total Public Cloud Revenues Jumped 21% in 2022 Surpassing $500 Billion Despite Economic Headwinds", https://www.srgresearch.com/articles/total-public-cloud-revenues-jumped-21-in-2022-surpassing-500-billion-despite-economic-headwinds,访问时间:2023年1月。

计达到17.9%。[1] 高德纳（Gartner）预测，到2026年75%的组织将采用以云为基础的数字化转型模型作为基础底层平台。

表1-3 全球主要公有云服务终端用户支出预测

单位：百万美元

公有云服务	2022	2023E	2024E
平台即服务（PaaS）	111976	138962	170355
软件即服务（SaaS）	167342	197288	232296
业务流程即服务（BPaaS）	59861	65240	71063
桌面即服务（DaaS）	2525	3122	3535
云管理和安全服务	34487	42401	51871
基础设施即服务（IaaS）	114786	150310	195446
总市场	490977	597323	724566

2. 新兴"平台即服务"涌现

集成平台即服务（iPaaS）和低代码应用平台（LCAP）等新兴的平台即服务涌现并逐渐成为主流。根据高德纳2022年云平台服务技术成熟度曲线显示，iPaaS和LCAP将在未来两年进入生产成熟期。[2] 目前iPaaS已经处于主流采用起步期，覆盖了全球20%至50%的目标受众，2022年全球iPaaS终端用户支出总额预计达到56亿美元，较2021年增长18.5%。凭借易于获取、功能多样和初始成本低等优势，iPaaS对大型企业机构和中小企业都具有吸引力，越来越多的企业开始对传统集成平台进行更新换代，选择iPaaS来支持SaaS应用、本地应用和数据源的快速集成自动化。作为应用平台即服务（Application Platform as

---

1 高德纳，"Gartner Forecasts Worldwide Public Cloud End-User Spending to Reach Nearly \$600 Billion in 2023"，https://www.gartner.com/en/newsroom/press-releases/2023-04-19-gartner-forecasts-worldwide-public-cloud-end-user-spending-to-reach-nearly-600-billion-in-2023，访问方式：2023年4月。

2 高德纳，"Gartner Hype Cycle for Cloud Platform Services 2022 Positions Two Technologies to Reach the Plateau of Productivity in Less Than Two Years"，https://www.gartner.com/en/newsroom/press-releases/2022-08-04-cloud-platform-hc-press-release#:~:text=Worldwide%20iPaas%20end-user%20spending%20is%20projected%20to%20total,billion%20in%202022%2C%20an%20increase%20of%202021%25%20year-over-year.，访问时间：2022年8月。

a Service，aPaas）的一种，低代码应用平台已在全球范围内进入主流采用成熟期，覆盖了50%以上的目标受众，高德纳估算2022年LCAP市场营收总额将达到74亿美元，同比增长28.4%。

3. 多云网络规模逐步扩张

2023年调查机构富莱睿（Flexera）对全球7530家机构进行调查，发现受访者中有87%已经采用了多云战略[1]，其中一些企业甚至使用五到六个供应商来提供云服务，但是传统的网络设计很难支持多云战略的规模，因此多云网络应运而生。多云网络可以连接和管理不同云环境、资源，是云计算发展到一定阶段的必然产物。2022年多云网络产业收入为27亿美元，预计2027年达到76亿美元，复合年均增长率高达22.5%。[2] 高德纳指出与传统网络供应商相比，多云网络供应商初创公司在多云网络方面发展十分迅速。例如多云网络供应商Aviatrix于2022年8月宣布三年收入增长近9倍，年度经常性收入达到6200万美元。

1.2.3　专用算力需求快速增长

1. 大模型引爆新一轮智算需求

随着人工智能大模型ChatGPT爆火，全球科技公司纷纷布局大模型。2022年底美国OpenAI团队发布聊天机器人软件ChatGPT，该软件凭借出色的语言理解和对话能力迅速在全球走红，仅仅两个月ChatGPT的月活跃用户数就超过1亿。2022年2月，Meta也公布一款大型人工智能语言模型（LLaMA）；2023年3月，OpenAI推出新的多模态大模型GPT-4；同月，谷歌也开放大语言模型接口（PaLM API），还发布了一款帮助开发者快速构建人工智能程序的工具（MakerSuite）。由学术机构、创业团队、个人开发者等发布的一批开源大模型也纷纷上线，如骆马（Vicuna）、考拉（Koala）、原驼（Guanaco）、开放助手（oasst-pythia）等，这些大模型可达到数十到数百亿参数规模，需要大量算力支撑。中国厂商百度在2023年3月宣布上线类ChatGPT的对话式人工智能工具

1　富莱睿，"Flexera 2023 State of the Cloud Report"，https://info.flexera.com/CM-REPORT-State-of-the-Cloud，访问时间：2023年6月。

2　Markets And Markets，"VSaaS Market worth $7.6 billion by 2027"，2022年5月。

"文心一言"，此外清华大学、阿里、智源、360等科研机构和科技公司也纷纷推出相应大模型。在这些人工智能大模型的推动下，智能算力的需求可能将超过通用算力。

大模型的运行需要指数型增长的智能算力支持。以GPT系列为例，GPT-1的参数量为1.17亿，预训练数据量为5GB，而GPT-3的参数量达到1750亿，预训练数据量高达45TB，无论是模型参数量还是预训练数据量均实现指数型增长。其中参数量和算力需求成正比，OpenAI声称，GPT-3.5在微软Azure AI超算基础设施（由V100GPU组成的高带宽集群）上进行训练，总算力消耗约3640PFlop/s-day（即每秒一千万亿次计算，运行3640天），需要约7—8个投资规模30亿、算力500P的数据中心才能支撑运行。据方舟资本（ARK Invest）预测，最新的GPT-4参数量最高可达1.5万亿个，其算力需求最高可达31271PFlop/s-day。考虑到边际递减效应，预计2025年算力需求最高可达48502PFlop/s-day，每年头部训练模型所需算力增长幅度高达10倍，远超摩尔定律的增长速度。

专栏1-1 ————————————————————————————————

ChatGPT的算力需求

训练ChatGPT需要使用大量算力资源。据微软官网，微软Azure为OpenAI开发的超级计算机是一个单一系统，具有超过28.5万个CPU核心、1万个GPU和400GB/s的GPU服务器网络传输带宽。据英伟达测算，该需求量的算力使用单个Tesla架构的V100 GPU来实现的话，进行一次训练就需要耗费288年时间。此外，算力资源的大量消耗，必然伴随着算力成本的上升，据相关机构评估，使用训练一次ChatGPT模型所需花费的算力成本就超过460万美元。

ChatGPT对于算力资源的需求主要体现在以下三类场景。1）模型预训练：ChatGPT采用预训练语言模型，核心思想是在利用标注数据之前，先利用无标注的数据训练模型。据测算，训练一次ChatGPT模型

（13亿参数）需要的算力约27.5PFlop/s-day。2）日常运营：用户交互带来的数据处理需求量同样也十分巨大，据测算，ChatGPT单月运营需要算力约4874.4 PFlop/s-day，对应成本约616万美元。3）模型精调：ChatGPT模型需要不断进行精调以优化结果，对模型进行大规模或小规模的迭代训练，预计每月模型调优带来的算力需求约82.5—137.5 PFlop/s-day。

2. 边缘计算重要性日益凸显

调研机构Precedence Research调研报告显示，2022年全球边缘计算市场规模为455.3亿美元，2030年市场规模预计达到1165亿美元，复合年均增长率约为12.46%。其中美国边缘计算市场规模为69.42亿美元，市场占有率为42%，全球排名第一。[1] 各国电信运营商在加快5G网络建设覆盖的同时，将网络的分

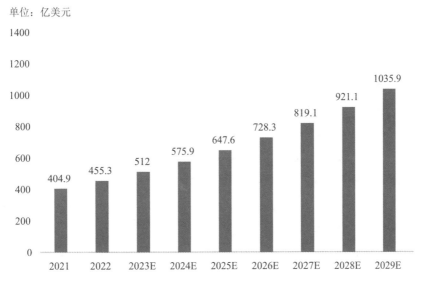

单位：亿美元

图1-5　2021—2030年全球边缘计算市场规模

（数据来源：Precedence Research）

1　Precedence Research, "Edge Computing Market", https://www.precedenceresearch.com/edge-computing-market, 访问时间：2023年6月。

支伸到了村村落落，在此基础上开始加快搭建多接入边缘计算（MEC）节点，这都有助于边缘计算的快速发展。此外，在新一轮数字浪潮之下，在物联网、工业互联网、智能网联车、智能家居、虚拟现实等领域的应用日益走进千家万户，万物互联呈现加速渗透趋势，边缘计算以其特有的技术优势，正在成为真正支持万物智能化的关键点。

1.3 应用基础设施建设步伐提速

以应用赋能为牵引，全面渗透、融合创新的应用基础设施建设进程加快。部分国家物联网建设进入代表"物"连接的终端数超出代表"人"连接的终端数的"物超人"新阶段，工业互联网的智能化融合态势凸显，车联网从试验验证逐步走向落地成熟，带动全球数字化进程不断加快。

1.3.1 物联网产业持续发展

1. 物联网产业规模持续扩张

主要国家大力推进物联网建设，物联网产业规模持续扩张。目前，全球近百个国家和地区的政府机构及企业设置了20多万家专门的机构、研究院、社会组织来探索和应用物联网。2023年全球物联网经济年产值将超过8万亿美元，年增量大约20%，全球开发的物联网产业应用平台和大众生活服务系统达70多万个。[1] 据市场研究机构IoT Analytics报告显示，2022年全球物联网连接数增长了18%，达到143亿。[2] 市场调查机构Counterpoint数据估算，2022年全球蜂窝物联网连接数量同比增长29%，达到27亿，其中超过三分之二的蜂窝物联网连接在中国，其次是欧洲和北美。[3]

作为物联网终端的核心部件，蜂窝物联网模组承载着端到端、端到数据服

1　第七届世界物联网大会主题报告《开启物联时代新格局打造物联世界新经济》，2022年11月。

2　IOT Analytics，"State of IoT 2023: Number of connected IoT devices growing 16% to 16.7 billion globally"，https://iot-analytics.com/number-connected-iot-devices/，访问时间：2023年5月。

3　Counterpoint，"Global Cellular IoT Connections to Cross 6 Billion in 2030"，https://www.counterpointresearch.com/global-cellular-iot-connections-forecast-q1-2023/，访问时间：2023年6月。

务器的数据交互。市场调查机构Counterpoint数据显示，2022年全球蜂窝物联网模块出货量同比增长14%，其中智能电表的普及、零售POS机的持续升级，智能资产跟踪以及智能网联汽车的持续增长是物联网模块实现快速增长的关键驱动力。[1]

2. 物联网模块市场格局有所调整

中国在蜂窝物联网模块市场处于全球领先地位，预计未来竞争加剧。从需求角度看，首先是中国持续引领全球蜂窝物联网模块市场，其次是北美和西欧，虽然印度目前市场规模较小，但是增速全球最快，未来具有较大的增长潜力，东欧由于受到俄乌冲突的影响，成为全球唯一出现市场下滑的地区。从供应商角度看，中国企业的地位在持续提升。市场调查机构Counterpoint数据显示，2022年第三季度和第四季度全球蜂窝物联网模块市场的前五大供应商全部来自中国，这五家厂商的总出货量在全球占比超过60%，占据全球蜂窝物联网

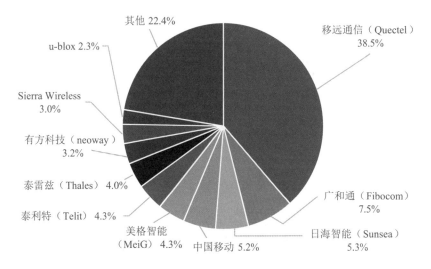

其他 22.4%
u-blox 2.3%
Sierra Wireless 3.0%
有方科技（neoway）3.2%
泰雷兹（Thales）4.0%
泰利特（Telit）4.3%
美格智能（MeiG）4.3%
中国移动 5.2%
移远通信（Quectel）38.5%
广和通（Fibocom）7.5%
日海智能（Sunsea）5.3%

图1-6　2022年全球蜂窝物联网模块出货量份额

（数据来源：Counterpoint）

1　Counterpoint，"Global Cellular IoT Module Shipments Jump 14% YoY in 2022 to Reach Highest Ever"，https://www.counterpointresearch.com/global-cellular-iot-module-shipments-2022/#:~:text=Global%20cellular%20IoT%20module%20shipments%20grew%2014%25%20YoY,IoT%20Module%20and%20Chipset%20Tracker%20by%20Application%20report.，访问时间：2023年3月。

模块市场的半壁江山，其中移远通信的份额高达38.5%，远超其他厂商。值得关注的是，2022年第四季度意大利老牌物联网企业泰利特（Telit）的市场份额为4.3%，法国企业泰雷兹（Thales）的市场份额为4.0%，这两家欧洲企业的蜂窝物联网业务已于2023年第一季度正式合并，未来将以新品牌Telit Cinterion运营，以目前的市场份额看该品牌将会超过市场份额第二名的广和通。[1]

1.3.2　工业互联网融合深度发展

1. 主要大国继续引领工业互联网发展

全球工业互联网规模总体呈现增长态势，美国、中国、日本、德国表现突出，中国增长势头迅猛。2021年全球工业互联网产业增加值为3.73万亿美元，增速接近6%，其中美国、中国、日本和德国在全球59个工业国家中表现突出。2021年，美国工业互联网产业增加值位居世界第一，高达8855.01亿美元，中国工业互联网产业增加值规模全球第二，达到6485.92亿美元，日本和德国的

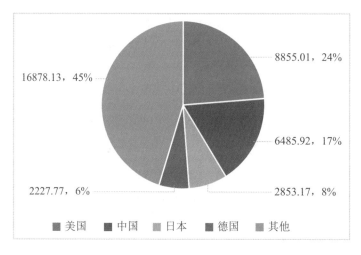

图1-7　全球工业互联网产业增加值规模结构（单位：亿美元）

（数据来源：中国工业互联网研究院，《全球工业互联网创新发展报告（2022）》）

1　Counterpoint, "Global Cellular IoT Module Shipments Jump 14% YoY in 2022 to Reach Highest Ever", https://www.counterpointresearch.com/global-cellular-iot-module-shipments-2022/#:~:text=Global%20cellular%20IoT%20module%20shipments%20grew%2014%25%20YoY,IoT%20Module%20and%20Chipset%20Tracker%20by%20Application%20report., 访问时间：2023年3月。

产业增加值规模分别是2853.17亿美元、2227.77亿美元，四个国家的产业增加值规模超过全球总规模的50%，持续引领全球工业互联网发展。[1] 其中，中国工业互联网产业增加值规模保持强势增长，2021年名义增速为14.53%，超过全球增速，产业增加值占GDP的比重约为3.58%，比2018年提高了0.55个百分点，呈现出稳步增长态势。[2]

2. 工业互联网平台智能化水平不断提高

工业互联网平台集聚，呈现三足鼎立局面。目前工业互联网平台主要集聚在美国、欧洲、亚太地区。其中美国具有市场主导地位，以通用电气（GE）、美国参数技术公司（PTC）、亚马逊、微软为代表的美国企业发挥技术优势，持续推动高水平工业互联网平台建设；以西门子、艾波比（ABB）、施耐德为代表的欧洲企业，凭借先进制造业优势，不断加大对工业互联网的投入力度；以中国、日本为代表的亚太地区依托庞大的市场需求，根据行业特点充分发挥产业优势，加速推进工业互联网平台建设。

图1-8　中国工业互联网产业增加值规模、增速及占GDP比重

（数据来源：中国工业互联网研究院，《全球工业互联网创新发展报告（2022）》）

1　中国工业互联网研究院，《全球工业互联网创新发展报告（2022）》，2023年2月。

2　中国工业互联网研究院，《全球工业互联网创新发展报告（2022）》，2023年2月。

工业互联网平台与新一代信息技术深度融合，智能化水平不断提高。近年来5G、人工智能、机器学习、深度学习等新一代信息技术的创新能力和应用水平不断提升，这些技术正加速融入工业互联网平台，催生出一系列的创新应用，推动传统生产模式向实时感知、动态分析、科学决策、精准执行和优化迭代的智能化生产模式转变。高德纳预测到2025年将有75%的企业数据在网络边缘[1]产生，这将推动工业互联网平台形成分布式、轻量化的部署形式。

3. 工业互联网企业深化数字业务集成

西门子依托工业云平台（MindSphere）以及旗下庞大的工业软件产品线，积极打造业务集成服务，通过持续并购，逐渐扩展数字化业务领域，号称可提供覆盖产品研发与制造过程以及工厂管理的整个价值链上的完整"数字孪生"（Digital Twin）解决方案。思爱普（SAP）作为商业软件公司，依托自身强大的软件优势，赋能工业互联网平台的发展。SAP提出"工业4.0进行时"（Industry 4.0 Now）战略，强调利用工业物联网和工业互联网等技术，让企业的供应链和制造流程更具灵活性和敏捷性，构建智能产品、智能工厂、智能资产，强化员工的智慧企业框架。施耐德电气持续发展工业软件和工业自动化。作为全球顶级电气企业，施耐德电气通过并购的方式，在工业软件和工业自动化两个领域持续发力，扩大自身业务领域，推出的工业互联网平台（EcoStruxure），推动企业从互联互通的产品到区域控制，再到应用、分析与服务各个层面的数字化转型。蓝卓推出工业操作系统supOS，以智能工厂为核心切入点，打造自下而上生长的工业互联网平台。蓝卓探索的"平台加应用"模式以及行业应用平台即服务+软件即服务（aPaaS+SaaS）模式，为工业企业提供了一条大规模复制、低成本推广、便捷化使用的数字化转型路径。

1.3.3　车联网进入高速发展期

1. 车联网产业规模迅速上升

车联网产业以智能网联汽车为核心，目前全球主要国家和地区都把智能网联汽车作为汽车产业发展的重要方向。

---

[1]　网络边缘是指位于网络核心之外，包括区域数据中心、下一代端局机房（NGCOs）、固定有线接入点、无线接入基站和无线接入网络（RANs）等融合位置。

美国智能网联汽车始终走在世界前列，从2010年起每五年发布一份《智能交通系统战略规划》，之后陆续出台一系列自动驾驶指导政策，全面推进自动驾驶与车联网产业发展，2022年3月出台的《无人驾驶汽车乘客保护规定》让自动驾驶落地应用迈向新台阶。

英国把智能网联汽车视为势在必行的新赛场，2014年就专门设立基金支持自动驾驶技术研发，还专门成立互联和自动驾驶汽车中心。欧盟委员会建立了合作智能交通系统平台推进车联网发展，欧盟国家和道路运营管理机构协作建立相关平台（C-Roads），便于协调车联网的测试活动。

日本对车联网行业发展予以高度重视。日本政府2023年4月宣布，计划最早于2024年在新东名高速公路的部分区间设置自动驾驶专用车道，并在2026年开始允许L4级别全无人化重卡的商业化运营。

在有关国家完善政策、法规、制度推动车联网加速布局的背景下，车联网渗透率和车联网规模快速上升。据英国调研分析机构IHS Markit计算，2022年车联网市场规模同比增长14%，其中中国车联网市场增速更快，增速高达24%，比世界增速高出10个百分点。

2. 车联网技术不断创新

随着车联网的快速发展，车联网技术水平也在持续提升。从车载端看，已经从简单的车载实时操作系统到具备综合业务智能操作系统；从管端看，5G+车联网是重点的通信技术；从云端看，封闭式车联网运营平台逐步向开放式数字化运营平台发展。车联网领域的专利不断涌现。截至2022年5月，全球车联网领域专利申请量超过12.5万件，申请人主要分布在传统车企、通信企业和互联网高科技企业。[1] 从车联网领域专利受理数量来看，美国受理专利申请数量最多，其次是中国、日、韩和欧洲。截至2022年5月，在华车联网领域专利申请量累计达到53077件，其中2011—2020年十年间，车联网在华申请专利数量高达4.6万件。从研发实力看，美国和日本表现突出；从专利技术流向看，中国、美国和日本是主要的技术原创国家和目标市场国家，其中中国是最大的专利产出国，华为、百度等企业表现亮眼。

1　中国通信学会、中国信息通信研究院，《车联网知识产权白皮书（2022年）》，2022年12月。

3. 车联网数字安全受到重视

车联网数据存在安全隐患。数据作为车联网运行的关键拥有巨大的价值，不仅包含了用户个人信息、企业关键信息、公共交通数据，还涉及许多关乎国家安全的机密数据。出于业务需要，数据会在车联网产业链中快速流转，因此数据泄露事件时有发生，车联网数字安全受到威胁。随着车联网落地应用的时间越来越近，主要国家更加重视车联网数字安全，相继出台相关政策和标准保障数字安全。为了防止数据伪造、篡改等事件的发生，蜂窝车联网使用公钥基础设施机制，采用数字签名等技术手段保障数字安全。全球也都加快制定相关政策及标准保障汽车信息安全。美国在车联网数据安全方面处于领先地位，通过加强相关立法，信息安全保障能力进一步提高；联合国欧洲经济委员会出台联合国车辆安全法规（UN R155），该法规包括网络安全管理体系（CSMS）和车辆网络安全型式认证（VTA）两部分，其中VTA是为了确保车辆的全生命周期都能覆盖网络安全防护技术；中国专门出台《工业和信息化部关于加强车联网网络安全和数据安全工作的通知》，为车联网安全保驾护航。

第2章

世界信息技术发展

当前，科技革命和产业变革日新月异，集成电路、人工智能、量子科技等信息技术创新发展，数字化、网络化、智能化趋势不断加速，把握科技新机遇、推动科技新发展日益成为国际社会的共同愿望。

集成电路技术作为信息时代的基础技术，越来越受到各国关注与重视。在设计领域，集成电路技术已由通用设计逐步向实现特定功能的专用设计过渡，整体性能与复杂度进一步提升，集成电路多功能集成度越来越高，芯粒（Chiplet）技术已经成为集成电路未来发展趋势之一；在制造领域，集成电路制造技术突破难度较大，工艺制程受成本大幅增长和技术壁垒等因素影响，导致改进速度放缓，集成电路行业已进入了"后摩尔时代"。

高性能计算进入E级（百亿亿次级）时代后，应用复杂模型和大数据集研究以及解决复杂科学、工程和技术挑战的功能不断加强，通过融合处理能力和存储能力，有助于加快实现解决科学、工程、商业等不同领域的计算难题。

人工智能技术发展迎来突破性变革，以GPT为代表的大模型技术未来将赋能各行各业，加快各领域智能化转型，重塑互联网产品形态，带来多方面的产业变革和应用价值，大模型技术被视为通用人工智能技术方向之一。

多国加快发展以区块链技术为基底的数字货币，区块链创新应用稳步推进。量子技术不断取得突破，量子计算处于多种路线并行阶段，量子通信已开始实现商业化应用。世界主要经济体加大布局6G研发，下一代通信技术市场应用前景广阔。

但是，全球信息技术的创新发展也面临越来越多的不确定因素。美国凭借其技术领先优势，大搞技术霸权，恶意破坏全球信息技术合作与创新，严重阻碍了社会技术进步。集成电路的发展逐步逼近物理极限，如何寻找新的突破方向仍是一大难题。人工智能大模型技术虽展现一定优势，但需要巨大的能源及算力消耗，且如何规范发展也需要国际社会探索。

2.1 基础技术

集成电路技术作为信息技术的基础，在未来科技发展中将发挥越来越重要的作用。在高性能计算领域，虽然仅有个别计算机达到百亿亿次级，但超算系统在重要科研领域的作用不断凸显。在操作系统领域，已有的操作系统生态格局基本保持稳定，但开源操作系统的影响力正在不断提高。

2.1.1 集成电路技术性能与复杂度进一步提升

1. 桌面及服务器CPU仍以X86体系为主

根据罗马尼亚墨丘利研究公司（Mercury Research）的数据，在桌面中央处理器（CPU）领域，英特尔酷睿系列和超威半导体（AMD）锐龙系列占据绝大部分市场份额，两家桌面CPU的全球出货量份额分别为68.1%和18.6%，剩余10%左右的市场由苹果占据。从2020年末开始，苹果在其电脑设备（Mac）采用基于ARM架构的自研芯片，摆脱了X86体系架构。

2022年9月，英特尔发布第13代酷睿系列桌面处理器，采用英特尔自身的"Intel 7" 10纳米制程工艺，性能最高支持24核心（包括8个P-core性能核心和16个能效核心）、32线程、5.8GHz的运行主频、32MB的二级缓存及36MB的三级缓存。

2022年8月，超威半导体发布了基于"Zen 4"架构的锐龙7000系列桌面处理器。采用台积电5纳米制程工艺，使用自研的"3D V-Cache"先进封装技术打造芯粒结构，性能最高支持16核心、32线程、5.7GHz的运行主频、16MB的二级缓存及128MB的三级缓存。

2022年6月，苹果发布用于Mac和iPad上的基于ARM架构的自研处理器M2，采用台积电5纳米制造工艺，集成了约200亿个晶体管，其中CPU使用8核心架构，包括4个高性能核心及4个高效率核心，运行速率可达到3.49GHz。M2性能比上一代提升18%，GPU效能提升35%。

2022年12月，中国龙芯中科宣布采用"龙架构"（LoongArch）的"龙芯3D5000"验证成功。"龙芯3D5000"通过芯粒技术把两个3C5000的硅片封装在一起，是一款面向服务器市场的32核心CPU产品。该芯片集成了32个LA464处理器核和64MB片上共享缓存，支持8个满足DDR4-3200规格的访存通道，最高运行主频为2.0GHz以上，可以通过5个高速"超传输"（HyperTransport）接口连接I/O扩展桥片和构建单路/双路/四路服务器系统，单机系统最多可支持四路128核。

2. 手机处理器 ARM 架构处于绝对优势

根据加拿大技术洞察公司（TechInsights）的研究数据，2022年全球智能手机处理器市场收益增长12%，达到约342亿美元，其中5G应用处理器出货量占总出货量的56%。高通、苹果、联发科、三星和紫光展锐在2022年智能手机应用处理器市场的收入份额排名前五，其中高通市场份额为38.6%，排名第一，苹果和联发科分别为30%、23.5%，分列第二、三名，而这些主要的手机处理器均使用了 ARM 的芯片架构。

2022年11月，高通宣布推出第二代骁龙8处理器"骁龙8 Gen2"，采用台积电4纳米工艺，使用8核 CPU 架构，包括1个主频3.2GHz高单线程性能的超大核心，4个主频2.8GHz处理多线程工作负载的性能核心，以及3个主频2.0GHz的效率核心。"骁龙8 Gen2"比第一代 CPU 性能提升35%，能效提升40%；GPU 性能提升25%，能效提升40%。

2022年9月，苹果推出 A16 仿生芯片，采用台积电4纳米工艺，集成了近160亿个晶体管。使用6核 CPU 架构，包括2个主频3.46GHz的高性能核心以及4个主频2.02GHz的低功耗核心，其神经网络引擎运算能力接近每秒17万亿次。A16比上一代 CPU 性能提升约15%，功耗下降20%，内存带宽增加了50%，显存带宽提升约50%。

2022年6月，联发科发布其天玑处理器升级优化版"天玑9000+"，采用台积电4纳米工艺，使用8核 CPU 架构，包括1个主频3.2GHz的超大核心，3个主频2.85GHz的大核心，以及4个能效核心。"天玑9000+"比上一代 CPU 性能提升5%，GPU 性能提升10%。

2022年1月，三星推出与超威半导体合作研发的移动芯片"Exynos 2200"，采用三星4纳米制造工艺，使用8核 CPU 架构，包括1个主频2.8GHz的高性能核心，3个性能和效率均衡的核心，以及4个节能核心，并配有采用 AMD RDNA 2架构的三星 GPU。

3. GPU 由英伟达与超威半导体瓜分全球市场

根据瑞典3D打印中心（3D Center）的数据显示，2022年全球 GPU 市场规模达到448.3亿美元，全球独立 GPU 市场基本由英伟达、超威半导体垄断，其中英伟达占据79%的市场份额，超威半导体占20%的市场份额，英特尔凭借在

PC端的优势占据剩下1%的市场份额，英伟达继续保持绝对优势。

2022年9月，英伟达推出面向PC的独立显卡英伟达GeForce RTX-40系列，代表了目前显卡的性能巅峰。RTX-40系列使用英伟达全新的Ada Lovelace架构，采用台积电5纳米制程工艺，最高集成了760亿个晶体管。其旗舰产品GeForce RTX 4090，拥有16384个CUDA核心及24GB显存，最高运行频率可达2.52GHz。

同时，英伟达也是人工智能训练芯片的绝对领先者。2022年3月，英伟达发布面向人工智能训练的GPU芯片Hopper H100，采用台积电4纳米制程工艺，集成了800亿个晶体管，拥有80GB显存以及3.35TB/s的显存带宽。拥有18432个CUDA核心、576个Tensor核心、60MB二级缓存，支持英伟达第四代NVLink接口，可提供高达900GB/s的互联带宽。该芯片采用了全新Transformer引擎和英伟达NVLink互连技术等新技术，以加速最大规模的AI模型。

2022年11月，超威半导体发布使用RDNA 3架构的独立显卡Radeon RX 7000系列，采用台积电5纳米制程工艺和芯粒封装工艺，集成了580亿个晶体管。其旗舰产品Radeon RX 7900 XTX，拥有24GB显存及96MB无限缓存，最高运行频率2.5GHz，最高显存带宽可达960GB/s。

4. DRAM技术迈向DDR5

DRAM技术经过了几次迭代，每次迭代都会显著提升芯片性能。目前为止DRAM已经六次迭代，分别是SDR（Single Data Rate SDRAM）、DDR1（Double Data Rate 1 SDRAM）、DDR2、DDR3、DDR4、DDR5。目前DRAM的市场主流技术是DDR4，但是DDR5技术已经开始成熟应用。

当前，全球DRAM市场被美、韩垄断。根据集邦咨询（TrendForce）的数据，2022年三星、SK海力士、美光三巨头合计市场占有率高达95.9%，呈现"三足鼎立"之势。其中三星市场份额为45.2%，海力士为27.6%，美光为23.1%，三大厂商市场占有率多年超90%。

2022年10月，三星推出LPDDR5X DRAM，采用14纳米制程工艺，使用动态电压和频率缩放（DVFS）技术，兼具高速度和低功耗，运行速度高达8.5Gbps，比上一代快1.3倍，功耗降低20%。2022年12月，三星宣布成功开发出采用12纳米制程工艺的16Gb DDR5 DRAM，通过应用高介电（high-k）材料和改进电路特性的设计来增加存储电荷的电容器容量，采用DDR5标准的DRAM最高支持7.2Gbps的运行速度，与上一代产品相比，功耗预计节省约23%。

2023年1月，SK海力士研发的第四代10纳米级（1a）DDR5服务器DRAM获得了英特尔处理器的兼容认证。与DDR4相比，该DDR5技术的DRAM功耗最多可减少约20%，性能至少提升70%以上。1月25日，SK海力士宣布成功开发出当前速度最快的移动DRAM内存产品"LPDDR5T"（Low Power Double Data Rate 5 Turbo）。该产品的运行速度高达9.6Gbps，比现有产品快13%，同时还能在电子器件工程联合委员会（JEDEC）规定的最低电压1.01—1.12V（伏特）下运行，兼具了高速度和低功耗的特性。

2022年11月，美光推出基于1β制程的LPDDR5X DRAM产品，最高运行速度可达到8.5Gbps。该产品没有采用EUV光刻机，而是通过ArF浸液多重光刻技术，实现了从上一代1α制程转变为1β制程。与上一代产品相比，存储密度提升了35%，同时功耗降低了15%。

5. 芯片制造实现3纳米工艺量产

据中国香港"对比法"技术市场研究公司（Counterpoint Research）的研究数据显示，2022年台积电继续主导全球芯片制造市场，占据全球约60%的市场份额。三星、台联电、格罗方德、中芯国际，分别占据全球芯片制造市场的第2—5位，市场份额分别为13%、6%、6%、5%。

从制程工艺节点看，2022年5/4纳米制程工艺取代2021年的7/6纳米制程工艺成为芯片制造销售额最大的技术节点，其中台积电贡献了5/4纳米制程工艺的80%以上。5/4纳米制程工艺的扩产主要是由于各大芯片厂商新产品对更高性能的追求，而7/6纳米制程工艺的疲软是由于供应链中的中端智能手机和独立GPU的销售放缓。

2022年6月，韩国三星宣布率先实现3纳米制程工艺的量产。三星3纳米制程工艺采用全环绕栅极（Gate-All-AroundT，GAA）技术，首次实现GAA"多桥通道场效应晶体管"（multi-bridge-channel field effect transistor，MBCFET）应用打破了鳍式场效应晶体管（fin field-effect transistor，FinFET）技术的性能限制，通过降低工作电压水平来提高能耗比，同时还通过增加驱动电流来增强芯片性能。与5纳米制程工艺相比，三星第一代3纳米制程工艺可以使功耗降低45%，性能提升23%，芯片面积减少16%；而第二代3纳米制程工艺则使功耗降低50%，性能提升30%，芯片面积减少35%。但根据市场反馈，三星3纳米制程工艺的良率过于低，还没有成为各大芯片厂商的首选。

2022年12月，台积电宣布实现3纳米制程工艺的量产。台积电3纳米制程工艺继续采用鳍式场效应晶体管技术，在效能、功耗、面积和晶体管技术上均有提升。相比于5纳米工艺，台积电3纳米工艺逻辑密度将增加约60%，在相同速度下功耗可降低30%—35%。

2.1.2　高性能计算E级时代到来

2022年11月，在美国举行的2022年高性能计算专业大会（SC22）上公布了新一期全球超级计算机Top500排行榜。本次榜单与上一次相比，前3名均未产生变化，但前4—10名出现了变动。

根据新公布的榜单，美国橡树岭国家实验室（ORNL）的"前沿"（Frontier）系统依旧排名第一，运算速度高达1.102EFlop/s，是名单上唯一的百亿亿次级计算机，其线性代数软件包（LINPACK）高性能（HPL）分数几乎是第二名的三倍。

日本理化学研究所（RIKEN计算科学中心）的"富岳"（Fugaku）排名第二，"欧洲最快超算"卢米（LUMI）位列第三。此次LUMI进行了一次重大升级，机器的规模增加了一倍，HPL得分达到了0.309EFlop/s。此次前10名中唯一新上榜的新机，是位于意大利博洛尼亚的EuroHPC/CINECA的"莱昂纳多"（Leonardo）系统，以1463616个内核取得了0.174EFlop/s的HPL得分，排名第四。中国的两台超算系统——神威·太湖之光和天河-2A分别下调一位，下降至第七和第十。本期榜单前10名具体情况见表2-1。

在算力方面，美国入榜的超算系统总性能占据Top500所有系统总性能的43.2%，排名第一，日本以19.6%排名第二，中国以10.6%位列第四。

在总数方面，中国虽然只有两台超算系统进入了前10名，但有162台系统进入了Top500的榜单，相比上年的173台有所下降，但依然比欧洲多31台，比美国多36台，在数量上位居世界第一。

表2-1 全球超级计算机Top10

序号	系统	所属国家	内核	运算性能 （PFlop/s）	峰值性能 （PFlop/s）	功率 （千瓦）
1	Frontier	美国	8730112	1102.00	1685.65	21100
2	Supercomputer Fugaku	日本	7630848	442.01	537.21	29899
3	LUMI	芬兰	2220288	309.10	428.70	6016
4	Leonardo	意大利	1463616	174.70	255.75	5610
5	Summit	美国	2414592	148.60	200.79	10096
6	Sierra	美国	1572480	94.64	125.71	7438
7	神威·太湖之光	中国	10649600	93.01	125.44	15371
8	Perlmutter	美国	761856	70.87	93.75	2589
9	Selene	美国	555520	63.46	79.22	2646
10	天河-2A	中国	4981760	61.44	100.68	18482

2.1.3 操作系统不断优化升级

全球操作系统市场主要有谷歌旗下的安卓（Android），微软旗下的视窗（Windows），苹果公司旗下的iOS、MacOS以及Linux五大操作系统。截至2022年12月，五大操作系统占据全球操作系统95%以上市场份额，呈现非常稳定的市场格局。

1. 桌面操作系统

全球桌面操作系统Windows一家独大，但份额不断下滑，MacOS份额逐步提升。Windows操作系统自2009年以来一直保持桌面操作系统市占率第一名，但随着技术水平的提高和苹果系统生态的逐步完善，MacOS系统市场份额逐年上升。据爱尔兰"数据计算器"公司（Statcounter）的数据：截至2023年6月，Windows占桌面端操作系统市场68.15%的份额，已连续十年下滑；MacOS占桌面端操作系统市场21.38%的份额，相比2012年增长了近8个百分点；Linux系统市场份额有所提升，占3%。

2. 手机操作系统

全球手机操作系统仍被谷歌的安卓和苹果的iOS所垄断。2022年，全球智能手机操作系统市场不断变化，iOS市场份额增加，安卓份额减少。据"对比法"技术市场研究公司的数据，2023年第一季度，安卓与iOS分别占全球手机操作系统市场78%与20%的份额。值得注意的是，华为的鸿蒙操作系统的市场占有率也在逐年提升，2023年第一季度占据全球市场2%的份额。

3. 服务器操作系统

全球服务器操作系统以Linux和Windows为主要组成。目前服务器操作系统装机主要有三种选择，免费的Linux、付费的Windows和付费的Linux（红帽公司产品）。与桌面操作系统不同的是，Linux系统在服务器领域广泛应用，由于其开源免费的属性，2022年Linux的部署率超60%，与Windows的部署率差距进一步拉大。在付费服务器操作系统市场中，主要有微软和红帽两家公司，微软Windows部署率超60%，占比最大，红帽占比约30%，两家合计部署率超90%。

2.2　应用技术

在人工智能领域，以GPT为代表的大模型技术展现出一定的逻辑推演能力，未来将不断赋能各行各业，加速各领域向智能化转型发展。在区块链领域，中、美已经成为成熟应用区块链技术的国家，随着技术的不断成熟，未来应用场景将不断丰富。

2.2.1　人工智能技术取得突破性进展

随着ChatGPT在网络上的火爆，人工智能大模型技术表现出较强的逻辑性，被认为是未来通用人工智能发展方向之一。世界多国继续加大对人工智能尤其是大模型技术的布局，人工智能赋能相关产业作用将越发凸显。

1. 大模型技术GPT引发人工智能热潮

GPT（Generative Pre-trained Transformer）是基于Transformer架构的人工

智能预训练大模型，由OpenAI公司于2018年提出，具有强大的自然语言理解和生成能力。

OpenAI成立于2015年，发展目标为制造"通用"机器人和使用自然语言的聊天机器人。2019年，OpenAI获得来自微软的10亿美元投资，为Azure云端平台服务开发AI技术。2018年起，OpenAI开始发布GPT模型，2020年发布GPT-3，可以完成答题、写论文、代码生成等任务，被视为人工智能竞赛的里程碑事件。2022年推出使用GPT-3.5技术的具备理解能力的聊天机器人ChatGPT，引发全球对于人工智能的热潮。

2018年6月GPT-1发布，参数量达1.17亿，预训练数据量约5GB。GPT-1包含预训练和微调两个阶段，先在大量的无标签数据上训练语言模型，然后在下游具体任务（如分类、常识推理、自然语言推理等）的有标签数据集上进行微调。GPT-1使用了BooksCorpus数据集来训练语言模型。

2019年2月GPT-2发布，参数量达15亿，预训练数据量约40GB。GPT-2使用相同的无监督模型学习多个任务，同时采取Zero-shot设定，不需要下游任务的标注信息，而是根据给定的指令理解任务。因此GPT-2的核心思想在于多任务学习。GPT-2训练的数据集来自社交新闻平台Reddit，共有约800万篇文章，体积超40GB。

2020年5月GPT-3发布，参数量达1750亿，预训练数据量约45TB。GPT-3沿用了GPT-2的结构，但是在网络容量上做了很大的提升。GPT-3共训练了5个不同的语料，分别是低质量的Common Crawl，高质量的WebText2、Books1、Books2和Wikipedia，GPT-3根据数据集的不同的质量赋予了不同的权值，权值越高的在训练的时候越容易抽样到。

2022年11月ChatGPT发布。它是OpenAl基于GPT-3.5（GPT-3的改进版）模型变体推出的一款聊天机器人。ChatGPT在对话中与其他使用预定义的响应或规则生成文本的聊天机器人不同，ChatGPT可以根据接收到的输入并联系上下文形成具有一定理解能力的文本响应。ChatGPT不单是聊天机器人，还能进行撰写邮件、视频脚本、文案、翻译、代码等任务。从2022年11月上线以来，几天内注册用户数就超过100万，到2023年1月底的月活用户已突破1亿，成为史上用户增长速度最快的消费级应用程序。

2023年3月，OpenAI发布最新的人工智能模型GPT-4。GPT-4是一个大型多模态模型，使用文本预测和基于人类反馈的强化学习方案（RLHF）进行训练，并可以接受文本和图像输入以及文本输出，具体技术细节官方并未公开。GPT-4虽然在许多现实场景中能力表现还有缺陷，但在各种专业和学术基准上已经表现出一定的能力，例如：GPT-4通过了模拟律师考试，分数在考生中排名前10%；相比之下，GPT-3.5的得分在底部10%左右。

2.人工智能理论与应用进入新发展阶段

随着人工智能技术的不断进步与应用领域的不断融合，人工智能技术发展呈现出以下几个趋势。一是从感知智能走向认知智能。感知智能的核心在于模拟人的视觉、听觉和触觉等感知能力，而认知智能则具有人类思维理解、分析推理、行动协同等核心特征。二是从信息智能向决策/行为智能发展。目前以大数据、跨媒体为代表的信息智能在单源信息场景得到广泛应用，已经达到使用成熟阶段，而决策/行为智能仍待突破。三是逐步实现专用人工智能向通用人工智能的迈进。从数据驱动迈向数据驱动和知识引导相结合的新一代人工智能基础理论突破，跨入人工智能进一步发展的"无人区"，持续扩大人工智能的基础研究边界，支撑人工智能更广泛的应用。四是人工智能开始从消费端向生产端渗透，加速与实体经济的深度融合，赋能千行百业。人工智能应用逐步加速与制造、交通、医疗、民生等领域的融合，创造出新业态、新模式、新市场，有力推动各行各业的智能化转型。

3.人工智能与多学科加速交叉和融合

人工智能技术的发展，同样为其他学科的进步带来了重要的技术支持。一方面多学科交叉是实现更强大人工智能的核心路径。近年来，人工智能的科学内涵愈发丰富，与数学、脑科学、心理学、机器人学等多学科的交叉不断深化。另一方面，人工智能逐步成为科学研究新手段。当前人工智能已助力多样式的科学研究，加速产生颠覆性突破。DeepMind研发的人工智能系统AlphaFold2已预测出超过100万个物种的2.14亿个蛋白质结构，几乎涵盖了地球上所有已知蛋白质；内嵌物理模型的人工神经网络有效连接领域知识与数据，逐步成为研究新范式。整体来看，人工智能驱动正在成为继实验科学、理论科学、计算科学之后的科学研究第四范式，未来将不断加快科学创新步伐，有望引领新一轮的科技革命。

专栏2-1

2022年世界互联网领先科技成果发布活动举行

2022年11月，2022年世界互联网领先科技成果发布活动在中国浙江乌镇举行。发布活动围绕2022年世界互联网大会乌镇峰会"共建网络世界　共创数字未来——携手构建网络空间命运共同体"的主题，共评选出来自中国联通、中国电信、鹏城实验室、高通、爱立信、华为、卡巴斯基、阿里云、微软、中国科学院、龙芯中科、蚂蚁集团、清华大学、北京大学、浙江大学的15项具有国际代表性的年度领先科技成果，并在发布活动现场进行了集中展示。

图2-1　2022年世界互联网领先科技成果发布会现场

（图片来源：世界互联网大会秘书处）

世界互联网领先科技成果发布活动旨在展现全球互联网领域最新科技成果，彰显互联网从业者的创造性贡献，搭建全方位的创新交流平台。2022年5月，世界互联网大会面向全球广泛征集申报成果，得到广泛关注和积极响应，共征集到海内外各类申报成果257项。申报成果涵盖5G与6G、IPv6、人工智能、大数据、网络安全、超级计算、高性能芯片、数字孪生等多个前沿领域。近40名互联网领域的中外知名专家组成专家推荐委员会，按照"公平、公正、客观、权威"的原则，评选产生2022年度15项世界互联网领先科技成果。

2.2.2 区块链技术应用场景不断拓宽

随着近几年区块链技术的不断发展，技术路线逐渐成熟，应用和产业也在不断扩大。多国日益重视区块链技术研发，加大对数字货币的战略布局。区块链逐渐形成了公有链和联盟链两大体系。公有链是指任何人都可以随时进入系统进行读取数据、发送可确认交易、竞争记账的区块链；联盟链是指由多个机构共同参与管理的区块链，每个机构管理一个或多个节点，链上数据只允许系统内的机构读写和发送。公有链面向下一代互联网（Web3.0）持续推动技术演进与应用创新，打造分布式互联网信任基础设施。联盟链技术针对业务场景需求不断迭代优化，应用范围加速拓展，赋能实体经济数字化转型，但在商业化运营及推广方面遇到一些阻力。

1. 中美专利申请及应用均全球领先

根据中国国家知识产权局知识产权发展研究中心发布的《全球区块链专利状况研究》，截至2022年12月，全球申请148062件，涉及100612项专利族，其中，授权专利37595件，涉及27912项专利族。中国目前是全球最大的区块链技术专利国，共计申请92941件，涉及85186项专利族，申请量占全球申请量的62.8%。

按照专利来源区域排名，区块链技术创新集中在中国和美国，两国授权量之和占全球授权总量的81.4%。其中，中国专利授权量23791件，占全球授权总量的63.3%，排名第一；美国专利授权量6796件，占全球授权总量的18.1%，排名第二；日本专利授权量1101件，占全球授权总量的2.9%，排名第三；韩国和德国的专利授权量分别占全球授权总量的2.1%和1.1%，其他国家的专利授权量均低于1%。

根据专利使用情况来看，全球区块链技术授权专利最大的目标市场国同样也是中国和美国，二者授权专利量之和占全球总量的83.5%；中国积极使用区块链技术开展研发，使用授权专利22457件，涉及19803项专利族，以占比59.7%位列第一，美国以8950件位列第二，其他分别为日本1339件、韩国976件、德国604件。

2. 技术创新稳步推进

公有链技术面向下一代互联网持续迭代，推动实现更开放、更高效和绿色化发展。技术演进方面，当前国际主流公有链节点规模在万级左右，去中心化程度较高，主要聚焦在扩展性、兼容性、能耗等方面进行技术优化。其中，以太坊作为公有链的典型代表，于2022年9月完成合并升级，从工作量证明（Proof of Work，PoW）共识迁移至权益证明（Proof of Stake，PoS）共识，大幅提升其性能、安全性和可扩展性，能耗降低99.95%，并基于分片技术构建链上链下协同生态，解决了长期以来交易性能有限、运行能耗高等问题。技术创新方面，国外以Web3.0为导向加速公有链技术创新，引领了智能合约、数字身份、隐私保护等多个领域的技术走向。其中基于以太坊推出的资产发行、资产确权、支付结算等一系列技术协议，如ERC-20、ERC721、ERC-1155等，正成为区块链在相关领域公认的重要事实性标准。技术开源方面，公有链开源项目主要围绕区块链开发、智能合约、DApp开展，月均活跃开发者近2万名。其中比特币关注超过6.5万次，位居首位；以太坊超过3.9万次，紧随其后。[1]

联盟链技术聚焦业务场景需求不断优化，发展速度相对放缓。技术演进方面，国外典型联盟链开源项目如Hyperledger Fabric、Corda等，技术积累相对成熟，代码迭代速率自2021年以来逐渐放缓。技术创新方面，联盟链以可信协作业务需求持续推动技术升级。从学术研究和专利申请来看，重点关注垂直行业应用、数据隐私和数据共享、分布式能源及智能电网等方向。相关专利聚焦应用落地、隐私安全和多技术融合等加快布局，点状突破不断涌现。技术开源

1　中国信息通信研究院，《区块链白皮书（2022年）》，2022年12月29日。

方面，Hyperledger基金会仍是目前最为活跃的联盟链开源生态，2022年社区紧跟行业应用趋势，面向Web3.0应用、匿名凭证和互操作方向新增三个开源项目，整体发展较为稳定。[1]

2.3　前沿技术

以量子信息技术、6G技术等为代表的前沿技术，已经成为全球信息技术的主要创新发展方向，未来将引发重大的产业变革，多国积极加速布局，以期抢占未来技术高地。

2.3.1　量子信息技术日益成为科技创新热点

量子信息技术已成为全球科技领域的重要研究方向。2022年度诺贝尔物理学奖、2022年度科学突破基础物理奖和2023年度科学突破基础物理奖都授予了研究量子信息技术的研究者，以表彰他们在量子信息技术领域取得的突破性成就。当前量子信息技术的三大研究应用领域分别为量子计算、量子通信、量子测量，其中，量子测量应用相对成熟，量子计算与量子通信相关研究投入较大。

1. 多国加大量子信息技术战略布局

美洲

2022年5月，美国总统拜登签署了两项文件。一是《关于加强国家量子倡议咨询委员会的行政命令》，旨在根据国家量子倡议（NQI）法案，创建国家量子倡议咨询委员会，以确保美国能够了解来自不同专家和利益相关方的证据、数据和观点，并就NQI计划向总统、量子信息科学小组委员会（SCQIS）和量子科学的经济和安全影响组委会（ESIX）提供建议；二是《关于促进美国在量子计算方面的领导地位同时降低易受攻击的密码系统风险的国家安全备忘录》，概述了美国政府目前与量子计算相关的政策和举措，确定了"保持美国在量子信息科学（QIS）方面的竞争优势"以及"降低量子计算机对美国网络、经济和国家安全的风险"方面所需的关键步骤。

1　中国信息通信研究院，《区块链白皮书（2022年）》，2022年12月29日。

图2-2　瑞典皇家科学院2022年10月4日宣布，将2022年诺贝尔物理学奖授予法国科学家阿兰·阿斯佩（Alain Aspect）、美国科学家约翰·克劳泽（John F. Clauser）和奥地利科学家安东·蔡林格（Anton Zeilinger），以表彰他们在"纠缠光子实验、验证违反贝尔不等式和开创量子信息科学"方面所做出的贡献

（图片来源：视觉中国）

2022年5月，白宫科技政策办公室（OSTP）、美国国务院与澳大利亚、加拿大、丹麦、芬兰、法国、德国、日本、荷兰、瑞典、瑞士和英国的量子战略办公室负责人举行圆桌会议，以加强各方在量子信息科学和技术领域的国际合作，加速发现、共享资源，共同应对全球挑战。

2022年6月，美国由NIST、NSA等8家机构成立的华盛顿量子网络研究联盟（DC-QNet），共同开展量子互联网的原型研发、网络测试和应用探索等领域的合作。

2022年12月，美国能源部国家量子信息科学研究中心Q-NEXT发布《量子互连路线图》，重点关注量子互连在量子计算、量子通信和量子传感中的应用，概述了在十到十五年时间内开发量子信息分发技术所需的研究和科学发现。

2022年12月，美国总统拜登签署《量子计算网络安全防范法案》，鼓励联邦政府机构采用不受量子计算影响的加密技术。

2022年6月，加拿大阿尔伯塔省政府和加拿大卡尔加里大学宣布将在阿尔伯塔省建立一个世界级的量子中心——量子城。量子城将进一步将阿尔伯塔省打造成领先的技术中心，并将加速卡尔加里量子生态系统的发展。

亚洲

2022年7月，由中国工信部指导，中国信息通信研究院联合55家量子信息领域高校、科研机构和企业共同发起量子信息网络产业联盟。2022年11月，中国科技部公布印发《"十四五"国家高新技术产业开发区发展规划》的通知，规划重点提及"围绕量子科技，加大具有科技感、未来感的场景供给""面向量子信息等前沿科技和产业变革领域，前瞻部署未来产业"等方面，深化量子产业布局。

2022年5月，新加坡量子工程计划启动了三个国家量子平台，以提高其在量子计算、量子安全通信和量子设备制造方面的能力。三大平台分别为：国家量子计算中心，将通过行业合作开发量子计算能力并探索应用；国家量子无晶圆厂，将支持量子器件的微制造技术和使能技术；国家量子安全网络，将在全国范围内对量子安全通信技术进行试验，旨在增强关键基础设施的网络安全。新加坡"研究、创新与企业2020计划"将向这三个平台投入2350万美元，为期3.5年。

2022年9月，韩国和美国在华盛顿开设了"韩美量子技术合作中心"，用以处理韩、美在量子技术领域的联合研发项目。同月，韩美科学合作中心（KUSCO）宣布韩、美多所大学及科研机构建立合作伙伴关系，共同组建六个量子联合研究中心，包括量子纠错中心、离子阱量子计算中心、自旋量子计算中心、基于纠缠的量子网络中心、量子中继器中心、量子传感中心。

欧洲

2022年11月，欧盟发布《战略研究和产业议程（SRIA）》报告，涵盖并统筹了"量子技术旗舰战略研究议程（SRA）"、"量子芯片战略工业路线图（SIR）"、EuroQCI工程、EuroQCS工程和芯片法案等欧洲正在进行的量子技术工业和研发计划，全面推进量子技术战略。在量子通信领域，明确到2026年欧洲将推进部署多个城域量子密钥分发（QKD）网络、具有可信节点的大规模QKD网络、实现基于欧洲供应链的QKD制造、在电信公司销售QKD服务等，逐步实现区域、国家、欧洲范围和基于卫星的量子保密通信网络部署；长期目标是开发全欧洲范围的量子网络。

2022年11月，德国联邦教育和研究部（BMBF）公布了"量子系统研究计划"，该计划为BMBF未来十年在先进技术、光子学和量子技术方面的研究资金制定战略框架，其任务是在未来十年将德国带入欧洲量子计算和量子传感器领域的领先地位，并提高德国在量子系统方面的竞争力。该计划的行动领域为研究和进一步发展量子系统、将量子系统用于实际应用以及塑造量子生态系统。研究重点包括量子计算机、量子通信、基于量子的测量技术、量子系统的基础技术。

2022年11月，西班牙加泰罗尼亚的六家研究机构正式启动了新的量子技术研究计划，最终目标是将其应用在未来的欧洲量子互联网中。该项目在未来三年内将获得1500万欧元的资助，其中970万欧元来自于欧盟复苏基金的资助，并通过科学与创新部获得了其余530万欧元。

澳洲

2022年8月，Quintessence Labs等六家澳大利亚本土企业以及谷歌、微软和Rigetti三家国际企业组成"澳大利亚量子联盟"（AQA）。该联盟将设在"澳大利亚技术委员会"内，旨在通过促进、加强和联结该国的量子生态系统，成为澳大利亚量子产业的"共同声音"。澳大利亚新联邦政府计划使用10亿澳元的关键技术基金来发展澳大利亚的量子产业，并计划在2022年年底前制定国家量子战略。

2. 多国积极开展量子计算研发

从专利申请角度看，量子计算领域美国技术创新活跃，专利申请占比达到56%，中国位居第二，专利申请数量占比达到26%。在量子通信和量子测量领域，中国专利申请数量均处于全球领先，占比分别为54%和49%，美国专利申请数量均处于第二位，占比分别为24%和32%。从专利申请数量角度看，中、美两国在量子信息技术领域创新能力较强。[1]

1　中国信息通信研究院，《量子信息技术发展与应用研究报告（2022年）》，2023年1月7日。

当前，全球量子计算硬件技术路线主要分两大类，一类是以超导和硅半导体为代表的人造粒子路线，另一类是以离子阱、光量子和中性原子为代表的天然粒子路线。量子计算硬件研发目前处于各种技术路线并行发展和开放竞争阶段。全球多国都积极布局量子计算，旨在抢先占领量子计算的技术高地。

2022年1月，法国宣布启动"国家量子计算平台"。其初始投资为7000万欧元，总目标为1.7亿欧元，将创建经典系统和量子计算机互连的混合计算平台。

2022年1月，芬兰国家技术中心VTT宣布，量子技术工业（QuTI）项目启动，以加快芬兰量子技术的进步。QuTI项目由VTT协调，将在量子计算、通信和传感设备等方向开发新的组件、制造和测试解决方案以及算法，以满足量子技术的需求。QuTI联盟由十二个合作伙伴组成，部分由芬兰商业部出资，总预算约为1000万欧元。

2022年1月，西班牙启动了第一个国家和商业层面的重大量子计算项目CUCO，该项目由西班牙国家工业技术发展中心（CDTI）资助，并由科学和创新部根据复苏与转型计划提供支持。目前，已经有七家公司、五个研究中心和瓦伦西亚理工大学联合加入了CUCO项目，共同致力于将量子计算技术赋能于西班牙的经济战略行业：能源、金融、太空、国防和物流。

2022年2月，以色列创新局与国防部宣布投资6200万美元，用于建造该国第一台量子计算机。资金将围绕两方面分配：创新局将专注于建立一个量子计算基础设施来运行计算、帮助测试现有算法以及跨软件和硬件进行研究；国防部将创建一个具有量子能力的"国家中心"，推进量子处理器研发。2022年7月，以色列宣布建设其首个量子计算中心，项目为期三年，总预算约2900万美元，将开发三种不同技术路线（超导、离子阱、光）的量子计算机。

2022年3月，德国联邦教育和研究部宣布为3个量子计算项目资助约1.5亿欧元。3个项目分别为：1.于利希研究中心领导的QSolid项目，五年合计拨款7630万欧元，用于开发下一代超导量子处理器；2.量子初创公司Q.ANT领导的PhoQuant项目，五年合计拨款5000万欧元，用于为光量子计算机芯片、其他量子计算机组件建立演示和测试设施；3.弗劳恩霍夫应用固体物理研究所领导的Spinning项目，三年合计拨款1610万欧元，用于开发基于金刚石自旋量子比特的紧凑型可扩展量子处理器。

2022年4月，日本政府召开"综合创新战略推进会议"，制定了关于量子技术和人工智能的新战略，提出将在该财年开发日本第一台"全国产"量子计算机，到2030年将量子技术的用户数量增加到1000万，以加速量子技术在日本的普及。

2022年4月，卡塔尔拨款1000万美元启动国家量子计算计划。这笔资助将用于卡塔尔量子计算中心的建立，配备专家团队以及必要的资源，以便在量子计算、量子密码学和量子人工智能相关领域开展有影响力的创新研究。

2022年6月，韩国科学技术信息通信部长官表示《2023年度国家研究开发项目预算分配调整（案）》已确定，新政府将在量子计算领域支持953亿韩元。同月，由韩国政府发起，数十家韩国研究机构和私营公司携手成立了一个工作组，计划在2026年底前开发一台50量子比特的量子计算机。

2022年8月，中国百度发布10量子比特超导量子计算机"乾始"和全平台量子软硬一体化解决方案"量羲"，集量子硬件、量子软件、量子应用于一体，提供移动端、PC端等全平台使用方式。

2022年11月，美国IBM推出目前全球最大量子计算机"鱼鹰"（Osprey），拥有433个量子比特。不过也有科学家指出，"鱼鹰"的纠错能力仍有待证明。此前，IBM宣布扩大其量子计算路线图，以期建造以量子为中心的超级计算机。更新后的路线图显示，IBM计划于2025年交付一款拥有4158个量子比特的处理器，由3个具有1386个量子比特的处理器通过量子通信连接实现。

3. 量子通信已逐渐实现应用

目前量子通信的技术路线大致可以分为两类，主要是根据其所传输的信息内容是经典还是量子来区分，前者主要传输量子密钥，后者则可用于量子隐形传态和量子纠缠的分发。

经过近几年的发展，基于量子密钥分发（QKD）的量子通信技术不断升级。2022年1月，中国科学技术大学与俄罗斯Scontel公司等研究团队合作开展了双场量子密钥分发实验，实现了830公里条件下量子比特误码率约3.79%、成码率0.014bps。2022年3月，中国中电科34所、南宁理工大学的研究人员采用独特的物理层／光信号调制方法和对称加密编码（强度调制Y-00密码），将量子密钥分发方案和20波DWDM传输结合实现了100公里光纤、10Gb带宽的物理层加密传输。2022年5月，中国科学技术大学等5家研究机构合作，通过发展低串扰相位参考信号控制、极低噪声单光子探测器等技术，实现了光纤中最远1002公里点对点远距离量子密钥分发，获得0.0034bps成码率。2022年7月，中国成功发射了世界首颗量子微纳卫星"济南一号"，相比"墨子号"重量仅为1/6，光源频率提升约6倍，可实时完成密钥处理和生成，未来有望开展微纳卫星与便携式地面站间的量子密钥分发传输组网与示范应用。2022年8月，丹麦技术大学等4所欧洲高校联合，在高斯调制连续变量量子密钥分发（CV-QKD）上实现组合安全性，实现无开关离散调制CV-QKD系统在20.3公里距离获得4.71Mbps密钥成码率。

随着量子密钥分发技术的升级优化，相关通信服务已经逐步实现商业化应用。2022年4月，日本东芝和芝加哥量子交流中心（CQE）宣布在芝加哥大学和美国能源部阿贡国家实验室之间启动量子密钥分发网络链路，使用东芝的多路复用量子密钥分发单元。2022年5月，中国两大通信运营商发力量子加密通话业务。中国电信联合国盾量子发布基于量子信息技术的VoLTE加密通信产品"天翼量子高清密话"。同期，中国移动联合信通数智量子科技有限公司发布了其基于VoLTE的量子加密通话业务。2022年6月，美国芝加哥建成美国最长的200公里量子密钥分发网络，该网络由六个节点和124英里的光纤组成，将成为美国首批公开可用的量子安全技术测试平台之一。研究人员将利用该网络测试新的通信设备、安全协议和算法，最终将连接美国和全世界的远距离量子计算机，迈向国家量子互联网。2022年7月，韩国国家量子密钥分发网络第一阶段建设完成。该网络连接了韩国48个政府组织，为其提供敏感信息和通信的安全保护，是中国之外最大的量子密码网络。目前，网络中安装了密钥管理、配置和监控系统来处理复杂的路由，并使用了QKD设备来确保顺畅的点对点通信连接。2022年8月，中国安徽省合肥市建成全国最大量子保密通信城域网——合肥量子城域网。该网络包含8个核心网站点和159个接入网站点，光纤全长1147公里，可为多家单位提供量子安全接入服务。2022年11月，美国推出首个行业主导的商用量子网络。该网络专门为私营公司、政府和大学的研究人员设计，以便他们在已有的光纤环境中运行量子设备和应用。

由于量子通信的高安全性，多国纷纷加大对量子通信的建设布局。2022年2月，欧盟宣布将建立卫星星座基础设施，并与欧洲量子通信基础设施集成，以借助量子加密技术为成员国的经济、安全和国防等提供安全通信。计划总投资约60亿欧元，其中欧盟将在五年内拨款24亿欧元。2022年2月，英国和加拿大开展关于量子卫星的新合作项目，用于为跨大西洋量子通信建立关键的量子卫星链路，目前该项目已获得英国量子通信中心的资助。该项目将利用超高速纠缠光源实现位于英国的地面站与加拿大量子加密和科学卫星QEYSSat的连接，其中QEYSSat将于2024年发射。同月，新加坡推出量子工程计划（QEP），计划三年内支持850万新元，开始在全国范围内进行量子安全通信技术的试验，为关键基础设施和处理敏感数据的公司提供强大的网络安全支持。2022年9月，由卢森堡卫星公司SES牵头的20家欧洲公司组成的联盟，在欧洲航天局（ESA）和欧盟委员会的支持下，将设计、开发、发射和运营基于低轨卫星EAGLE-1的端到端安全量子密钥分发系统，进而显著提高欧洲在网络安全和通信方面的自主权。意大利Sitael公司的EAGLE-1卫星将于2024年发射，携带由德国Tesat Spacecom公司建造的量子密钥有效载荷，展示和验证从低轨到地面的量子密钥分发技术，并为欧洲量子通信基础设施（EuroQCI）的开发和部署提供有价值的任务数据。2022年12月，俄罗斯政府提出将在2023年和2024年向国有俄罗斯铁路公司共计拨款45亿卢布，以扩大其量子通信网络。作为其数字经济框架的一部分，政府计划在2021—2024年期间向俄罗斯铁路公司总投资94亿卢布，以发展量子通信网络。2021年，俄罗斯开通了全长700公里首条量子通信干线，预计到2024年量子通信线路长度将增加到7000公里。

2.3.2　6G技术逐步开始布局启动

6G作为新一代智能化综合数字信息基础设施，具备泛在互联、普惠智能、多维感知、全域覆盖、绿色低碳、内生安全等特征，将与人工智能、大数据、先进计算等信息技术交叉融合，实现通信与感知、计算、控制的深度耦合。

1. 6G市场前景广阔

国际电信联盟2020年2月已启动面向2030年及未来无线技术（6G）的研究工作，在2022年6月完成首份面向6G发展趋势研究报告。报告内容涉及先进调制编码及多址、先进天线、太赫兹通信、智能超表面、全息无线电、轨道角动量、超高精度定位等无线空口增强技术，以及RAN切片、具有服务质量

（QoS）保证的韧性网络技术、数字孪生网络、与非地面网络互联、超密集无线网络部署等无线网络增强技术。

根据中国IMT-2030（6G）推进组预测，面向2030年商用的6G网络中将涌现出智能体交互、通信感知、普惠智能等新业务新服务。预计到2040年，6G各类终端连接数约1216亿台，相比2022年增长超过30倍，月均流量58550亿GB，相比2022年增长超过130倍，最终为6G带来"千亿级终端连接数，万亿级GB月均流量"的广阔市场发展空间。

6G实现从"纯连接"至"连接+感知+智能"的转变，通信网络向信息网络升级。6G包括六大支柱技术：原生AI、通感一体化、极致连接、可持续发展、原生可信、空天地一体化。2022年7月，中国1MT-2030（6G）推进组发布的《6G典型场景和关键能力》白皮书，提出了超级无线宽带、超大规模连接、极其可靠通信、通信感知融合和普惠智能五大典型应用场景。五大场景中，超级无线宽带、超大规模连接和极其可靠通信可视为5G三大场景在技术指标和应用领域两端的升级，而通信感知融合和普惠智能则是新增场景。

6G技术的实现与应用已经不远。2023年2月，在世界移动通信大会（MWC2023）上，爱立信展出6G网络下的数字孪生、太赫兹波段上高达100Gbps的峰值吞吐速率等；日本NTT Docomo演示6G时代的人体增强平台，包括运动、感觉共享技术。

2. 世界主要经济体积极推动6G技术发展

2022年，世界主要经济体高度重视6G发展，通过组建研究小组、建设公共研究设施、增设6G研究项目等方式，加大6G领域资金投入，带动学术界与产业界6G前沿技术研究。

美国

美国在2021年相继通过三项通信法案《未来网络法案》《了解移动网络的网络安全法案》《美国网络安全素养法案》，旨在确保美国在下一代通信技术方面处于领先地位。2022年6月，美国国防部组建6G研发中心，启动了三个项目，包括Open6G、MHz到GHz的弹性大规模MIMO以及具备安全性和可扩展性的新频谱转换，项目总经费超过700万美元。2022年，美国Next G联盟相继发布《6G路线图》《6G技术》《6G应用和用例》《迈向可持续6G之路》《6G

分布式云和通信系统》《6G系统的信任、安全性和韧性》等系列成果。此外，Next G联盟不断加强与欧、日、韩等国和地区合作，在2022年先后与韩国5G论坛、日本Beyond 5G推进联盟、欧洲6G智能网络和服务行业协会等组织达成合作。

欧盟

欧盟2021年1月启动旗舰6G研究项目"Hexa-X"，旨在创建独特的6G用例和场景、研发6G基础技术、定义新型6G智能网络架构。2022年10月，欧盟启动第二阶段6G旗舰项目Hexa-X-II，将创建6G预标准化平台和系统视图，为6G标准化建立基础。Hexa-X-II将参与者扩展至44个组织，于2023年1月正式启动，为期两年半，该项目获得欧盟委员会2.5亿欧元资金支持。此外，欧洲6G智能网络和服务行业协会（6G-IA）先后发布《欧洲6G网络生态系统愿景》、6G架构等研究成果。2022年，6G-IA相继与我国IMT-2030（6G）推进组、美国Next G联盟、欧洲电信标准协会（ETSI）等行业组织达成合作，推动欧洲6G发展。

同时，德国、法国、英国等欧洲国家相继启动6G研发计划。2022年7月，德国启动6G灯塔项目6G-ANNA，研究6G接入、6G网络以及6G自动化和简化三个关键技术领域，项目计划为期三年，总预算为3840万欧元。2022年12月，英国政府表示将投资1.1亿英镑研发6G等下一代技术。2023年1月，法国政府宣布将拨出7.5亿欧元用于5G和6G研发项目。

韩国

2021年6月，韩国科学技术信息通信部制定"6G研发实行计划"，宣布将在未来五年投入2200亿韩元，通过韩、美联合研究，全力占据6G通信核心技术制高点。2023年2月，韩国发布《韩国网络2030战略》，提出成为"下一代网络模范国家"的愿景，要在2026年向全球展示6G技术和pre-6G网络，2027年发射近地轨道通信卫星，2028—2030年商用6G。同时，韩国将在2024—2028年新增6253亿韩元6G研发项目，以推动韩国6G发展。韩国2021年成立6G研发战略委员会，组织政产学研各界力量定期召开研讨会并制定研究项目，针对6G战略中各项计划的进度进行评估、审查，适时调整，不断优化科技资源配置，提升研发效率。

日本

日本在2020年提出2025年实现6G关键技术突破、2030年正式启用6G网络、日本掌握的6G技术专利份额超过10%等战略目标，6G领域投资总预算超过1100亿日元。2023年1月，日本总务省再次拨出662亿日元预算，在国家信息与通信技术研究所设立基金用于支持6G无线网络研究。日本Beyond 5G推进联盟从2021年6月开始每月举行会议，讨论6G愿景和用例，加强垂直行业和电信行业之间的联系，为研究垂直行业对6G的需求提供了制度保障。2022年4月，Beyond 5G推进联盟公布了日本将向国际标准组织ITU提交的6G技术愿景需求草案。

中国

中国在2021年底发布的《"十四五"信息通信行业发展规划》以及《"十四五"数字经济发展规划》均明确提出，要前瞻布局6G技术，支持6G基础理论与关键技术研发，积极参与推动6G国际标准化工作。同时，北京、上海、广东、江苏、浙江等省市已在政策中明确提出超前布局6G技术。2022年，中国成立IMT-2030（6G）推进组，6G技术研发推进工作组和总体专家组，并发布《6G总体愿景与潜在关键技术》白皮书等，中国6G前沿技术研究进入测试验证初步阶段，信息通信领域实验室及研究机构相继启动6G研发试验环境与平台搭建。同时，中国IMT-2030（6G）推进组成立试验任务组，围绕太赫兹通信、通信感知一体化、智能超表面三项6G无线技术以及分布式自治网络、算力网络等两项6G网络技术启动早期6G试验工作。此外，中国移动、中国联通、中国电信等运营商陆续发布各自的6G网络技术白皮书，积极探索6G技术研发。

第3章

世界数字经济发展

伴随数字技术深度融入经济社会发展各领域全过程，全球数字经济呈现持续发展态势。特别是在世界经济复苏动力弱化的背景下，加快数字经济发展成为各国应对全球经济发展不确定性的主要手段。多国结合自身比较优势和要素禀赋，争相制定数字经济发展战略及相关支持政策，以掌握数字经济发展的主动权和主导权。与此同时，全球互联网投融资持续低迷，数字独角兽企业发展明显放缓，为数字经济长远发展带来隐忧。

数字产业化发展逐步分化。电子信息制造业增长疲软，基础电信业稳步前进，软件和信息服务业、互联网信息内容服务业高速增长。产业数字化转型明显提速。金融科技变革与应用不断加快，推动金融行业向智能化、个性化、高效化的方向发展。电子商务市场规模持续扩大，区域头部电商平台加速向品牌化和精品化转型。

全球数字经济头部效应持续强化，中高收入国家和发达经济体仍占世界数字经济的主导地位。美国、中国、英国分列数字经济指数前三位，北美、欧洲、东亚的数字经济指数总体较高，非洲、拉美、中亚等数字经济指数排名相对落后。后疫情时代，高收入国家和发达国家借助技术、产业和生态优势不断巩固领先地位，发展中国家抢抓数字化转型机遇，加强数字基础设施建设，推动数字经济和实体经济深度融合，实现数字经济跨越式发展。

3.1 世界数字经济发展态势

一年来，全球数字经济继续保持良好发展态势，主要国家和地区纷纷出台支持数字经济发展的战略和政策。与此同时，世界数字经济发展格局基本稳定，国家和地区间数字经济发展水平不平衡现象依然存在。

3.1.1 世界数字经济发展持续提速

当前，以人工智能、大数据、5G等为代表的数字技术加速与实体经济融合，促进生产方式变革和传统产业转型升级，推动全球数字经济持续深入发展。在经济全球化遭遇多重风险挑战的背景下，世界经济走势具有较强的不确

图3-1　世界经济论坛2023年年会在瑞士达沃斯举行

（图片来源：视觉中国）

定性和不稳定性，但数字经济保持强劲发展势头，成为增强全球经济复苏动能的关键引擎。

根据国际数据公司预测，2023年，全球数字经济产值将占全球GDP的62%，数字经济日益成为全球经济发展的主要经济形态。根据中国社会科学院金融研究所等发布的《全球数字经济发展指数报告（TIMG 2023）》，全球数字经济呈现持续发展趋势，TIMG指数平均得分从2013年的45.33增长至2021年的57.01，增幅达26%。2021年，美国、新加坡和英国是TIMG指数排名最高的国家，中国排名列全球第8位。[1] 根据中国国家网信办发布的报告，2022年中国数字经济规模达50.2万亿元，总量稳居世界第二，占GDP比重为41.5%。

1　中国社会科学院金融研究所、国家金融与发展实验室、中国社会科学出版社，《全球数字经济发展指数报告（TIMG 2023）》，2023年5月30日。

3.1.2 多国和地区积极出台支持政策

面对全球经济低增长风险，数字经济的拉动作用和赋能作用日益凸显，世界多个国家和地区纷纷出台数字经济相关战略与政策，持续增加对数字经济领域的优质资源投入，加大力度布局数字经济新赛道，强化数字技术与实体经济深度融合，积极推进数字产业化、产业数字化和数据价值化，不断提升本国数字经济发展的竞争力和创新力。

美国把发展数字经济的着力点放在前沿技术研发上，通过密集出台支持政策，持续加大对数字科技前沿领域的研发和布局，不断强化关键新兴技术产业领域的国际竞争力。美国为保持数字技术的原创性和引领性，巩固其在数字经济领域的领头羊地位，利用政策工具等打压其他国家数字经济发展，出台《美国全球数字经济大战略》《创新与竞争法案》《国家人工智能倡议法案》《芯片与科学法》《人工智能权利法案蓝图》等一系列政策文件。欧盟积极推进数字经济领域立法，加快构建网络空间相关规则和标准，不断增强技术能力并推动全球数字治理理念发展，旨在全面提升欧盟在数字经济领域的国际竞争力。欧盟为维护数字主权并促进欧洲数据价值释放，破解其在技术、产业链等方面的短板，发布了《人工智能责任指令》《数据法案》《数据治理法案》《数字市场法》《数字服务法》等一系列政策法案。英国从国家战略高度部署数字经济发展，通过顶层设计增强对数字经济的支持，并在战略实施过程中充分结合实际情况进行动态调整，不断提升其在数字经济领域的影响力和竞争力。英国在数据、人工智能、数字产业等多领域进行了前瞻性部署，提升科技初创企业数量和规模，不断强化数字经济领域的科技创新能力，出台了《国家数据战略》《现代产业战略：建设适应未来的英国》《产业战略：人工智能领域行动》《英国数字战略》《数据保护和数字信息法案》等战略规划。

中国全面推进数字中国建设，不断做强做优做大数字经济，促进数字经济和实体经济深度融合，加快打造具有国际竞争力的数字产业集群，以数字化赋能经济社会高质量发展。一年来，中国出台《数字中国建设整体布局规划》《"十四五"数字经济发展规划》《提升全民数字素养与技能行动纲要》《关于构建数据基础制度更好发挥数据要素作用的意见》等重要政策，积极顺应数字时代经济发展规律，推动数字化红利持续释放。日本把数字经济政策作为优先事务和施政重点之一，强化多部门协调调度，积极推进社会整体数字化，不断增强其数字竞争力与规则制定能力，以期通过发展数字经济构筑日本经济塑造力和社会问题解决力。日本为营造有利于数字经济发展的良好生态，加强数字技术体系建设，加快推进基础设施数字化，出台了《综合数据战略》《综合创新战略2022》《人工智能战略2022》《量子未来社会愿景》等一系列战略规划。韩国为打造"全球顶级"的数字力量，设立国家数据政策委员会，加快构建政府数字平台，强化人工智能人才教育体系建设，推进中小企业数字化转型，颁布了《数据产业振兴和利用促进基本法》《半导体超级强国战略》《国家尖端战略产业法》《新增长4.0战略推进计划及各年度发展蓝图》等一系列法律和文件。

为全面推动东盟数字经济合作与发展，2023年5月，东盟国家已同意加快在2023年第三季度启动东盟数字经济框架协议（DEFA）的谈判。印度尼西亚发布《2023—2045年印度尼西亚数字产业发展总体规划》，着力提升数字产业供给侧能力和数字人才能力，激发对数字产业需求，并提出建设国家超级平台，由国有企业开展数字产业运营和整合数字化实施。泰国实施"工业4.0"战略，借助数字技术推动传统产业转型升级，同时催生新兴的数字产业，形成数字产业链和产业集群；加快制定和完善《电子交易法》《数字经济与社会发展法案》《个人数据保护法》《网络安全法案》等，以法律法规护航数字经济发展。[1] 新加坡制定和实施"智慧国"中长期发展战略，推出一系列"数字化蓝图"，并以服务业为重点寻求数字化新变革，提升服务领域的数字创新能力，发布《数字经济伙伴关系协定》《服务与数字经济蓝图》《数字政府蓝图》《数字服务标准》《资讯通信科技产业转型蓝图》等政策。越南成立国家数字化转型委员会，统筹推进数字经济等领域发展，发布《数字经济和数字社会国家发展战略》，明确提出到2030年，数字经济占越南GDP的30%。马来西亚政府推出十年数字经济蓝图——"数字马来西亚"，提出通过公私合作方式投资

---

1 "泰国促进数字经济发展的举措及成效"，http://www.cssn.cn/skgz/bwyc/202306/t20230619_5646869.shtml，访问时间：2023年6月30日。

建设5G、超大规模数据中心等数字基础设施。推出数字倡议，重点关注数字旅游、数字贸易、数字农业、数字金融等9个领域。

发展数字经济已成为中亚国家共识，中亚五国积极制定数字经济发展政策。[1] 哈萨克斯坦发布了《数字化的哈萨克斯坦国家纲要》，发力经济领域数字化、建设数字丝绸之路、建立创新型生态系统等方向。乌兹别克斯坦发布"数字乌兹别克斯坦2030"战略，为国家宽带发展、数字经济发展、政府数字化等方面设定发展旅程。土库曼斯坦发布《土库曼斯坦2019—2025年数字经济发展构想》，提出建立竞争性数字经济。吉尔吉斯斯坦以建设"智慧国家"为目标，通过《2019—2023年吉尔吉斯斯坦数字化转型构想》决议，提出发展数字基础设施和数字经济。塔吉克斯坦发布《塔吉克斯坦数字经济构想》，从发展数字基础设施、关键行业数字化等方向推动数字经济发展。

3.1.3　地区间发展不平衡状况依然存在

全球数字经济头部效应持续强化，中高收入国家和发达经济体仍占世界数字经济的主导地位。据本书"总论"章节测算，美国、中国、英国分列数字经济指数前三位，北美、欧洲、东亚的数字经济指数总体较高，非洲、拉美、中亚等数字经济指数排名相对落后。据中国社会科学院金融研究所等统计，北美、亚太和西欧的数字经济发展水平较高，东盟、西亚等亚洲其他地区和中东欧、独联体国家的数字经济发展处于中等水平，非洲地区的数字经济发展较为落后。[2]

从发展基础来看，根据国际电信联盟发布的《测量数字化发展：事实和数据2022》，全球互联网用户约53亿人，占总人口的66%。在欧洲、独联体和美洲国家，80%—90%的人口使用互联网。阿拉伯国家和亚太国家大约三分之二的人口上网，而非洲平均水平仅为40%。在最不发达国家和内陆发展中国家，只有36%的人口上网。[3]

1　王海燕.中国与中亚国家共建数字丝绸之路：基础、挑战与路径 [J].国际问题研究，2020（02）：107—133，136；肖斌.数字经济在中亚国家的发展：基于产业环境的分析 [J].欧亚经济，2020（01）：38—52，125，127。
2　中国社会科学院金融研究所、国家金融与发展实验室、中国社会科学出版社，《全球数字经济发展指数报告（TIMG 2023）》，2023年5月30日。
3　https://www.itu.int/itu-d/reports/statistics/facts-figures-for-ldc/，访问时间：2023年6月30日。

3.1.4 全球互联网投融资持续低迷

在全球经济增长前景面临不确定性、需求持续萎缩、通货膨胀高企、科技行业持续低迷等因素共同作用下，全球互联网投融资延续呈下行态势。根据中国信息通信研究院发布的《2023年一季度互联网投融资运行情况》，2023年第一季度，全球互联网投融资案例数为3354笔，环比下跌5.5%，同比下跌33.9%；披露金额为329亿美元，环比上涨11.7%，同比下跌62.3%。[1]

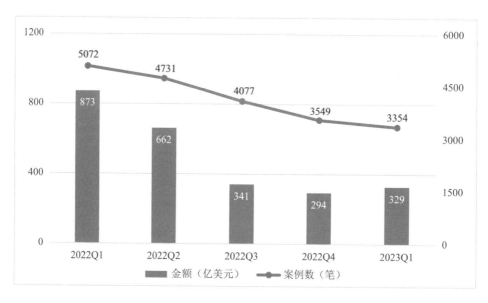

图3-2 2022年第一季度—2023年第一季度全球互联网投融资情况

（数据来源：中国信息通信研究院）

2023年3月，主要服务于科技型企业、开展风险投资等业务的美国硅谷银行破产关闭，成为美国历史上第二大倒闭银行，加剧市场对美国金融体系，尤其是科技初创企业在美联储激进加息背景下陷入动荡的担忧，使全球科技行业投融资进一步蒙上阴霾。根据欧洲市场分析平台Dealroom发布的数据，2022年，全球风险投资总额为4830亿美元，同比下降34.2%。2023年第一季度，全

---

1 中国信息通信研究院，《2023年一季度互联网投融资运行情况》，2023年5月6日。http://www.caict.ac.cn/kxyj/qwfb/qwsj/202305/P020230506459254597304.pdf，访问时间：2023年6月30日。

球风险投资总额为880亿美元，同比下降51.65%，环比下降5.38%，达到近三年来最低水平。其中，欧洲风险投资总额为140亿美元，同比下降58%。欧洲、中东及非洲（EMEA）风险投资总额为171亿美元，同比下降56%。[1]

专栏3-1 ———————————————————————————

美国硅谷银行倒闭引发全球对科技行业投融资担忧

2023年3月，主要服务于科技型企业、开展风险投资等业务的美国硅谷银行破产关闭。硅谷银行是一家州立商业银行，在加利福尼亚州和马萨诸塞州拥有17家分行，是全美国排名第十六位的银行。截至2022年12月31日，硅谷银行的总资产约为2090亿美元，总存款约为1754亿美元。

科技行业是硅谷银行最主要的客户群体，涵盖了互联网、软硬件、人工智能、电子商务等领域。在美国风险投资支持的技术和医疗保健IPO中，有44%在硅谷银行开户，如爱彼迎（Airbnb）、优步（Uber）、上都（Xanadu）[2]和领英（LinkedIn）等。硅谷银行破产倒闭后，许多科技创业公司的现金流被冻结，无法支付员工薪资和其他日常支出。

硅谷银行业务集中在科技、风险投资等领域，相对传统银行更少依赖个人储户存款。美联储激进加息，导致债券价格下跌，商业银行存款流失过快，融资成本增加。在这种背景下，硅谷银行并没有做好准备，导致眼下的困境。硅谷银行破产加剧市场对美国金融体系，尤其是科技初创企业在美联储激进加息背景下陷入动荡的担忧。

————————————————————————————————

3.1.5　全球数字独角兽企业增量不断下降

受全球科技行业发展持续低迷影响，全球新增数字独角兽企业数量和估

1　"Global venture capital Q1 2023 update"，https://dealroom.co/guides/global-venture-capital-monitor，访问时间：2023年6月30日。

2　加拿大量子计算公司。

值均呈现断崖式下跌。从企业数量来看，根据科技市场数据平台CB Insights发布的统计数据，2023年以来（截至2023年6月30日），全球共新增数字独角兽企业17家，美国新增数字独角兽企业最多，共10家，占比一半以上。2023年第二季度，全球新增数字独角兽企业7家，同比下降89.06%，环比下降30%。从估值来看，2023年第二季度，全球新增数字独角兽企业总估值为109.2亿美元，同比下降89.29%，环比下降36.84%。[1]

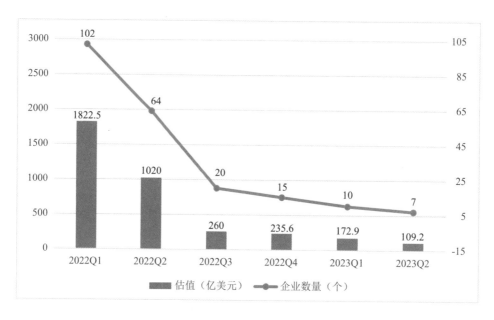

图3-3 2022年第一季度—2023年第二季度全球新增数字独角兽企业数量和估值

（数据来源：CB Insights）

3.2 数字产业化逐步分化

全球数字产业化发展逐步分化。一方面，伴随研发投入持续加码，数字技术与不同产业融合程度加深，软件和信息技术服务业持续快速发展，人工智能

---

1 "The Complete List Of Unicorn Companies"，https://www.cbinsights.com/research-unicorn-companies，访问时间：2023年6月30日。

产业发展势头迅猛，互联网信息内容服务业持续增长。另一方面，受全球不稳定性和不确定性因素增多、电子产品需求乏力等影响，全球电子信息制造业增长疲软，智能穿戴、智能家居等细分领域首次出现下滑。

3.2.1 基础电信业务稳步提升

1. 全球5G总连接数持续提高

根据GSMA发布的数据，截至2022年12月底，全球已有86个国家共252家运营商实现5G商用服务，全球5G总连接数量超过10亿人。2022年，全球移动用户数超54亿，移动技术和服务创造的经济附加值高达5.2万亿美元，贡献全球GDP的5%；移动生态系统直接提供就业岗位1600万个，间接提供就业岗位1200万个。[1] GSMA预测，2022—2030年，5G连接数占总连接数的比重将从12%增加到54%，并且2023—2030年运营商资本支出预计将达到1.5万亿美元，其中92%用于5G建设与发展。根据中国国家网信办发布的报告，2022年底，中国累计建成开通5G基站231.2万个，5G用户达5.61亿户，全球占比均超过60%，同时5G基站单站址能耗比2019年商用初期降低20%以上。

伴随5G可用性和室内服务质量持续提升，到2030年，5G的社会经济效益将进一步彰显，全球5G连接数量预计将超过50亿，推动近1万亿美元的GDP增长。与此同时，2022—2030年，4G仍将在部分发展中国家保持增长，如撒哈拉以南的非洲地区，但4G连接数占总连接数的比重将从60%下降到36%。根据德勤预测，全球5G独立组网的移动网络运营商数量快速增长，将从2022年的超过100家增长至2023年至少200家。[2] 根据中国国家网信办发布的报告，2022年，中国5G发展已融入52个国民经济大类，"5G+工业互联网"建设项目数超4000个。

2. 固定宽带接入用户数稳步升高

市场研究机构Point Topic数据显示，2022年底，全球固定宽带接入用户数

---

1 "The Mobile Economy"，https://www.gsma.com/mobileeconomy/，访问时间：2023年6月30日。

2 "2023科技、传媒和电信行业预测"，https://www2.deloitte.com/cn/zh/pages/technology-media-and-telecommunications/topics/tmt-predictions-2023.html，访问时间：2023年6月30日。

量达到13.6亿户，预计到2030年底将超过16亿户。[1] 新兴市场国家将是主要增长来源，其增长率将达到45.5%，年轻市场增长率将达到15.7%，成熟市场增长率将达到8.1%。2030年底，全球75%的固定宽带用户将通过光纤到驻地／楼（FTTP/B）连接。基于5G的固定无线接入服务（FWA）正在成为固定宽带的可靠替代品，GSMA智库发布数据显示，截至2022年第三季度，已有84家运营商在44个市场推出了5G FWA。[2] 预计5G FWA的连接数将在2023年增加近一倍，用户净增长速度将加快。同时，5G FWA在固定宽带连接总数中所占的份额将继续增长，到2025年将达到3%。传统航天和通信技术加速融合，低轨宽带卫星发展速度不断加快，德勤预测，到2023年年底，全球低轨宽带卫星总数将超过5000颗，为全球各地约100万用户提供高速互联网接入服务。[3]

3.2.2　电子信息制造业增长疲软

1. 传统消费电子市场趋于饱和

随着主要经济体智能手机保有量不断增长，全球市场饱和度已达较高水平，根据IDC统计数据显示，2022年全球智能手机出货量为12.1亿部，同比下降11%，为2013年以来最低值。[4] IDC预测，2023年，全球智能手机市场出货量预计为11.93亿部。全球折叠屏手机市场快速增长，IDC统计数据显示，2022年全球折叠屏手机（包括翻盖和折叠外形）出货量为1420万台，2023年预计将达到2140万台。全球个人电脑市场整体疲软，2022年全球PC出货量为3.05亿台，同比下滑12.8%，平板电脑市场出货量为1.57亿台，同比下滑6.8%。

2. 电信设备市场保持增长趋势

德罗洛集团（Dell'Oro Group）报告显示，2022年全球电信设备市场收入

1　"Global fixed broadband subscribers will grow by 18% to reach 1.6 billion by 2030"，https://www.point-topic.com/post/global-fixed-broadband-subscribers-2030，访问时间：2023年6月30日。

2　"The telecoms industry in 2023: trends to watch"，https://data.gsmaintelligence.com/research/research/research-2023-the-telecoms-industry-in-2023-trends-to-watch，访问时间：2023年6月30日。

3　"2023科技、传媒和电信行业预测"，https://www2.deloitte.com/cn/zh/pages/technology-media-and-telecommunications/topics/tmt-predictions-2023.html，访问时间：2023年6月30日。

4　"Smartphone Shipments Suffer the Largest-Ever Decline with 18.3% Drop in the Holiday Quarter and a 11.3% Decline in 2022, According to IDC Tracker"，https://www.idc.com/getdoc.jsp?containerId=prUS50146623，访问时间：2023年6月30日。

同比增长3%，连续五年实现增长，较2021年8%的增长有所放缓，但5G和光纤仍有较大发展空间，预计2023年全球电信设备市场仍将保持小幅增长。[1] 全球运营商资本开支结构持续调整，2022—2025年，全球电信资本支出预计将以2%至3%的复合年均增长率下降。中国数字产业规模持续提升，根据中国国家网信办发布的报告，2022年中国电子信息制造业实现营业收入15.4万亿元，同比增长5.5%，软件业务收入达10.81万亿元，同比增长11.2%。

3. 智能穿戴市场首次出现萎缩

由于元宇宙热潮逐渐进入理性发展期，全球可穿戴设备首次出现萎缩，2022年出货量为4.15亿台。伴随着数字技术的不断创新与发展，智能穿戴设备品类日益增多，功能不断完善，虽然2022年首次出现下滑，但产品市场容量有望快速复苏和反弹。IDC预测，2023年，全球可穿戴设备的出货量将达到4.43亿台，同比增长6.3%。预计到2027年，全球可穿戴设备的出货量将达到6.45亿台，复合年均增长率为5.4%。[2]

4. 智能家居设备首次出现下滑

受全球消费需求普遍下滑以及通货膨胀等因素的影响，全球智能家居设备出货量呈现下行趋势。IDC发布的数据显示，2022年全球智能家居设备出货量首次出现下滑，出货量为8.72亿台，同比下降2.6%。[3] IDC预测，随着全球经济逐渐复苏，2023年，智能家居设备出货量将实现2.2%的增长，到2027年，全球智能家居设备出货量将达到12.3亿台，安全摄像头、联网门铃和门锁以及智能显示器出货量预计都将增长。

3.2.3　软件和信息技术服务业高速发展

1. 全球物联网市场规模快速增长

伴随5G技术的发展与应用，基于物的连接加速赋能千行百业，物联网终

---

1 "Dell'Oro发布2022年全球电信设备市场报告：增长放缓至3%　华为保持领先"，https://www.donews.com/news/detail/4/3410630.html，访问时间：2023年6月30日。

2 "Global Shipments of Wearable Devices Forecast to Rebound in 2023, According to IDC Tracker"，https://www.idc.com/getdoc.jsp?containerId=prUS50511423，访问时间：2023年6月30日。

3 "Shipments of Smart Home Devices Fell in 2022, But a Return to Growth is Expected in 2023, According to IDC"，https://www.idc.com/getdoc.jsp?containerId=prUS50541723，访问时间：2023年6月30日。

端解决方案市场需求不断增长，产业发展的内生动力显著增强。市场研究机构IoT Analytics发布的数据显示，2022年全球物联网软件支出达到530亿美元，同比增长31%，全球物联网连接数达到144亿，而到2027年全球物联网连接数预计将突破300亿。IDC公布的数据显示，2021年全球物联网（企业级）支出规模达到6902.6亿美元，有望在2026年达到1.1万亿美元，2022—2026年复合年均增长率为10.7%。[1] 根据中国国家网信办发布的报告，中国移动物联网终端用户数达到18.45亿户，成为世界主要经济体中首个实现"物超人"国家。IDC发布预测数据，中国企业级市场规模将在2026年达到2940亿美元，复合年均增长率为13.2%，全球占比约为25.7%，继续保持全球第一大物联网市场地位。

2. 云计算市场规模持续扩张

伴随全球经济回暖，云计算市场规模保持快速发展，根据市场研究机构ReportLinker发布的数据，2022年全球云计算市场规模达到4052.96亿美元，到2028年预计将达到14658.18亿美元。根据高德纳预测，2022年全球最终用户在公有云服务上的支出达到4946.5亿美元，增速达到20.4%，在2023年最终用户支出预计将达到近6000亿美元；2022年，最终用户支出增幅最高的是基础设施即服务，增长至1197.17亿美元，增速达30.6%；数据即服务（DaaS）增长至26.23亿美元，增速达26.6%；平台即服务增长至1096.23亿美元，增速达26.1%；软件即服务增长至1766.22亿美元，同比增长16.1%；区块链即服务（BaaS）增长至555.98亿美元，同比增长8.2%。根据中国国家网信办发布的报告，2022年，中国云计算、大数据服务共实现收入10427亿元，同比增长8.7%。

2022年，全球云计算市场格局基本保持稳定，基础设施即服务市场前五头部企业排名与2021年保持不变，累积市场份额从2020年的76.96%提升至77.38%。云计算专利申请数量稳步增加，根据前瞻产业研究院公布的数据，截至2021年7月，美国仍是全球云计算技术主要来源国，专利申请数量占全球云计算专利总申请数量的47.85%。其次是中国，云计算专利申请数量占全球云计算专利总申请数量的30.32%，并且中国云计算领域的头部企业正在逐步走向海外市场，阿

1　"IDC's Worldwide Internet of Things Spending Guide Taxonomy, 2022: Release V1, 2022"，https://www.idc.com/getdoc.jsp?containerId=US49576022&pageType=PRINTFRIENDLY，访问时间：2023年6月30日。

图3-4 2023年4月24日，第四届联合国世界数据论坛在中国杭州开幕

（图片来源：视觉中国）

里巴巴、腾讯等企业借助自身优势推进全球云计算网络基础布局。日本和韩国分别位于第三位和第四位，专利申请数量与美国相比仍有较大差距。

3. 大数据市场保持快速增长

全球知名咨询公司弗若斯特沙利文（Frost & Sullivan）发布的报告显示，2022年，全球大数据市场规模达到718亿美元。2015—2022年，由于下游政企单位对海量数据的分析处理需求不断增长，大数据技术产业与应用创新加速迈上新台阶，全球大数据市场规模实现快速增长，复合年均增长率为18%。中国数据资源体系建设不断完善，根据中国国家网信办发布的报告，2022年，中国大数据产业规模达1.57万亿元，同比增长18%。根据中国网络空间研究院与中国信息通信研究院测算，2022年中国数据产量达到8.1ZB，同比增加22.7%，占全球数据总量的10.5%，居全球第二位。

4. 区块链市场规模不断扩大

Research and Markets发布的《区块链技术——全球市场轨迹与分析》报

告显示，2022年，全球区块链技术市场规模约为34亿美元，到2026年，预计将达到199亿美元。区块链技术在医疗保健领域应用不断加深，2022年，全球区块链技术在医疗保健市场规模达到146.8亿美元，预计到2027年，市场规模将达到777.6亿美元，复合年均增长率达到39.53%。根据IDC《全球区块链支出指南》报告预测，2024年全球区块链市场将达到189.5亿美元，2020—2024年，复合年均增长率高达48.0%；中国区块链市场规模有望在2024年突破25亿美元。全球非同质化通证（NFT）市场快速发展，根据中国信息通信研究院发布的报告，截至2022年8月，全球NFT发行项目数超过3200个，总市值高达220亿美元，排名前三的项目占总市值的21%。

5. 人工智能市场高速扩张

以ChatGPT为代表的生成式人工智能快速发展，带动全球人工智能市场规模高速扩张。IDC发布的数据显示，2022年，全球人工智能市场规模达到4328亿美元，同比增长19.6%。人工智能市场包括软件、硬件和服务，其中人工智能软件占据88%的市场份额。IDC预测，2022—2026年，全球人工智能市场规模复合年均增长率将达到18.6%，2026年，有望达到9000亿美元。人工智能芯片搭载率将持续增高，根据IDC预测，到2025年，全球人工智能芯片市场规模将达726亿美元。根据中国国家网信办发布的报告，中国智能制造应用规模和水平大幅提升，超过40%的制造企业进入数字化网络化制造阶段，制造机器人密度排名跃居全球第五，智能制造装备产业规模达3万亿元，市场满足率超过50%。

3.2.4 互联网信息内容服务业持续增长

1. 网络游戏市场保持平稳增长

根据市场调查机构Newzoo发布的《2022全球游戏市场报告》，2022年，全球游戏市场规模为1968亿美元，同比增幅为2.1%。游戏市场的增长主要来自手游，2022年，全球手游市场规模达到1035亿美元，同比增幅5.1%，占全球游戏市场总收入的53%；PC游戏市场规模达到404亿美元，同比增幅1.6%，占全球游戏市场总收入的21%；主机游戏市场规模下降至529亿美元，同比下滑2.2%，占全球游戏市场总收入的27%。从区域来看，2022年，中东和非洲游戏市场规模达到71亿美元，同比增长10.8%；拉丁美洲市场规模达到87亿美元，同比增长6.9%；北美市场规模达到513亿美元，同比增长0.5%；欧洲市场规模下滑至341亿美元，同比下滑0.03%。从玩家人数来看，2022年，全球玩家人数突破32亿，同比增长4.6%；中东和非洲地区玩家数量达到4.88亿，同比增长8.2%；拉丁美洲玩家数量达到3.15亿，同比增加4.8%；北美洲玩家数量达到2.19亿，同比增加2.6%。根据中国国家网信办发布的报告，中国网络游戏用户规模超过6亿，占网民整体的60%以上。根据Newzoo预测，到2025年，全球玩家将增至35亿人，全球游戏市场规模预计达到2257亿美元。

2. 音乐流媒体市场保持连续增长

根据国际唱片业协会公布的数据，2022年全球音乐市场总收入为262亿美元，同比增长9.0%，保持连续八年增长，其中流媒体占比最高，总收入达到175亿美元，同比增长11.5%。从区域来看，亚洲市场增长了15.4%，继续占全球实体收入的一半左右。日本作为最大收入市场，增长5.4%；中国录制音乐收入增长28.4%，首次进入全球市场前五；撒哈拉以南的非洲是全球音乐市场增长最快的地区，音乐销量同比增长近35%。根据中国国家网信办发布的报告，2022年中国网络音乐用户规模达6.84亿，网民使用率达到64.1%。本土音乐流媒体在中国市场占据主导地位，2022年腾讯在线音乐付费用户已经达到8850万。

3. 数字广告市场快速发展

得益于数字化在广告领域的广泛应用，根据市场研究机构Statista统计，2022年全球数字广告市场规模达到5153亿美元，到2026年，市场规模预计将达到6831亿美元，复合年均增长率为7.39%。全球短视频广告快速发展，根据研究公司Insider Intelligence发布的数据，2022年TikTok广告收入达到110亿美元。

3.3　产业数字化向纵深发展

产业数字化是在数字技术支撑下实现传统产业的改造升级和价值再造，是数字经济与实体经济深度融合发展的重要途径。在全球经济数字化转型加速背景下，越来越多的传统产业积极投身数字化改革浪潮，数字技术在实体经济中应用不断加强，推动制造业价值链和供应链不断重塑。

3.3.1 产业数字化比重继续上升

产业数字化是数字经济发展的主导力量，在数字经济中的比重不断上升。根据中国信息通信研究院发布的《全球数字经济白皮书（2022年）》，2021年，全球47个主要经济体的产业数字化规模为32.4万亿美元，占全球数字经济的比重为85%，其中一、二、三产业数字经济占行业增加值比重分别为8.6%、24.3%和45.3%，服务业数字化转型程度显著高于工业和农业。发达国家的产业数字化水平普遍较高，英国的第一产业数字经济渗透率最高，超过30%，德、韩、法、美、日等国的一产数字经济渗透率也整体较高；德国和韩国的第二产业经济渗透率超过40%，美、英、日、法等国的二产数字经济渗透率也保持较高水平；英、德、美的第三产业数字经济渗透率超过60%，遥遥领先于其他国家。[1]

3.3.2 工业互联网规模持续扩大

工业互联网是工业发展的重要方向之一，未来发展前景广阔。根据麦肯锡调研报告，工业互联网在2025年之前每年将产生高达11.1万亿美元的收入；埃森哲预测，到2030年，工业互联网能够为全球带来14.2万亿美元的经济增长。

根据中国工业互联网研究院发布的《全球工业互联网创新发展报告》，2021年，全球工业互联网产业增加值规模达到3.73万亿美元，年均增速接近6%。工业大国引领全球工业互联网发展，在59个主要工业国家中，美、中、日、德四国工业互联网产业增加值规模占比超过50%。[2] 中国工业互联网产业发展强劲，工信部发布的数据显示，2022年中国工业互联网核心产业规模超过1.2万亿元，覆盖工业大类的85%以上，全国35家重点工业互联网平台连接工业设备超过8500万台（套），累计服务企业936万家次，基本形成综合型、特色型、专业型的多层次工业互联网平台体系。国家工业信息安全发展研究中心发布的《2022工业互联网平台发展指数报告》显示，2022年工业互联网平台发展指数达到251，同比增长17.23%，连续四年保持15%以上的增幅，重点平台

---

1 "全球数字经济白皮书（2022年）"，http://www.caict.ac.cn/kxyj/qwfb/bps/202212/t20221207_412453.htm，访问时间：2023年6月30日。

2 《全球工业互联网创新发展报告》正式发布"，https://www.china-aii.com/newsinfo/5665781.html?templateId=1562263，访问时间：2023年6月30日。

工业APP数量增加到29.11万个，同比增长54.16%。[1]

从区域来看，美国、欧洲和亚太地区在全球工业互联网发展中的地位不断上升。其中，美国充分发挥工业互联网联盟作用，通过通用电气、微软、亚马逊、霍尼韦尔等巨头企业积极布局，聚焦差异化方向持续推动产业生态建设。欧洲充分发挥工业基础优势，通过西门子、博世（BOSCH）、思爱普、艾波比集团（ABB）、施耐德等工业巨头，积极打造工业互联网平台。亚太地区工业互联网产品需求巨大，积极发挥产业优势和行业特点，推动新应用新业态新模式加速涌现。

3.3.3 产业数字化转型提速升级

1. 产业数字化转型明显提速

全球主要经济体加快推进产业数字化发展，据统计，接近90%的经合组织成员已发布与产业数字化转型相关的战略和行动计划。美国产业数字化转型加速向全产业链渗透，物流、医疗、制造等领域开始大规模应用数字化工具，创新型技术应用和多类型技术整合明显加快。中国产业数字化转型明显提速，根据工业和信息化部发布的数据，2022年中国企业关键工序数控化率和数字化研发设计工具普及率分别达到58.6%和77.0%。中国数字文化服务水平不断提升，根据中国国家网信办发布的报告，2022年，近90%的受访者表示本地能够提供线上文化活动，超80%的受访者表示本地能够提供数字图书馆、数字博物馆等服务。

2. 产业数字化抵御风险能力持续提升

联合国工业发展组织发布的《2022年工业发展报告——后疫情时代工业化的未来》显示，在生产过程中使用最新数字技术的企业，能够更好地应对危机对销售额、利润及失业职工的影响。2019—2021年，先进数字化企业的销售额下降6%，而非先进数字化企业销售额下降高达19%；先进数字化企业的年利润下降17%，而非先进数字化企业年利润下降28%。[2]数字化技术有助于提升企业应对危机的敏捷性，例如：数字化能力有助于实现向远程办公转变；物联

---

1 "2022工业互联网平台发展指数（IIP32）发布：平台发展指数持续四年增幅超15%"，http://www.cics-cert.org.cn/web_root/webpage/articlecontent_101002_1643902108816117761.html，访问时间：2023年6月30日。

2 "2022年工业发展报告——后疫情时代工业化的未来"，https://www.unido.org/sites/default/files/files/2021-11/IDR%202022%20OVERVIEW%20-%20CN%20EBOOK.pdf，访问时间：2023年6月30日。

网或虚拟现实的工业应用促进了生产流程的重组；增材制造解决方案可以帮助解决某些投入品的短缺问题。

3.4 金融科技变革与应用不断加快

数字经济时代，数字科技加快重构金融业态和金融模式。伴随5G、人工智能、云计算、大数据、区块链等新一代信息技术在金融行业的深入应用，科技加速推动金融服务方式和流程优化，促进金融产品设计、数字金融服务、金融应用场景等持续创新，新金融科技解决方案不断涌现，为金融行业高质量发展提供科技创新支持。

3.4.1 金融科技投资总额持续增长

数字科技在金融领域应用的规模效应逐步释放，金融机构、金融公司以及消费者对金融科技的接受度不断提升。根据麦肯锡发布的《今日科技重塑明日金融：影响全球金融业未来格局的七大科技》报告，金融行业未来发展呈现规模化、多元化、集成化、安全化四大趋势。2021年，全球金融科技投资总额超过2200亿美元，2022年的投资总规模继续保持增长态势；2022年，金融科技初创企业仍是各国投资者的关注焦点，占所有新兴科技及技术总投资额约17%。[1]中国金融科技市场快速发展，2022年，6家国有大型商业银行及10家全国性股份制商业银行金融科技投入总额为1787.64亿元，同比增长8.63%。

3.4.2 金融科技创新加速演进

全球金融行业与科技融合程度不断加深，金融科技创新成果加速落地转化。以金融支付为例，根据波士顿咨询发布的《2022年全球支付行业报告：增长格局换新天》报告，2021年全球支付行业总收入已突破1.5万亿美元，并在未来十年有望保持上升态势，到2031年全球支付行业收入规模预计将达到3.3万亿美元。全球支付行业格局加速改变，2021—2026年，收单行业总收入将以

---

1 "七大技术将重塑全球金融业的未来格局"，https://www.mckinsey.com.cn/七大技术将重塑全球金融业的未来格局/，访问时间：2023年6月30日。

8.7%的复合年均增长率上涨至1600亿美元，其中，小商户收单总收入增长速度更快，预计将贡献约75%的增量收入增长。[1]

以嵌入式金融为代表的消费者金融服务加速发展，弗利普卡特公司（Flipkart）、亚马逊等电子商务平台正在积极采用等额分期付款（EMI）、先买后付（BNPL）等嵌入式数字支付模式，为线上消费者提供便利、安全、可负担的信贷选择。根据市场研究机构Research and Markets发布的报告，到2025年，嵌入式金融服务市场规模将达到2300亿美元。

3.4.3　数字货币发展提速

随着全球数字经济行业覆盖范围持续扩大，数字金融相关服务需求不断增加，全球货币金融体系加速数字化变革，主要经济体央行数字货币研发步伐不断加快。普华永道（PwC）发布的报告显示，2022年全球央行数字货币呈现三大趋势：央行通过数字货币项目提升本国金融包容性，央行数字货币项目开始关注用户的使用体验，央行关注数字货币在未来的互操作性。

央行数字货币成为越来越多国家货币形式的重要补充。央行数字货币的普及不仅能够加速全球金融体系的现代化，也能为数字政府建设提供有力支撑。国际清算银行（Bank for International Settlements，BIS）发布的数据显示，2022年5月，在参与调查的81家中央银行中，有90%正在进行数字货币相关研究，62%正在开展相关实验或概念验证。2022年7月下旬，日本财政部国库局国库司宣布"数字通货部门"成立，主导日本央行数字货币的制度设计。2022年9月，美国白宫公布了加密资产等数字资产发展的综合框架，决定就"数字美元"举行定期会议，会议成员包括来自美联储、美国国家经济委员会（NEC）、美国国家安全委员会（NSC）和美国财政部的代表。2023年3月，国际清算银行、欧洲中央银行、德意志联邦银行和法国银行联合宣布，在法兰克福和巴黎开设国际清算银行创新中心欧元系统中心（Eurosystem Centre），重点关注去中心化金融、批发央行数字货币、网络安全和绿色金融等话题。[2] 2023年3月，澳大利亚

1　"挑战加码，全球支付行业连番跃进"，http://tradeinservices.mofcom.gov.cn/article/yanjiu/hangyezk/202301/144374. html，访问时间：2023年6月30日。

2　"国际监管动态：英国发布《创新型人工智能监管》白皮书，意大利宣布禁止使用ChatGPT"，https://wp.gqgt. com/a/14882.html，访问时间：2023年7月3日。

储备银行宣布，正在与数字金融合作研究中心（DFCRC）合作开展一项研究项目，以探索澳大利亚央行数字货币的潜在使用案例和经济效益。

中国数字人民币研发试点目前已形成17个省（区、市）开展试点、10个项目组参与研发的局面，已在批发零售、餐饮文旅、教育医疗、公共服务等领域形成一批涵盖线上线下、可复制可推广的应用模式。中国人民银行积极参与数字货币领域国际交流合作，与国际清算银行香港创新中心等积极推进多边数字货币桥（mBridge）项目，同各司法管辖区货币和财政监管部门、跨国金融机构及世界顶尖院校交流研讨法定数字货币前沿议题，并在国际组织框架下积极参与法定数字货币标准制定，共同构建国际标准体系。数字货币国际合作不断发展，2022年10月，来自中国内地、中国香港、泰国和阿联酋的20家商业银行，通过多边央行数字货币桥研究项目（m-CBDC Bridge）成功完成了逾160笔以跨境贸易为主的多场景支付结算业务。

3.5 全球电子商务持续增长

伴随国际贸易数字化水平持续提升和物流网络建设不断完善，全球电子商务保持较快发展势头。美国、欧盟、中国等主要经济体的电子商务市场规模不断发展，跨境电商继续崛起，电子商务在全球数字经济稳步增长中发挥日益重要的作用。

3.5.1 全球电子商务市场蓬勃发展

1. 全球电子商务交易额稳步增长

由于世界大部分大市场都面临着经济挑战，全球电子商务交易额增速将明显放缓，或降至个位数水平，但总体仍将保持稳步增长。市场研究机构eMarketer发布的报告显示，2022年全球电子商务销售额首次突破5万亿美元，增速为9.7%。[1] 到2026年，全球电子商务销售额预计将突破8万亿美元。

---

1 "Worldwide Ecommerce Forecast Update 2022"，https://www.insiderintelligence.com/content/worldwide-ecommerce-forecast-update-2022/，访问时间：2023年6月30日。

图3-5　2021—2026年全球电子商务交易额及增速

（数据来源：eMarketer；注：E为预测数据）

2. 跨境电商仍是未来发展重点

随着贸易全球化不断加深和国际物流条件持续改善，越来越多的消费者开始购买跨境商品，跨境电商市场日益成为未来电商发展的重点。eMarketer发布的报告显示，2022年全球跨境电商市场规模将达到1.2万亿美元。[1] 根据中国海关总署发布的数据，2022年中国跨境电子商务进出口2.11万亿元，同比增长9.8%。根据中国国家网信办发布的报告，2022年中国"丝路电商"伙伴关系不断拓展，与28个国家建立双边电子商务合作机制。

3. 移动商务和社交电商快速发展

市场研究机构Comscore发布的报告显示，2022年美国电商市场实现强劲增长，销售额首次突破1万亿美元，其中移动电商、社交电商以及假日季销售表现突出。2022年，在美国通过社交媒体平台网站上发起或完成的电商销售额总计5310万美元，占所有在线销售额的5.1%。约36%的美国互联网用户是社交电商买家。[2]

1　"Worldwide Ecommerce Forecast Update 2022"，https://www.insiderintelligence.com/content/worldwide-ecommerce-forecast-update-2022/，访问时间：2023年6月30日。

2　"State of Digital Commerce"，https://www.comscore.com/Insights/Presentations-and-Whitepapers/2023/State-of-Digital-Commerce，访问时间：2023年6月30日。

全球移动电子商务继续上升，截至2022年底，有60%的线上消费通过手机下单完成。加拿大电商服务平台Shopify公布的数据显示，2022年其平台上69%的商家销售额来自移动设备。

3.5.2 拉美和东南亚电商增速较快

eMarketer发布的数据显示，2022年，全球电商增长最快的十大国家中，拉美地区占有3席，其中包括巴西、阿根廷和墨西哥。从全球范围来看，由于消费者对电子支付手段的认可和接受程度提升，以及移动电子商务的普及，拉美和东南亚地区电子商务保持较快增速，东南亚地区电子商务增长20.6%，拉美和加勒比地区电子商务增长20.4%。菲律宾和印度引领2022年全球的电子商务增长榜单，增速分别达到25.9%和25.2%。截至2022年底，拉美地区的线上消费者数量有望达到2.60亿，拉动线上消费1678.1亿美元；拉美地区跨境电商市场规模将达到316亿美元。[1]

2022年，全球有大约25.60亿消费者选择线上购物，同比增长约3.4%。其中，中国线上消费者数量大约为8.43亿，印度3.13亿，美国2.14亿。新增的线上消费者主要来自印度、印度尼西亚和巴西。

3.5.3 区域头部电商平台加速转型

受封号潮（亚马逊公司以虚假评论、销售非法产品等理由关闭部分卖家的销售账号和权限）以及库存高企阵痛影响，区域头部电商平台更加注重渠道多元化、品牌化和精品化，亚马逊、沃尔玛以及其他区域头部电子商务平台积极招募精品型卖家或工厂型卖家，加强出海品牌建设，并进一步加大对铺货型卖家[2]的限制。展望未来，铺货型卖家在大型电商平台上市场份额会持续下降，品牌型卖家将进一步获得发展空间，精品型及品牌型卖家数量会在未来几年内有比较大的增长。

---

1 "Worldwide Ecommerce Forecast Update 2022"，https://www.insiderintelligence.com/content/worldwide-ecommerce-forecast-update-2022/，访问时间：2023年6月30日。

2 铺货型卖家是指通过电商平台大批量地上传产品。

第4章

世界数字政府发展

近年来，5G、人工智能、元宇宙、区块链、物联网等新兴技术得到广泛发展与应用，为适应新一轮科技革命和产业变革趋势，世界主要国家纷纷加快布局数字政府战略。全球电子政务发展指数稳步上升，从2020年的0.5988提高到2022年的0.6102。从当下政府管理实践来看，数字政府已经成为公共部门的实际运作和服务提供过程中必不可少的关键要素。[1] 在经历了新冠疫情后，公共部门开始越来越广泛地采用数字技术提供服务，且在线服务主要集中在健康、教育和社会保障领域。数字政府的发展也让弱势群体受益更多。大多数国家都制定了国家电子或数字政府战略，以及关于网络安全、个人数据保护、国家数据政策和网络参与的法律法规。尽管各国都在努力推进数字政府建设，但并非所有国家都能获得相同的可持续发展受益。新冠疫情加剧了数字鸿沟，目前仍有超过30亿人生活在数字政府建设水平较低的国家。对于许多发展中国家和处境特殊的国家而言，实现全面数字化是一项重大而复杂的挑战。未来，越来越多国家政府将持续朝着精准化方向努力，力求为公众提供智能化和个性化的公共服务，云计算、人工智能和区块链等信息技术将深入部署，满足公众日益旺盛的服务需求。

4.1 数字政府发展受到高度重视

世界主要国家积极运用信息技术创新、转变政府管理和服务方式，促进数字政府建设，提升公共服务效能。为应对新一轮信息技术革命给政府和公共部门带来的机遇与挑战，各国加快制定数字政府战略规划与相关政策法规，数字政府建设水平稳步提升。

4.1.1 数字政府战略框架不断出台

战略框架与政策法规是推进数字政府建设的重要保障，可促进和引导政府数字化转型，保障公民安全与合法权益。联合国自2001年起每两年发布一次全球电子政务调查报告，旨在评估联合国各成员国电子政务发展水平。《2022

1　UN，E-Government Survey 2022，2022年9月28日。

图4-1 从"一张白纸"到"未来之城",雄安新区数字城市加快建设

(图片来源:视觉中国)

联合国电子政务调查报告》的数据显示,世界大多数国家都有国家层面的数字政府战略(155个)、国家数据政策或战略(128个)以及网络安全法律(153个)、个人数据保护法律(145个)和开放政府数据法律(117个)。[1] 其中,132个国家制定了保障信息自由和信息获取的法律,127个国家在政府门户网站上提供了隐私声明,91个国家制定了公民网络参与相关的法律。

为了推进政府数字化转型的可持续发展,世界主要地区和国家围绕数字治理目标进行了前瞻性的战略部署。2023年1月,欧盟《2030年数字十年政策方案》(Digital Decade Policy Programme 2030)提出实现四个领域的目标:提升公民的基本和高级数字技能;促进企业对人工智能、大数据和云服务等新技术的应用;进一步推进欧盟的互联互通、算力和数据基础设施建设;促进公共服务和管理线上化。[2] 2022年9月,韩国科学技术信息通信部发布数字战

---

1 UN, E-Government Survey 2022, 2022年9月28日。

2 "欧盟启动2030数字十年目标的首个合作和监测机制", http://it.mofcom.gov.cn/article/jmxw/202301/20230103 379956.shtml, 访问时间:2023年7月3日。

略，要求2023年起将数据和政府服务功能标准化，以应用程序接口形式开放；推进公共行政流程的智能化，到2027年建立以人工智能和数据为支撑的公共管理体系。[1]2022年11月，巴西科技与创新部出台《巴西数字化转型战略2022—2026》，实施数字政府战略，加强联邦行政部门协调，优化政务数字环境，挖掘数字技术潜力，通过创新提高竞争力、生产力以及本国的就业和收入水平，促进可持续和有包容性的经济和社会发展。[2]2022年12月，东帝汶批准"数字发展和信息通信技术国家发展战略计划"，加强电子政府建设，推进数字技术在经济、卫生、教育和农业领域的应用，为本国公民创建电子身份信息。[3]此外，为更好落实数字政府相关战略规划，以数字化转型为核心目标的政府机构设置也得到高度重视。2022年8月，阿联酋政府宣布成立新的联邦委员会——政府数字化转型高级委员会，该委员会旨在帮助提高基础设施和数字资产的使用效率，监督和指导阿联酋政府"数字生态系统"的发展，为全面的数字化转型做准备。[4]

4.1.2　数字政府建设水平稳步提升

当前，在数字政府建设水平的综合性调查评价活动中，以国家为主要评价对象的有联合国发布的《2022联合国电子政务调查报告》[5]、瑞士洛桑国际管理学院（IMD）发布的《世界数字竞争力年报（2022）》[6]等。《2022联合国电子政务调查报告》以电子政务发展指数（EGDI）衡量不同国家的数字政府建设情况。报告排名显示，达到最高（VH）评价等级的国家变化微小且均为高收

1　"韩国发布数字战略"，http://www.casisd.cn/zkcg/ydkb/kjzcyzxkb/kjzczxkb2022/zczxkb202211/202302/t20230220_6680442. html，访问时间：2023年7月3日。

2　"MCTI publica atualização da Estratégia Brasileira para a Transformação Digital 2022−2026"，https://www.gov.br/ mcti/pt-br/acompanhe-o-mcti/noticias/2022/11/mcti-atualiza-estrategia-brasileira-para-a-transformacao-digital-para-o-periodo-2022-2026，访问时间：2023年7月3日。

3　"东帝汶批准数字发展和信息通信技术国家发展战略计划"，http://easttimor.mofcom.gov.cn/article/ztdy/202212/ 20221203376005.shtml，访问时间：2023年7月3日。

4　"阿联酋政府将进行全面的数字化转型"，http://ae.mofcom.gov.cn/article/jmxw/202208/20220803339764.shtml，2023年7月3日。

5　UN，E-Government Survey 2022，2022年9月28日。

6　"World Digital Competitiveness Ranking 2022"，https://www.imd.org/centers/wcc/world-competitiveness-center/rankings/ world-digital-competitiveness-ranking/，访问时间：2023年7月3日。

入国家，以丹麦、芬兰、韩国等为代表的国家近年来处于领先地位，阿拉伯联合酋长国、马耳他等国的电子政务发展水平改善明显，跃升至最高评价等级。《世界数字竞争力年报（2022）》结果显示，排名前十的国家主要集中在欧洲和亚洲地区。

此外，本书总论部分也对各国数字政府建设水平进行了综合评价。结果显示，排名前十的分别是爱沙尼亚、丹麦、韩国、新西兰、荷兰、新加坡、澳大利亚、日本、芬兰和美国，排名与联合国电子政务报告基本一致。报告认为，非洲、拉美、亚洲部分国家数字政府发展水平仍有待提高，在数据开放应用及政民互动情况等方面进步空间较大。总体来看，在全球经济全面复苏与逐步恢复的当下，世界各国数字政府建设稳步推进，建设水平得到有效提升。其中，美国、荷兰、丹麦等国家保持了较高建设水平，韩国、新加坡等亚洲国家表现突出，中东部分国家也迈入高水平行列。数字政府建设的重要性日趋显现，加快政府数字化转型已成为世界各国的普遍共识。

4.2 数字技术持续助力数字政府建设

多国政府积极加快信息基础设施建设，提高数字政府领域的信息基础设施建设与数字技术应用水平，着力完善数字身份建设方案，加快数字货币的研发与监管布局，进一步提升数字政府服务能力。

4.2.1 数字技术加速赋能数字政府建设

发达国家积极部署应用数字技术，为数字政府建设提供支撑。2022年9月，法国重申"国家云"战略，支持政府数字化转型。同时，法国开展与欧盟层面相匹配的数字监管与技术更新，推动耗资50亿欧元的欧洲共同利益重要项目（IPCEI）云，并成立"可信数字"部门战略委员会。[1]2023年1月，美国和欧盟启动首个人工智能协议，使政府能够更好地访问更详细、数据更丰富的人工智能模型，以加快和加强人工智能的使用，从而改善农业、医疗保健、应急响

---

1 "法国政府重申'国家云'战略"，https://www.secrss.com/articles/47089，访问时间：2023年7月3日。

应、气候预测和电网管理。[1]

部分发展中国家着力推进数字政府战略。2023年6月，阿曼经济部启动了"人工智能赋能国民经济国家倡议"，将人工智能应用和技术纳入第十个五年发展规划（2021—2025年）中多元化领域的发展计划，旨在使政府机构能够在发展项目中使用人工智能应用和技术，提供基于技术和创新的投资机会，通过提高生产力和降低成本来提高发展能力。[2]非洲国家不断完善信息基础设施，为其数字政府建设提供基础。2022年11月，吉布提内阁会议批准了建立智慧非洲联盟宪章的法案，旨在具体落实"建设可负担得起的数字基础设施，促进数字社会发展"的承诺。[3]截至2022年底，非洲大陆超55%的国家政府采购了3G网络，20多个国家（占非洲大陆国家总数的36%）建设了光纤网络和电子政务平台。2022年12月，数字非洲联盟（Coalition for Digital Africa）正式启动，致力于建设强大和安全的互联网基础设施，让更多的非洲人能够上网。2023年2月，该联盟宣布了一项着力加强整个非洲大陆互联网基础设施的重大举措，旨在侧重加强现有五个互联网交换中心（Internet Exchange Point，IXP），通过对其提速和下调价格来改善互联网接入服务，为当地互联网用户带来积极影响。

专栏4-1 ——————————————————————

智慧非洲联盟

2013年非洲转型峰会举行期间，卢旺达等7个非洲国家在卢首都基加利通过《智慧非洲宣言》，承诺通过信息通信技术加速社会经济发展，并成立了"智慧非洲联盟"（Smart Africa Alliance）。目前，该

1　"美欧将启动首个人工智能协议"，http://it.mofcom.gov.cn/article/jmxw/202302/20230203383124.shtml，访问时间：2023年7月3日。

2　"阿曼启动人工智能国家倡议"，http://om.mofcom.gov.cn/article/jmxw/202306/20230603415633.shtml，访问时间：2023年7月3日。

3　"吉布提批准智慧非洲联盟宪章"，http://dj.mofcom.gov.cn/article/jmxw/202211/20221103370340.shtml，访问时间：2023年7月3日。

联盟拥有32个成员国和国际电信联盟、非洲开发银行、世界银行等合作伙伴。吉布提是该联盟成员国之一，并领航建设云和数据中心旗舰项目。

此外，越来越多国家开始重视信息技术及应用对数字政府建设带来的机遇与挑战，人工智能技术在政府部门和公共管理中的应用备受瞩目。特别是生成式人工智能技术应用，为世界各国重新思考数字政府建设方向提供了可能。部分国家的地方政府尝试将生成式人工智能应用于报告写作、资料整理等方面，不断探索数字政府建设的各种可能。

4.2.2　可信数字身份便利数字政府建设

世界各国积极部署可信数字身份建设，持续推动数字身份建设与政府数字化改革的深度融合。欧盟在保护隐私与数据安全的前提下，将数字身份建设作为欧盟2030数字战略的重要支撑。早在2021年6月，欧盟委员会就公布了一项关于提供可信安全数字身份的提案，以支持更多类型的数字身份场景；在2023年3月，欧洲议会通过了其对数字身份提案的最新立场，即在鼓励利用技术保护用户个人隐私的同时，加强落实个人信息选择性披露原则和数据最小必要原则。韩国计划于2024年向拥有智能手机的公民提供由区块链支持的数字身份证（数字ID）。泰国政府根据其《电子政务法》，于2023年1月起允许公民在内政部行政厅注册数字身份验证系统"DOPA-Digital"，公民可以使用数字身份证代替身份证原件，在数字世界中更准确、安全、稳定地验证身份，从而能更加方便和安全地使用政府提供的各种服务。[1]

4.3　政务数据资源开放共享利用和国际合作持续推进

政务数据资源是国家战略性资源，随着世界主要国家的信息化发展水平日

---

[1] "泰国政府邀请民众注册数字身份验证系统"，https://www.gqb.gov.cn/news/2023/0321/56605.shtml，访问时间：2023年7月3日。

益提高，政府、公众和企业对政务数据资源的开发利用不断深入，加强政务数据资源国际合作也成为大势所趋。

4.3.1　政务数据资源开放共享有序推进

政务数据开放共享有利于推动资源整合，提升公共服务精准性和有效性，优化社会治理流程和治理模式，增强数字政府效能。2022年8月，新加坡海洋数据综合平台"GeoSpace-Sea"对公众开放，国内外用户可从中获取有关潮汐、海岸和电子航海图等方面的海洋数据，用于制订港口、海洋和沿海规划，应对气候变化，保护海岸环境，以及预测和应对突发事件，如海上漏油事故和风暴潮等。[1] 2022年9月，韩国成立以国务总理作为委员长的"国家数据政策委员会"，其主要职能是制订数据和新产业相关的制度，并放开数据领域的相关限制，允许企业通过开发一对一的创新服务，来建立和形成基于数据产业的竞争力。与此同时，韩国政府通过软件市场AI Hub（aihub.or.kr）逐步开放大量训练数据，目前开放数据集领域已扩展到制造、教育、金融、自动化、体育等14个领域，旨在为人工智能的发展提供更广泛、更多样化的数据资源。截至2022年10月，中国已有208个省级和城市的地方政府上线了政府数据开放平台，其中省级平台21个（含省和自治区，不包括直辖市、港澳台），城市平台187个（含直辖市、副省级与地级行政区）。目前，中国74.07%的省级（不含直辖市）和55.49%的城市（包括直辖市、副省级与地级行政区）已上线了政府数据开放平台。2023年2月，荷兰数字化部长宣布成立一个开源项目办公室（OSPO），旨在通过开放政策、开放数据和源代码，加强公民对政府的信任。[2]

4.3.2　政务数据资源互访合作持续加强

2022年12月，英国数字、文化、媒体与体育部和迪拜国际金融中心（DIFC）共同发布"关于深化英国政府与迪拜国际金融中心数据伙伴关系的联合声明"，推动双方数据互访的可靠性与可信度。英国政府与迪拜国际金融中心在

---

[1] "新加坡将开放海洋数据综合平台"，http://aoc.ouc.edu.cn/_t719/2022/0525/c9829a371114/page.htm，访问时间：2023年7月3日。

[2] "荷兰数字化部长宣布成立OSPO"，https://bbs.csdn.net/topics/613930592，访问时间：2023年7月3日。

对双方数据保护方面的法律和实践进行高标准评估后，将建立统一框架促进个人数据的自由和安全流动。[1] 为使公共服务的跨境数据交换更加高效安全，欧盟委员会于2022年11月发布《欧洲互操作法》，提供了促进互操作解决方案开发的支持措施，建立了跨境互操作的治理框架，加强了欧洲公共部门之间的跨境互操作与合作，有助于欧盟及其成员国向公民和企业提供更好的公共服务。[2] 2023年3月，美国白宫科技政策办公室发布《促进数据共享与分析中的隐私保护国家战略》，支持研发隐私保护数据共享和分析（privacy-preserving data sharing and analytics，PPDSA）。该战略强调：要通过加强PPDSA的国际合作，促进PPDSA技术生态系统的双边以及多边参与，实现PPDSA技术多方认同；通过改变数据流动方式，开创数据共享新模式，以促进世界级的数据开放与共享。[3]

4.4　在线政务服务持续深入，数字孪生助力智慧城市

随着信息技术的发展与应用，政务服务的全面数字化成为大势所趋。与此同时，新兴技术与政务服务的深度融合，也为数字政府服务能力的提升带来了更大的机遇。在以人为本的服务理念下，打造可持续发展的智慧城市成为各国的普遍追求。

4.4.1　在线政务发展促进公民网络参与

《2022联合国电子政务调查报告》显示，政务服务呈现明显的全面数字化趋势，接近3/4的国家使用"一站式"服务网站在线提供多种政务服务。在评估的22种在线业务办理服务中，全球平均值为提供16种服务，但115个国家提供的服务数量多于该数值，全球在线政务服务呈现跨部门、跨层级的系统整

1　"International: UK and DIFC issue joint statement on deepening data partnership"，https://www.dataguidance.com/news/international-uk-and-difc-issue-joint-statement，访问时间：2023年7月3日。

2　"欧盟发布《欧洲互操作法案》"，http://www.ecas.cas.cn/xxkw/kbcd/201115_129567/ml/xxhzlyzc/202212/t20221219_4576257.html，访问时间：2023年7月3日。

3　"美国发布《促进数据共享与分析中的隐私保护国家战略》"，http://dsj.hainan.gov.cn/zcfg/gwfg/202304/t20230414_3399270.html，访问时间：2023年7月3日。

合集成，呈现一体化网上政务服务发展趋势。2022年10月，泰国《电子政务法》正式生效。作为管理电子政务的主要法律，《电子政务法》将方便民众通过电子系统向政府机构申请有关许可，推动公共服务电子化。[1] 阿拉伯联合酋长国通过人力资源和酋长国部（Mohre）与联邦身份、公民权、海关和港口安全局（ICP）之间的数字链接，提供数字化公共服务，进一步简化办事程序，如仅在2022年1—10月就完成了470多万宗签证和就业手续的办理。2023年1月，土耳其政府宣布将在数字政府门户网站（E-Devlet）使用基于区块链的数字身份，以在登录期间验证土耳其公民身份。巴林信息与电子政务局（IGA）的最新报告显示，2022年巴林公民通过各种电子政务渠道享受了600多项电子服务，政府数字化转型实现了96%的服务成本削减。[2]

在政府门户网站、政务APP等在线政务服务供给渠道的基础上，多国政府积极探索新兴技术与政务服务的深度融合，为公民和企业提供智能化、精准化与个性化的政务服务。2023年3月，罗马尼亚推出了世界首个人工智能政府顾问Ion。利用自然语言处理等人工智能技术，Ion能够自动识别罗马尼亚公民在社交媒体上分享的观点，并将这些想法分类、按重要性排序后反馈给政府部门，帮助政府决策者更有效地做出科学决策。2023年1月，韩国首尔市政府正式推出全球首个城市级别的元宇宙政务服务平台"Metaverse Seoul"。该平台秉持尊重、公共性与现实联系三大基本原则，并强调责任、安全、透明和保护四大要求，目前已开放"首尔市政大厅""特色服务大厅"等共计九个场景，以优化政务服务供给。

在公民网络参与方面，日本、澳大利亚、爱沙尼亚、新加坡等国家的指数排名最高。自2018年以来，越来越多国家为用户提供关于政府网站的意见反馈、投诉等功能。2022年，在所有联合国成员国中这两项功能的提供分别达到了66%和63%；89%的联合国成员国在政府门户网站上提供社交网络工具。[3] 个人和企

1　"泰国'电子政务法'生效推动公共服务电子化"，https://www.investgo.cn/article/gb/gbdt/202210/635906.html，访问时间：2023年7月3日。

2　"巴林数字化转型使得政府服务成本降低了96%"，http://bh.mofcom.gov.cn/article/jmxw/202302/20230203393838.shtml，访问时间：2023年7月3日。

3　UN，E-Government Survey 2022，2022年9月28日。

业越来越能够通过在线平台与公共机构互动，基于信息自由相关法律获取信息，以及访问公共内容和数据。越来越多的政府正在征求和回应用户的反馈，并努力根据公众的需求定制服务。尽管大多数国家都承诺改善在线服务的提供和用户体验，然而在重要政策问题上，政府积极进行公共电子咨询的情况仍然有限。[1]

4.4.2　数字孪生技术助力智慧城市建设

在新型智慧城市的建设过程中，数字孪生技术提供了一种全要素、全天候、全生命周期、实时感知监测、交互控制、推演预测、科学决策的颠覆性的创新理念，迅速成为世界各国城市运营管理的重要手段。2022年9月，香港科技大学（广州）启动国际交通网络数字孪生协同创新平台建设，助力粤港澳大湾区打造世界级智能交通创新示范区。2022年10月，阿拉伯联合酋长国阿布扎比市政交通部（DMT）发布了阿布扎比数字孪生项目，集成最先进的技术，推广智慧城市的基础和概念，提供准确的数据和衡量标准，助力城市运行。[2] 中国水利部于2022年12月发布《水利部办公厅关于加强重大水利工程数字孪生项目设计的通知》，着重发挥数字孪生技术为水利工程项目带来的积极影响；并于2023年5月发布《水利部办公厅关于推进数字孪生农村供水工程建设的通知》，以更好地助力城乡发展。

在应急响应与危机管理、监测运河和预防洪水等特定领域的技术应用方面，数字孪生也表现突出。在2023年美国环境系统研究所公共部门首席信息官（CIO）峰会上，美国德克萨斯州弗里斯科市因其创建的地理空间平台——应急响应态势感知（SAFER）获得了地理信息系统（GIS）创新奖（该奖项旨在表彰IT领导者及其组织开发创新应用程序或方法以改进政府流程或应对挑战），该平台通过公共安全数字孪生提供公共安全事件和人员位置的实时地图，供警察、消防和交通部门共享，从而能够在响应事件时做出数据驱动的决策。[3] 负责管理苏格兰内河水道的苏格兰运河局（Scottish Canals）使用数字孪

1　UN，E-Government Survey 2022，2022年9月28日。

2　"'数字孪生城市'来了，它不止是一场空想乌托邦"，https://m.gmw.cn/baijia/2022-10/27/36118507.html，访问时间：2023年7月3日。

3　"德克萨斯州弗里斯科通过公共安全数字孪生获得成功"，https://www.giserdqy.com/digital-twins/40979/，访问时间：2023年7月3日。

图4-2　中国上海市民外滩体验城市数字孪生应用程序

（图片来源：视觉中国）

生洪水模型来调节福斯与克莱德运河的储水能力，并预测排水路线，以预判洪水事件并采取补救措施。[1]

4.5　提升公民数字素养和弥合数字鸿沟仍需持续发力

2023年5月，随着世界卫生组织正式宣布结束新冠全球紧急状态，世界各国真正迈入后疫情时代，加快建设数字政府步伐。但国家间数字鸿沟仍存拉大风险，公民数字素养提升仍任重道远。

4.5.1　数字政府建设步伐加快

随着后疫情时代的到来，世界各国逐步意识到推动政府数字化转型是破局

1　"Scottish Canals使用数字孪生来调节运河的储水能力"，https://redshift.autodesk.com.cn/videos/scottish-canals-cn，访问时间：2023年7月3日。

之道。2022年7月，欧盟委员会发布《数字经济与社会指数（DESI）》。数据显示，尽管芬兰、丹麦、荷兰、瑞典等欧盟成员国的数字化水平名列前茅，但整体而言，欧盟在数字技能、中小企业数字化转型乃至5G领域处于落后地位。[1]为此，欧盟利用疫情后的经济复苏计划推动数字化转型，规定成员国必须将至少20%的复苏资金用于数字化转型。面对疫情带来的消极影响，牙买加政府采取一系列数字化改革，如促进宽带接入、加速对数学和科学教育的投资等，将公共和私营部门服务数字化，为所有牙买加公民提供国家身份，普及数字支付平台，助力牙买加成为第四次工业革命的关键参与者。[2]2022年12月，斯洛文尼亚政府审议通过数字公共服务战略，提出新冠疫情反映出包括公共行政在内的所有领域数字化势在必行，数字公共行政是在平常和特殊时期向用户提供有效服务的先决条件，有助于提高服务质量。[3]

疫情发生后，东盟国家的数字化进程被迫按下"快进键"，为应对网络普及率和信息技术应用水平差异，东盟各国纷纷加快信息技术发展和数字化建设速度。[4]数字技术在帮助各国政府应对新冠疫情挑战中发挥了关键作用，进入后疫情时代，如何充分利用数字化抗疫工具成为各国完善数字政府建设的重要机遇。2023年2月，马来西亚将原用于防控疫情的手机程序"MySejahtera"转型为管理公共卫生的"超级程序"。[5]该程序将用于马来西亚国家免疫计划下的疫苗接种登记，监控肺结核、登革热等传染性疾病，也可用于40岁以上民众的非传染性疾病筛查、器官捐赠登记、健康检查预约等业务。

4.5.2　弥合数字鸿沟仍任重道远

《2022联合国电子政务调查报告》显示，中高收入国家在未来几年凭借较

1　"欧盟数字化水平芬兰领跑　承认5G等处于落后地位"，http://tradeinservices.mofcom.gov.cn/article/news/gjxw/202207/135775.html，访问时间：2023年7月3日。

2　"牙买加驻华大使丘伟基：探索数字全球服务战略　寻求与中国建立战略伙伴关系"，http://www.globalcloudchain.com/Company/Info.aspx?id=14681，访问时间：2023年7月3日。

3　"斯洛文尼亚政府通过2030年数字公共服务战略"，http://si.mofcom.gov.cn/article/jmxw/202212/20221203374406.shtml，访问时间：2023年7月3日。

4　刘志强、谈笑，《东盟文化蓝皮书：东盟文化发展报告（2022）》，2022年11月1日。

5　"马来西亚将新冠防疫程序转型为公共卫生数字服务"，https://www.gqb.gov.cn/news/2023/0228/56423.shtml，访问时间：2023年7月3日。

图4-3　2022年，亚洲"虚拟厨房"外卖模式大热

（图片来源：视觉中国）

高的在线服务水平、基础设施水平和人力资本水平，可能会在电子政务生态系统发展方面取得较快的进展，而低收入和中低收入国家的在线服务水平或人力资本水平将有所下降，这预示着未来全球数字鸿沟有持续加深的可能性。[1] 如果不采取有针对性的、系统性的措施来帮助低收入和中低收入国家以及情况特殊国家（包括最不发达国家、内陆发展中国家和小岛屿发展中国家［SIDs］），数字鸿沟将持续存在并扩大。目前，电子政务发展指数评为"低"的所有七个国家都是非洲的最不发达国家和/或内陆发展中国家。

　　数字鸿沟不仅存在于不同国家之间，也存在于同一国家的不同群体间。尽管人工智能和其他数字技术发展迅速，但各国在应用方面存在较大差异，许多发展中国家在数字政府的活动方面尚未取得太大进展，而部分发达国家如

1　UN，E-Government Survey 2022，2022年9月28日。

丹麦，则积极采用人工智能和物联网来提高数字政府服务质量和工作效率。同时，在同一个国家，不同的群体之间也存在数字鸿沟，特别是在先进技术利用、数字人力资源和政府预算方面，高收入群体和低收入群体之间的数字鸿沟持续扩大。为应对相关挑战，部分国家就不同的群体采取了针对性措施。2023年2月，卫星服务与解决方案提供商Marlink公司宣布将利用卢森堡卫星公司SES的多轨道卫星网络推动法属圭亚那的数字化，这也将使该地区的学校和机构受益于更快的速度和更低的延迟。

4.5.3 提升数字素养成为重中之重

当前各国数字素养水平存在差异，发达经济体和一些新兴市场经济体表现较好，而一些发展中国家和地区，则存在数字素养不足等问题。除了大洋洲之外的所有地区，至少有四分之三的国家都有具体的机制或措施来帮助弱势群体培养数字素养和技能。各类特殊国家中也出现了类似趋势，68%的最不发达国家、89%的内陆发展中国家和41%的小岛屿发展中国家都为处于低服务水平的群体制定了数字素养扶持机制。[1]

2023年3月，加拿大宣布将投资1760万加元用于提高全民的数字化教育，这笔资金将用于数字素养交流项目，通过资助全国范围内的23个非营利组织，为对数字工具（手机、电脑等）和互联网技能不过关的加拿大居民提供帮助和培训，从而促进加拿大人民的数字素养提高。2022年11月，日本东京大学通过利用网络虚拟空间的元宇宙技术创立了"元宇宙工学部"，面向初、高中生和成年人传授信息技术；2023年5月，日本宫崎大学与旭化成公司、宫崎银行等部门共同设立了"宫崎县数字人才联盟"，该联盟将以高中生以上学历人员以及社会人士为对象，为提高其数字技能而开展各种培训项目。微软通过提供数字素养培训项目以支持印尼的数字人才建设，如在2023年1月推出印尼就业技能培训项目以加强数字技能，并与印尼经济统筹部和印尼邮政服务公司（Pos Indonesia）等部门建立合作。

1　UN，E-Government Survey 2022，2022年9月28日。

第5章

世界互联网媒体发展

2023年，互联网媒体从疫情期间的持续扩张开始放缓增长，技术和政治深刻影响互联网媒体的生态格局。数字化和智能化驱动互联网媒体深度转型，人工智能技术，如ChatGPT和Midjourney等应用带来了知识生产模式的巨大改变。但同时，人工智能技术也带来了许多潜在风险与变数，社交媒体平台上的一系列由人工智能生成的真假难辨的虚假错误信息引发各界的隐忧，信息操纵、版权归属、隐私侵犯和意识形态渗透等问题也使得各国对人工智能技术和应用的发展持审慎态度，并逐步在立法等层面对其加强监管。除此之外，政治对互联网媒体发展的影响逐步凸显，美西方国家以"国家安全"为由，对互联网媒体领域发展挥舞大棒、肆意干涉，形成了一股与当下互联网发展趋势相悖的"逆流"。少数西方国家仍掌握着全球传播的话语权和阐释权，其意识形态主导的框架钳制了国际传播在多元文化和政治语境下的发展，亟待构建公平公正的国际传播新秩序。

整体来看，全球互联网媒体内容呈现"短视频化""音频化"等特征，流媒体扩张势头有所回落，网络音乐和游戏产业蓬勃发展。值得关注的是，以往互联网媒体主要由西方少数国家主导，网络文化仍然更多"自西向东"单向流动，而近年来东南亚、中亚、拉丁美洲和非洲等"全球南方"在互联网媒体发展上呈现出许多新特色与较大的发展潜力。

5.1 全球互联网媒体发展新态势

2022年以来，全球互联网媒体平台增长放缓，后疫情时代人们对网络的依赖较之疫情期间有所减少，同时市场竞争日益激烈，数字媒体技术迅猛发展，各平台纷纷在商业模式、技术运用、内容呈现等方面推进变革。尤其突出的是，人工智能技术得到广泛深度应用，用于提升网络媒体平台服务、辅助制作数字音乐、视频摄影、画外音配置和个性化定制等。人工智能虽然带来了一系列便利，但同时也产生了诸多问题，引发了类似侵害个人隐私等质疑与批评。

5.1.1 互联网媒体发展势头有所放缓

截至2023年4月，全球共有54.8亿移动终端用户，占世界总人口的68.3%。网络用户增长至51.8亿，占世界总人口的64.6%，年增幅为2.9%，相较于2022年4%的年增幅有所下降。2023年社交媒体用户数量达到48亿，年增幅为3.2%，而2022年的增幅高达10.1%。[1] 由此可见，尽管网络用户和社交媒体用户仍保持着一定数量的增长，但增长势头开始呈现明显放缓趋势。

在互联网用户量缓慢增长的同时，全球互联网使用时间呈现显著下降趋势。据2023年4月统计，全球互联网用户每日使用时间为6小时35分，相较于上年下降了4.4%，日均值回退至2019年水平（6小时38分）。在这其中，用户在不同互联网媒体的使用时长下降幅度有所不同，使用互联网媒体观看电视节目的时长下降了1%，使用社交媒体和网络音乐的时长分别下降了3.4%和3.3%。从年龄与性别分类来看，16—24岁女性用户平均每日上网时间减少了50分钟，从8小时18分钟减少至7小时28分钟，是使用时长下降最多的群体。但在较高年龄群体中用户时长则有所增长，如全球55—64岁女性用户平均每日上网时间增加了6分钟，这体现了互联网开始逐步普惠以往较少接触互联网的老年群体。[2]

总的来说，互联网的用户增速下滑和使用时长减少都与疫情前的迅猛增长态势形成鲜明对比。以2020年1月统计数据为例，2019年一整年互联网用户增长率达到了10%，2020年1月相较于2019年4月社交媒体活跃用户人数增长12%。[3] 一定程度上，疫情形势的变化使得人们逐渐将生活重心从线上转向线下，但另一方面互联网的覆盖率和使用时长已经处于高位，互联网已经深深嵌入人们生活方方面面已是不争的事实。[4]

从互联网媒体平台发展格局来看，全球社交媒体平台在"巨头"与"新秀"

---

1 "DIGITAL 2023 APRIL GLOBAL STATSHOT REPORT", https://datareportal.com/reports/digital-2023-april-global-statshot，访问时间：2023年6月18日。

2 "DIGITAL 2023 DEEP-DIVE: UNDERSTANDING THE DECLINE IN TIME SPENT ONLINE", https://datareportal.com/reports/digital-2023-deep-dive-time-spent-online，访问时间：2023年6月9日。

3 "DIGITAL 2020: GLOBAL DIGITAL OVERVIEW", https://datareportal.com/reports/digital-2020-global-digital-overview，访问时间：2023年6月16日。

4 "DIGITAL 2023 APRIL GLOBAL STATSHOT REPORT", https://datareportal.com/reports/digital-2023-april-global-statshot，访问时间：2023年6月15日。

的角逐之下进一步发展。老牌"巨头"脸书、优兔无论是在全球用户总数还是互联网活跃度方面都领跑市场、稳居一、二。[1] 而之前三甲之一的沃茨阿普（WhatsApp）使用量增长较慢，目前与照片墙（Instagram）持平，主要原因是其在过去几年的快速增长，用户量已经达到较高水平，很难拥有大量级的用户增长，同时其隐私政策中关于共享用户数据至母公司Meta的条款也使得许多用户转向其竞品电报（Telegram）等平台。

尽管互联网媒体老牌"巨头"仍然由美国平台占据，但中国平台迅速崛起，已经成为不可忽视的力量。根据中国互联网络信息中心发布的第52次《中国互联网络发展状况统计报告》，截至2023年8月，中国网民规模达10.79亿，较2022年12月增长1109万，互联网普及率达76.4%。[2] 巨大的国内基础用户量与具有实力的互联网企业"出海"使中国平台在全球社交媒体格局中赢得一席之地。微信、TikTok与抖音（Douyin）虽然日活用户量全球排名未变，仍然位列第5、6、8位。但是分别在上年12亿6300万、10亿、6亿的日活量基础上稳步提升了4600万、5100万、1500万的日活量，与后位平台差距进一步拉大。快手（Kuaishou）位列色拉布（Snapchat）和电报之后，排名第11位。而其后分别是新浪微博（Sina Weibo）和QQ第12、13位（见图5-1）[3]。

尽管这些社交媒体平台在全球范围内有广泛影响力，但在部分国家和地区社交媒体格局呈现明显的地域特征，如脸书、照片墙和推特等社交媒体平台在俄罗斯被禁用后，VK（Vkontakte）、沃茨阿普、电报和Odnoklassniki等平台迅速崛起。其中，超过四分之三的16—64岁的俄罗斯互联网用户使用VK，平台的每日受众增加了近9%，好友请求和信息流浏览量分别增长了250%和25%，VK已经一跃成为俄罗斯使用率最高的社交媒体平台。[4]

1　"DIGITAL 2023: GLOBAL OVERVIEW REPORT"，https://datareportal.com/reports/digital-2023-global-overview-report?utm_source=DataReportal&utm_medium=Article&utm_campaign=Digital_2023&utm_content=Article_Hyperlink，访问时间：2023年6月15日。

2　CNNIC，"第52次《中国互联网络发展状况统计报告》发布"，https://www.cnnic.net.cn/n4/2023/0828/c199-10830.html，访问时间：2023年8月31日。

3　"DIGITAL 2023: GLOBAL OVERVIEW REPORT"，https://datareportal.com/reports/digital-2023-global-overview-report，访问时间：2023年6月17日。

4　"Leading social media platforms in Russia in 3rd quarter 2022, by monthly penetration rate"，https://www.statista.com/statistics/867549/top-active-social-media-platforms-in-russia/，访问时间：2023年6月17日。

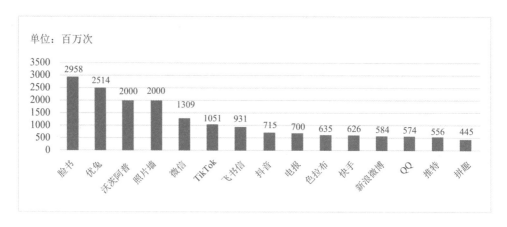

图5-1　2022—2023年全球社交媒体平台使用量

据2023年4月数据统计，过去一年的互联网用户和社交媒体用户增长率分别为2.9%与3.2%，而这一数据在2010—2020年普遍在6%—13%，可见近年来用户增长率明显放缓。[1] 在互联网的流量和人口红利逐步消失的压力之下，各互联网媒体平台都在探索从底层逻辑到商业模式再到技术应用等方方面面的变革。在平台逻辑与框架设定方面，各平台开始谋求从垂类平台向"超级应用"方向的转化。超级应用能为终端用户提供一套核心功能的同时给予相关入口许可，用以访问独立创建的迷你应用，从而实现多个可组合应用程序和架构的聚合。Gartner研究报告称，到2027年，全球50%以上的人口将成为多个超级应用的日活跃用户。[2] 如脸书以往都将旗下的照片墙、沃茨阿普和飞书信（Facebook Messenger）等平台独立运营，而近年来，脸书平台整合意图愈发明显，连续推出小游戏、应聘和音频功能等新业务，在朝着超级应用的方向发展。不仅是脸书，各大互联网科技公司都纷纷进行超级应用部署。色拉布在2022年年中推出了主平台的简化版"色拉布小程序"，为第三方提供应用平台。微信在整合小程序、支付、视频号、企业微信等功能后，已朝着超级APP的大生态融合方向不断壮大。

1　"DIGITAL 2023: GLOBAL OVERVIEW REPORT"，https://datareportal.com/reports/digital-2023-global-overview-report?utm_source=DataReportal&utm_medium=Article&utm_campaign=Digital_2023&utm_content=Article_Hyperlink，访问时间：2023年6月15日。

2　"2023年十大战略技术趋势"，https://www.gartner.com/cn/newsroom/press-releases/2023-top-10-strategic-tech-trends，访问时间：2023年6月15日。

在商业模式方面，由于传统的互联网媒体仰仗算法推荐的广告收入在监管收紧和隐私问题频发的背景下无法持续，众多互联网媒体也开始尝试新的变现模式。首先是个性化服务变现，用户根据个人需求向平台购买专属定制服务，从而在赛博空间实现"获得感"。这一趋势在近年来蓬勃发展的元宇宙平台中尤为凸显，个性化定制的模式也从以往的个人信息定制向场景定制发展。社交软件连我（Line）的母公司，韩国最大搜索引擎和门户网站 Naver 联手韩国主题乐园乐天世界在元宇宙中推出了虚拟乐园，并在2022年10月正式对外开放，用户通过应用程序进入乐天世界地图即可体验地标性的魔法城堡、陀螺仪跳楼机、亚特兰蒂斯冒险过山车等景点和游乐项目。[1] 其次是通过扩展电子商务能力实现收益最大化。统计数据显示，2022年，全球互联网媒体的电子商务销售额为9580亿美元，预计将在2023年首次突破万亿，达到12530亿美元，并实现连年攀升。[2] 电商企业大量在脸书商店、照片墙购物和 TikTok 购物等大的社交电商平台进行布局，并且据统计有63%的消费者直接从社交媒体购买商品。[3] 在传统盈利模式增长乏力的境况下，电商平台入驻社交媒体实现合作共赢已经成为颇受欢迎的发展趋势。以欧洲为例，波兰数字经济商会发布的一项研究结果显示，欧洲B2B（企业对企业）电子商务销售额正以12%的复合年均增长率稳步增长。[4] 据财经媒体数据统计，欧洲电子商务产业在2023年有望实现28.2%的增长，交易总额达到752.46亿美元，并预估将在2028年之前增长至2138.94亿美元。[5]

1　PANews，"韩国互联网巨头 Naver 将构建基于 Solana 的元宇宙项目 ZepetoX"，https://panewslab.com/zh/articledetails/s19qb751.html，访问时间：2023年6月11日。

2　Influencer Marketing Hub，*SOCIAL COMMERCE MARKET SIZE（2020–2026）*，https://www.oberlo.com/statistics/social-commerce-market-size，访问时间：2023年7月10日。

3　"Sprout Social Index™ 2021: UK & Ireland Edition"，https://sproutsocial.com/insights/data/uk-ireland-index-2021/，访问时间：2023年6月11日。

4　人民日报，"欧盟着力促进电子商务发展"，http://paper.people.com.cn/rmrb/html/2023-02/01/nw.D110000renmrb_20230201_3-15.htm，访问时间：2023年6月11日。

5　Business Wire，*Europe Social Commerce Market Intelligence Report 2023*，https://www.businesswire.com/news/home/20230317005160/en/Europe-Social-Commerce-Market-Intelligence-Report-2023-A-213.89-Billion-Market-by-2028---Global-Players-are-Expected-to-Launch-New-Social-Commerce-Capabilities-Onto-their-platforms-in-Europe---ResearchAndMarkets.com，访问时间：2023年7月10日。

　　而在新技术引入方面，相关分析预计元宇宙等新技术在今后被更多受众接受并运用于日常社交媒体消费。[1] 主要趋势包括消费者自身虚拟形象（Avatar）的创建、虚拟现实与增强现实的视觉体验、虚拟商店和非同质化通证的使用等。目前已有多家平台筹谋元宇宙技术实验，例如，TikTok计划推出AR广告业务，以此来快速提升广告分发和内容互动能力，从而与色拉布、照片墙相抗衡。[2] 元宇宙概念如今进入了平稳发展期，而今年人工智能技术的全新突破则引发了互联网媒体转向人工智能的语言和图像处理等技术应用的变革。

5.1.2 "短视频化""音频化"趋势进一步凸显

　　随着数字基础设施的不断完善和媒体平台的多媒体转型，短视频内容继续延续近年的蓬勃态势，包括社交音频在内的多感官内容也迅猛增长，互联网媒体的"短视频化"和"音频化"趋势凸显。在全球最常用的社交媒体应用中，TikTok在2022年的用户月使用量排名中位居榜首，每月使用时长为23.5小时，略高于优兔的每月23小时9分钟。[3] 尽管包括优兔和照片墙等互联网媒体都试图将短视频融入其内容生态中，但收效甚微。在短视频创作方式推出后，优兔2022年第四季度的广告收入同比下降程度比第一季度又多了5.2个百分点。[4] 据英国牛津大学路透社新闻研究所对全球44国的顶级新闻出版商的调查统计，当前约有一半（49%）的出版商在TikTok上定期发布内容，同时众多媒体机构和记者都通过建立TikTok账号来发布符合短视频形态的新闻内容，从而将内容投向更年轻更多元化的受众，塑造自身的品牌和风格。[5]

　　全球范围内播客（Podcast）产业的兴盛代表了媒体平台内容的"音频化"

1　"How to use the metaverse—An expert perspective"，https://www.talkwalker.com/blog/how-to-use-the-metaverse，访问时间：2023年6月11日。

2　"TikTok is coming after Snapchat with a new augmented reality ad format"，https://digiday.com/media/tiktok-is-coming-after-snapchat-with-a-new-augmented-reality-ad-format/，访问时间：2023年6月18日。

3　"DIGITAL 2023: GLOBAL OVERVIEW REPORT"，https://datareportal.com/reports/digital-2023-global-overview-report，访问时间：2023年6月18日。

4　"YouTube's 'number one' priority is Shorts—its TikTok rival—as new CEO Neal Mohan scrambles to reverse declining ad revenue"，https://fortune.com/2023/04/26/youtubes-number-one-priority-is-shorts-its-tiktok-rival-as-new-ceo-neal-mohan-scrambles-to-reverse-declining-ad-revenue/，访问时间：2023年6月18日。

5　"How publishers are learning to create and distribute news on TikTok"，https://reutersinstitute.politics.ox.ac.uk/how-publishers-are-learning-create-and-distribute-news-tiktok，访问时间：2023年6月18日。

图5-2 2023TikTok东南亚影响论坛在印尼雅加达举办

（图片来源：视觉中国）

趋势。调查显示，约有一半的美国人在过去一年听过播客节目，这一比例在
18—29岁的年轻人中更高，达到了67%。在收听过播客的人群中超过五分之一
每天都会收听播客，播客已经成为美国年轻人获取新闻和信息的重要来源。[1]
美国播客用户逐年稳定增长，目前已经累计1.7亿，占总人口的62%，而收听
播客的听众中平均收听量也高达每周8集。据分析，在面对融媒体创新时，播
客是媒体平台愿意将资源投入最多的方向（72%），面对社交媒体带来的各种
不确定因素，播客是与受众拉近距离的极佳方式。

　　以短视频和播客为代表，新兴的多感官媒体将进一步成为流行趋势。"感
官互联网"技术不断发展成熟，未来多感官化媒体内容将致力于把人的听觉、
嗅觉、触觉、味觉等感官感受综合起来，多角度地进行信息的表达和传播，从
而引发更深层次的感觉和更丰富的体验。对应到媒体则是音频、视频、文本甚

---

1 "Podcasts as a Source of News and Information"，https://www.pewresearch.org/journalism/2023/04/18/podcasts-as-a-source-of-news-and-information/，访问时间：2023年6月11日。

至完全沉浸式环境等不同模式的融合搭建起虚拟现实，这也是众多互联网媒体平台努力的发展目标。

5.1.3 流媒体扩张势头回落

过去几年，基于技术与基础设备的日益突破，流媒体市场规模在疫情等因素下实现了指数级扩张。奈飞（Netflix）、优兔等老牌头部仍暂时领跑，但葫芦网（Hulu）、迪士尼+（Disney+）、孔雀电视（Peacock TV）、派拉蒙+（Paramount+）和HBO Max等平台也一路高歌猛进，迅速占据市场（见图5-3）[1]。

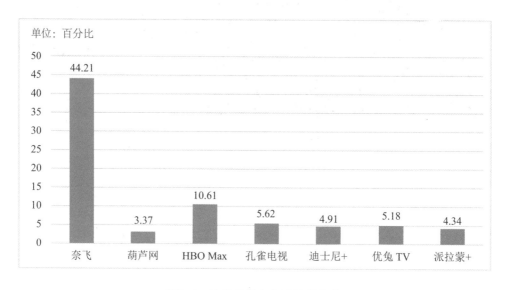

图5-3 流媒体平台市场份额占比

在经历井喷式的增长之后，2023年奈飞、葫芦网与迪士尼+的第一季度内访问量同比出现大幅下跌，其中降幅最大平台为奈飞——达到了29.8%。流媒体行业整体在2023年第一季度中每月流量持续出现负增长，平均负增长率为20.2%。[2] 根据德勤年度数字媒体趋势报告，在对美国、英国、德国、日本、

1　"Netflix's Market Share Decline Continues In 2023: Analysis Of Leading Streaming Platforms"，https://www.similarweb.com/blog/insights/media-entertainment-news/streaming-q1-2023/，访问时间：2023年6月11日。

2　"Netflix's Market Share Decline Continues In 2023: Analysis Of Leading Streaming Platforms"，https://www.similarweb.com/blog/insights/media-entertainment-news/streaming-q1-2023/，访问时间：2023年6月11日。

巴西五个国家的流媒体订户流失率调查中，"Z世代"和千禧一代在受访的六个月内流失率分别跃至57%与62%。[1] 随着疫情逐步消退，流媒体平台也纷纷对数字内容进行进一步的拓展以巩固原有市场，保持竞争力。奈飞一改依靠订阅额的商业模式，开启了降价订阅与低价广告服务，不仅宣布将微软作为新的广告服务商，还在核心业务上转变为以量产制胜与海量投资的生产方式，在原有成本基础上集中制作大规模、高质量的头部项目。[2] 同时，奈飞和迪士尼+都正式宣布推出广告型视频点播（AVOD）服务。AVOD（Advertising-Based Video On Demand）是一种将广告插入视频获取收益的商业战略，由于AVOD的单次曝光成本较低，因此这一商业模式适合拥有高订阅量的大型流媒体平台，在为平台创利的同时，帮助广告商提供更精准接触目标受众的机会。

值得一提的是，美国生产的视频流媒体作品仍在许多地区有着较大影响力。以欧洲市场的数据为例，美国的视频流媒体作品可以占据欧洲市场的47%和欧洲人浏览时间的59%，而欧洲本土和英国生产的作品浏览时间总和不超过31%。[3] 可见欧洲的流媒体产业仍受到美国深刻的影响。

5.1.4　网络音乐、网络游戏等蓬勃发展

根据国际唱片业协会发布《2023年全球音乐报告》，2022年全球音乐销量连续第八年增长，其中，流媒体收入在市场占比最高——为67%，增速达到11.5%。[4] 在市场挖掘方面，不论是华纳音乐这样的传统国际唱片公司，或是以声田（Spotify）为代表的新兴音乐流媒体公司都已经将国际扩张作为重点工作之一。在盈利模式方面，得益于知识产权保护，付费订阅增长显著，如在澳大利亚和新西兰，目前有超过66%的人为音乐订阅而付费。并且随着技术的革新，AI展现出了在营销和音乐创作辅助等领域的潜力，但同时有质疑认为

1　"One Foot in the Metaverse: As Young Generations Embrace Gaming and Social Media, Can Streaming Video Keep Up?" https://www2.deloitte.com/us/en/pages/about-deloitte/articles/press-releases/digital-media-trends.html，访问时间：2023年6月9日。

2　"Netflix Adds 2.4 Million Subscribers, Reversing a Decline"，https://www.nytimes.com/2022/10/18/business/media/netflix-subscribers-earnings.html，访问时间：2023年6月9日。

3　"The European Media Industry Outlook"，https://digital-strategy.ec.europa.eu/en/library/european-media-industry-outlook，访问时间：2023年6月11日。

4　IFPI，"Global Music Report 2023"，https://globalmusicreport.ifpi.org/，访问时间：2023年6月11日。

AIGC（Artificial Intelligence Generated Content）的泛滥是"音乐行业需要担心的首要问题"[1]。

游戏产业方面，2022年全年全球游戏市场总营收达1829亿美元，其中移动端游戏占据了半壁江山，营收达到918亿美元，主机游戏次之，达522亿美元。从地区分布来看，美国（464亿美元）和中国（440亿美元）为全球营收最高的两大游戏市场，市场份额合计占据全球总数的约一半（49%），欧洲以333亿美元营收占比18%。[2]欧洲游戏市场内部的分布也很不均衡，法国、德国、意大利、西班牙和英国占据了整个欧洲游戏市场的75%。[3]而从用户使用终端来看，截至2023年4月统计时，游戏用户仍以移动端与PC端为主。移动端以66.6%的市场份额居于第一，PC端位列第二，份额达到了34.3%，平板、游戏机、流媒体、手持设备与头戴式VR则占领余下市场。[4]

云游戏是游戏产业未来发展的趋势与方向。2022年，全球云游戏市场收入已达23.98亿美元（约合人民币164.98亿元），同比增长72.8%，增长速度超出行业预期。该数据在2023年将进一步走高，预计将达到38亿美元，同比增长58.4%。云游戏市场营收规模持续扩大，云游戏用户活跃度不断提升。放眼全球，海内外云游戏市场游戏习惯差异明显，目前主机端市场逐渐进入存量阶段，整个游戏市场的增量逐渐转向移动端。未来几年全球游戏市场增量主要源于移动端收入，移动端云游戏技术厂商迎来广阔发展空间。[5]中国游戏厂商集中转向出海发展的趋势更加明显。2022年中国移动游戏的出海游戏收入主要集中在美国、日本、韩国、德国等国家，其中美、日、韩占比最高，分别为32.31%、17.12%和6.97%。

1　IFPI，"GLOBAL MUSIC REPORT 2023"，https://globalmusicreport.ifpi.org/，访问时间：2023年6月11日。

2　"Newzoo's video games market size estimates and forecasts for 2022"，https://newzoo.com/resources/blog/the-latest-games-market-size-estimates-and-forecasts，访问时间：2023年6月18日。

3　"The European Media Industry Outlook"，https://digital-strategy.ec.europa.eu/en/library/european-media-industry-outlook，访问时间：2023年6月18日。

4　"DIGITAL 2023: GLOBAL OVERVIEW REPORT"，https://datareportal.com/reports/digital-2023-april-global-statshot，访问时间：2023年6月18日。

5　中国新闻网，《研究报告预计全球云游戏市场收入2023年增至38亿美元》，https://www.chinanews.com/cj/2023/04-26/9997402.shtml，访问时间：2023年4月29日。

5.1.5　全球南方互联网媒体发展具有良好潜力

当前，不同区域的互联网媒体使用率仍然存在较大差异，使用率最高地区为北欧与西欧，达到了83.6%和83.3%。东亚、南欧、东欧、北美与南美也均在70%以上。但这一比例在南亚地区仅为32.5%，中非、西非地区占比则在个位数（见图5-4）[1]。这一数据凸显了全球互联网媒体使用的"数字平权"进程仍然留有完善空间，尤其是对于人口数量众多的全球南方国家，互联网的硬件建设、软件联通与网络意识教育都存在一定空缺。而中国在"一带一路"倡议合作框架下一直致力于推动全球互联网高质量发展，弥合全球南北方互联网媒体使用的鸿沟。

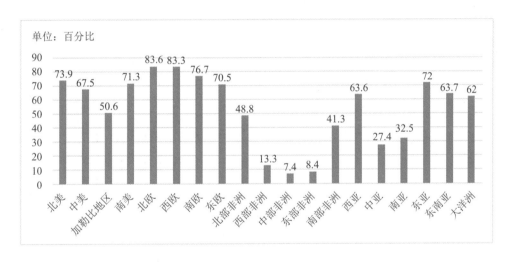

图5-4　2022年社交媒体使用率

尽管使用率仍有提升空间，但在人均互联网使用时长上众多全球南方国家占据前列。根据2023年4月对各国16—64岁互联网用户平均使用时长调查，使用时长排前十的均为非洲、拉美和东南亚的全球南方国家（见图5-5），且使用时长远远高出世界平均值。使用时长最长的南非甚至高出世界平均值（6小

---

1 "Global social media statistics research summary 2023"，https://www.smartinsights.com/social-media-marketing/social-media-strategy/new-global-social-media-research/，访问时间：2023年4月29日。

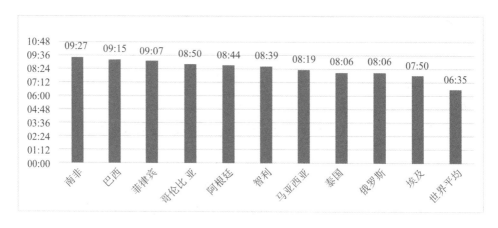

图5-5 全球互联网使用时长最长的10个国家及世界平均值

时35分）约3小时。[1]对于许多全球南方国家而言，互联网媒体正处于快速增长期，特别是在非洲等经济状况相对落后的地区，数字技术的应用让互联网成为非洲能够与世界保持同等增速的唯一领域。但人均过长的使用时长也不免引发对互联网媒体依赖和数字娱乐成瘾等问题，这也是这些地区在互联网蓬勃发展的过程中应该注意的风险。

全球南方国家的互联网媒体使用与其他发达国家的不同还在于使用终端的偏好上。根据数据统计，通过移动手机使用互联网的比例最高的10个国家也均来自东南亚、拉美和非洲，这一比例也远高于世界平均（见图5-6）。而使用电脑这一终端接入互联网比例最高的国家大多数均为欧洲发达国家（见图5-7）。这一明显区别也显示了全球南方国家抓住了智能手机和无线网络普及的潮流，通过更低成本和更便携的方式推广互联网的使用。

放眼全球音乐和流媒体产业，东南亚地区的发展态势十分突出。预计2023年东盟国家音乐流媒体市场的收入可达到6.1亿美元，年增长率约为5.96%。[2]一项对印度尼西亚、马来西亚、菲律宾、新加坡和泰国五国的统计显示，2022年五国付费流媒体视频订阅数量净增加1180万，总共达到4840万。[3]平台分布方

1 "Digital 2023 April Global Statshot Report"，https://datareportal.com/，访问时间：2023年6月11日。

2 "Music Streaming–ASEAN"，https://www.statista.com/outlook/dmo/digital-media/digital-music/music-streaming/asean，访问时间：2023年6月11日。

3 "Subscription Video Enjoys Growth Surge in Southeast Asia, But Analysts Say Streamers Face Tougher 2023"，https://variety.com/2023/tv/news/subscription-video-southeast-asia-1235529323/，访问时间：2023年6月11日。

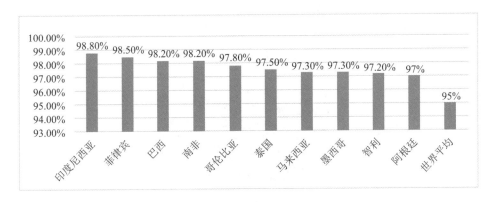

图5-6 互联网用户中通过移动手机使用互联网比例世界前十的国家及世界平均值

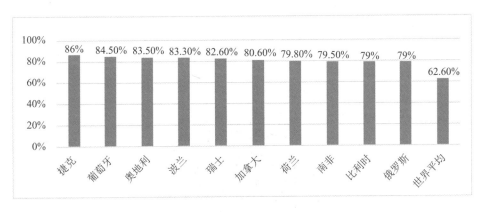

图5-7 互联网用户中通过电脑使用互联网比例世界前十的国家及世界平均值

面，2022年第三季度的数据显示，东南亚用户观看流媒体内容最多的平台为奈飞（42%），紧随其后的则是来自中国香港的平台Viu（13%）和来自中国内地的腾讯视频海外版WeTV（10%），这两大中国平台甚至超过了美国的迪士尼+（9%）和印尼本地的平台Vidio（7%）（见图5-8）。东南亚用户的流媒体观看内容来源也十分多元化，其中38%的观看是来自韩国的内容，美国的内容（22%）和中国的内容（13%）占据二、三位，而东南亚本土内容以12%位居第四（见图5-9）。[1]对多元内容的兼收并蓄和各大平台的本土化内容提供，使得东南亚

1 "PREMIUM ONLINE VIDEO CATEGORY REBOUNDS IN SOUTHEAST ASIA WITH NEW COMPETITION, LOCAL CONTENT AND SPORTS DRIVING EXPANSION"，https://media-partners-asia.com/AMPD/Q3_2022/SEA/PR.pdf，访问时间：2023年6月17日。

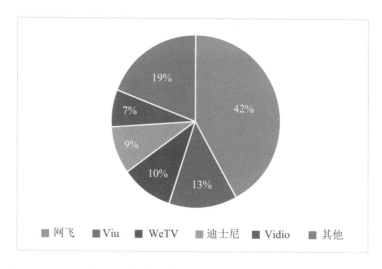

图5-8　东南亚首选流媒体视频观看平台

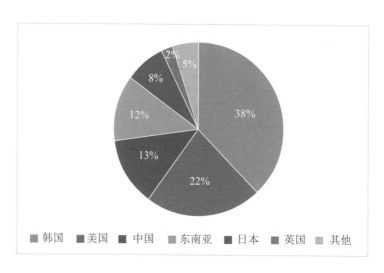

图5-9　东南亚首选流媒体视频内容来源

成为流媒体发展的一片蓝海，与此同时中国的流媒体平台和生产的内容均在东南亚拥有了一定的影响力，正逐步成长为东南亚地区与奈飞等全球流媒体大平台竞争的重要力量。

　　得益于人口红利等因素，拉美地区在互联网发展领域被称为"最后一片蓝海"。由于互联网以及智能手机普及率的提高，拉美地区社交媒体使用率也得以猛烈增长，距今为止，拉美社交媒体用户占互联网用户86.6%。就社交网络覆盖率而言，巴西、墨西哥与阿根廷三国，覆盖率分别高达97.7%、92.5%与91.2%。[1]

在非洲，互联网媒体用户的增长同样迅猛。2022年非洲互联网用户突破5.7亿人，这一数量相对于2015年几乎翻了一番。[2]鉴于当前非洲互联网使用率仍远低于全球平均值，其互联网发展仍具有较大潜力。从社交媒体平台来看，在非洲使用最多的前三名为脸书（88%）、照片墙（74%）和推特（67%），占据主导地位的仍是美国平台。尽管短视频平台TikTok当前只占有28%，却以46.98%的增速成为成长最快的社交媒体平台。

在过去一年，全球南方视频媒体在国际新闻的报道上积极履行社会责任。根据环球国际视频通讯社有限公司与清华大学伊斯雷尔·爱泼斯坦对外传播研究中心共同发布的《2022全球南方视频媒体发展报告》，全球南方视频媒体坚持了"认知正义"的理念，在报道如新冠、环境、发展和俄乌冲突等核心问题时，运用了建设性的、积极的思维方式和方法论。在报道方式上，全球南方媒体更关注本土问题，有效区别于西方主流媒体。[3]

专栏5-1 ————————————————————————————————

全球南方国家视频媒体在国际新闻报道上履行社会责任

从全球南方的视角审视视频媒体在相关热点议题中的报道可以看出，在新冠疫情报道、气候与环境变化、媒介融合、发展与健康传播、俄乌冲突报道等领域，全球南方的视频媒体在报道框架和内容形态上与欧美等西方国家呈现出了较为明显的差异。疫情报道方面，全球南方视频媒体倾向以视频或可视化方式传播健康与防疫资讯，鼓励疫苗

1　"COMSCORE ANALISA COMO O USO DA WEB ESTÁ DEFININDO MERCADO ATUAL"，http://www.agenciacomunica.com.br/comscore-analisa-como-o-uso-da-web-esta-definindo-mercado-atual/，访问时间：2023年6月17日。

2　"Internet usage in Africa-statistics & facts"，https://www.statista.com/topics/9813/internet-usage-in-africa/#topicOverview，访问时间：2023年6月11日。

3　环球国际视频通讯社有限公司、清华大学伊斯雷尔·爱泼斯坦对外传播研究中心，《2022全球南方视频媒体发展报告》，2023年5月。

接种，具有较为强烈的社会责任感。环境报道方面，全球南方视频媒体倾向以"建设性新闻"的理念指导实践。同时他们都较为重视（跨国）多元主体合作，共同面对气候、环境与生态问题的报道与传播挑战。媒介融合方面，全球南方视频媒体以算法技术应用助推视频内容生产转型，尝试精准推送的传播实践。发展与健康传播方面，在"嵌入社会"过程中，全球南方视频媒体较好实现了传播目标，其对"发展"与社会公共卫生议题均予以关注。从报道内容看，全球南方视频媒体较好地满足了受众对健康议题的需求，兼顾了社会发展与健康传播。俄乌冲突报道方面，全球南方视频媒体在俄乌冲突舆论战中较好地坚持了客观真实的报道原则。同时，全球南方视频媒体在报道俄乌冲突中对可视化方式有基本的应用，在充分挖掘视频媒体技术沉浸性和互动性优势的同时，也对此类挑战予以回应。

当前在整体互联网媒体发展放缓的背景下，以南方国家为代表的新兴市场国家表现出了较快的增长趋势和良好的发展潜力，无论是从使用人口、时长、市场表现还是其背后涌现的创新活力与社会责任感，全球南方都有望成为下一代互联网媒体市场中的重要补充力量。

5.1.6　人工智能深度影响互联网媒体

在内容生产方面，人工智能可以成为新闻记者和编辑的"助手"，运用智能语音识别技术将其从转录音频或视频采访的重复性劳作中解放出来，从中节省出时间和精力投身于深入思考和专业解析中，从而提升新闻报道的品质。近年来，人工智能也开始赋能专业记者和编辑，通过深入分析数据来处理调查报道线索等复杂工作。

在内容呈现方面，人工智能的运用可以优化和丰富新闻报道的表现方式，增强产品、内容与用户之间的互动性，帮助用户获得临场的个性化体验，同时也提供更为高效的信息服务。算法推荐系统可以根据用户的偏好和所处场景，为其提供定制化的环境信息和服务，有效提升用户黏性。

在内容分发方面，随着技术的不断升级，算法分发的核心已经从初代"相似性原则"迭代至如今的"混合概率"，基于内容的算法推荐和用户之间的协同过滤可以满足不同的用户在"冷启动""短暂兴趣""长期偏好"等三个方面获取定制化的内容需求，从而增强用户黏性和忠诚度，并通过提升用户的消费意愿提振新闻产品的价值转化。

尽管如此，人工智能技术带来互联网媒体创新的同时，也伴生了诸如算法歧视、虚假内容等风险，给监管带来难题。以算法为例，对社会偏见扩散进行消弭需要从算法核验、智能偏见探测和人机耦合三个方面入手，发挥人工智能和人类智能的协同作用。从算法在新闻传播之中的运用逻辑入手，对算法依托的基础数据库和算法运行的规则进行公平性核验，提升对于情感复杂、语义不详的内容处理能力，强化"人类智能"的治理作用。

5.2　全球互联网媒体热点议题

近一年来，以ChatGPT为代表的生成式人工智能应用对互联网媒体内容生产带来重大影响；短视频平台TikTok在美国接受质询再次引发全球对非本土数字平台进军美国市场的讨论，美国的"数字霸权"值得警惕；人工智能图像处理与生成技术带来的"深度伪造"引发的信任危机和系列风险引发社会各界隐忧；世界形势变化、疫情逐步消退等多种因素引发互联网媒体平台格局正发生悄然转变，老牌平台遭遇瓶颈与TikTok等平台的兴起并行将成为全球互联网媒体发展的新常态。

5.2.1　AIGC等技术催生互联网内容生产智能化

相较于此前的人工智能技术，ChatGPT在功能和拟真度方面均达新的高度，集信息支持、服务支持、情感支持、生产支持等功能于一体，可高度拟人化地进行人机对话、文本生成等工作。以ChatGPT为代表的生成式人工智能应用在全球引发了生成式人工智能的潮流。随着人工智能生成内容AIGC应用场景日益增多，既有的媒体业务形态和新闻采编习惯或将迎来新的变化，也将对互联网媒体发展产生深远影响。

对于AIGC未来可能会对新闻业产生的影响，全球互联网媒体的态度喜忧参半。不少谨慎的媒体对其所供信息的可信度感到怀疑，认为当ChatGPT协助参与新闻业务时，记者无法洞察其幕后黑箱藏匿的"偏见和动机"。[1]与此同时，有媒体机构认为ChatGPT可能会在未来替代新闻记者，部分新闻机构开始探索ChatGPT的人机协同潜力，如英国出版商Reach已成立工作小组，专门研究如何利用人工智能协助记者编撰有关当地天气和交通等主题的常规报道，以及如何在传统业务领域外开发ChatGPT的创造性用途。[2]

不可否认，AIGC可以作为新闻生产者的辅助工具参与到新闻生产过程中，使互联网的内容生产更加智能化。人工智能不仅能像其他聊天机器人一样从事财经、体育等特定议题和类型的新闻写作，还可以进行新闻评论等带有"思辨性"的文本撰写。[3]此外，人工智能也能作为辅助工具，完成联系采访对象、撰写采访提纲、跨文本分类整理信息等任务，大幅提升记者和编辑的工作效率。与传统媒体的"告知式"服务不同，人工智能的应用还有望推广新型的"问答式"新闻，即用户向AI提问，机器立即通过智能化搜索告知事件最新进展的一种新闻形态。此类人机交互式的内容生成方式，有利于对新闻事件进行持续跟进和深度链接，并基于用户的兴趣偏好和信息盲点拓展提供多领域内容，从而打破单一新闻文本的容量限制，以开放动态的微观生产模式使新闻文本无限延展。

但以ChatGPT为代表的生成式人工智能同时也可能带来职业新闻人主体性削弱、新闻品质下降、虚假信息泛滥、数字媒体权威性受损等挑战。首先，低成本、高产出的AIGC将使职业新闻人在部分结构化的新闻报道中无竞争优势可言，只有当其在内容把关、真实性核查等方面触发预警系统时，才会增加人工审核环节，这或将导致职业新闻人采写任务的萎缩、主体性的弱化和生存空间的消减。而当大众注意力资源被速成类新闻占据，用户对信息文本的耐受力

1　"ChatGPT Is Already Changing How I Do My Job"，https://www.nytimes.com/2023/04/21/opinion/chatgpt-journalism.html，访问时间：2023年4月29日。

2　"Daily Mirror publisher explores using ChatGPT to help write local news"，https://www.ft.com/content/4fae2380-d7a7-410c-9eed-91fd1411f977，访问时间：2023年4月29日。

3　史安斌，刘勇亮.聊天机器人与新闻传播的全链条再造［J］.青年记者，2023（03）：98—102.

逐渐降低，新闻特稿、深度报道等高质量"知识文本"会随之减少，新闻品质以及新闻本身的"社会公器"功能将岌岌可危。其次，AIGC高度依赖的语料库本身即源于鱼龙混杂、真假难辨的网络信息，存在数据来源合规性、数据使用偏见性等人工智能的通用风险。若缺少专业人士的把关审核，一旦AIGC基于误导性的素材生产出虚假新闻，数字媒体将面临媒体可信度和新闻品质下跌的双重危机。更为严峻的是，AIGC通过预训练习得到的"拟人化"和"逻辑化"表达会进一步加剧公众对虚假信息的识别难度，一旦被别有用心者大规模地用于计算宣传，其"无所不知""客观中立"的信息表象极易蒙蔽大众，引发社交媒体舆论场的"信息失序"。

5.2.2　TikTok美国听证会质询引起全球关注美数字霸权

2023年3月，短视频平台TikTok首席执行官在美国众议院参与听证会。在长达五小时的质询过程中，美国两党众议员就TikTok信息安全、隐私安全和青少年保护等议题展开了激烈"围剿"。此次听证会的讨论焦点更多地集中在非本土数字平台进军美国市场所带来的所谓问题上：一是TikTok数据跨境流动对美国国家安全的潜在威胁，二是TikTok偏好推送算法的不透明和不确定性。尽管TikTok方以数据本土化方案"德州计划"和最大化保障算法透明度的承诺做出切实回应，但美国官方仍不依不饶。

专栏5-2 ————————————————————————————

美国打压TikTok时间线

2019年11月，美国外国投资委员会（CFIUS）就字节跳动公司收购美国短视频应用musical.ly启动审查。

2020年7月22日，美国国会通过《政府设备禁用TikTok法》，禁止联邦政府员工在政府设备中使用TikTok。

2020年8月14日，美国总统特朗普发布行政令《针对字节跳动收购Musical.ly》，要求字节跳动公司90天内必须完成TikTok美国业务出售交易。

2021年7—12月，美国联邦贸易委员会（FTC）要求TikTok支付9200万美元的罚款，以解决其在儿童隐私方面的问题，并得到了美国联邦法院最终裁定。这是FTC要求TikTok支付的罚款的最终裁决，也是美国历史上最大的COPPA罚款。

2021年9月，美国参议院通过法案，禁止联邦员工安装TikTok应用程序，并要求卸载已安装的应用程序。

2023年1月26日，美国众议院提出《美国设备禁止使用TikTok法案》，禁止美国公民下载TikTok应用程序。

2023年3月23日，美国国会众议院能源和商业委员会举行TikTok听证会，TikTok的首席执行官就数据安全、国家安全威胁等问题接受众议院能源和商业委员会的质询。

对TikTok的"有罪推定"和"无理打压"招致众多国际媒体的批评。有的美国媒体标题充满反讽："国会必须禁止TikTok，只有美国公司才能从数据中获利。"另外有观点称，尽管缺乏证据证明对TikTok的抹黑，美国两党议员仍进行了"一场政治表演"；还有的观点认为，"在国会山上演的一幕与调查事实或表达对美国人隐私的关注无关，而是为了推进所谓中国威胁美国霸权的现代冷战叙事"[1]。有关TikTok数据收集和使用及算法透明度的争议在社交媒体和数字平台中极为普遍，无论是技术机制还是数据政策上，TikTok都完全遵照了政府的要求，实现了数据本地化存储和算法机制的相对透明化。

美国对TikTok以数据和算法安全为由的平台生态管制，本质上反映的是数字时代的网络地缘政治博弈。从2019年TikTok首次遭到美国政府的安全审查以来，来自美西方的打压变本加厉。部分全球南方国家依托自身市场优势、全球化动力和在地化政策，创造出超越西方技术和资本垄断的另类数字化发展模式，撼动了欧美"媒介帝国主义"统治下的全球市场和权力格局。在此意义上，美方于听证会上打出的"网络主权""国家安全"组合拳，是为抵抗外国

---

1 "Washington has gone all in on TikTok hysteria"，https://edition.cnn.com/2023/03/23/business/nightcap-tiktok-hearing/index.html，访问时间：2023年4月29日。

数字平台对本土市场的冲击。一度标榜"网络无国界"的西方国家率先粉碎了信息全球化理想，将互联网世界变成以争夺信息权力为核心的地缘政治博弈场，其中的博弈载体既有物理的、可见的信息基础设施，如5G、芯片技术，也有虚拟的、不可见的数字平台和移动应用，如面临禁用困境的TikTok等。国际社会呼吁，应共商共建、合作共赢，警惕少数国家利用平台基础设施等形成新的数字霸权。

5.2.3　深度伪造带来的风险引发社会隐忧

除了文本，生成式人工智能在图像领域同样实现了技术上的突破与迭代，以Midjourney和DALL-E-2为代表的人工智能图像生成模型能实现根据输入的文字描述生成图像的功能。而这一技术背后的视觉伪造所带来的社会伤害风险引起社会关注，引发人身攻击、信任风险、社会动乱和政治风险等问题。今年，AI合成的假照片在网络随处可见，这种以假乱真的"换脸"技术被称作"深度伪造"，即利用深度学习技术模仿真实人物的面部表情、声音和动作，生成逼真的虚假图片和视频，其中既包括娱乐大众的讽刺作品、影视片，也包括带有恶意目的的政治攻击、明星假冒、名人代入色情产品等内容。近年来，这些"深伪"图像在社交媒体上逐渐泛滥，迭代升级。新出现的逆向渲染工具甚至能够将2D照片快速渲染为逼真的3D场景，愈发引起社会各界担忧。

深度伪造图像极易被用来进行虚假宣传，被武器化为破坏稳定的工具，而打击深度伪造在一定程度上是一场猫和老鼠的游戏。[1]有专家称，从政策角度来说，不确定是否准备好应对如此大规模、涉及社会各阶层的虚假信息。要终止这一局面，可能需要迄今无法想象的技术突破。

深度伪造引发的担忧一方面来自其对视觉客观性的颠覆，易导致新闻真实的消解和舆论引导失效。视觉文本的客观性原本是建构真相的最有力证据，深度伪造的泛滥却使"眼见为实""有图有真相"的传统认知标准从根本上动摇。深伪图像在新闻事件中制造的"噪音"将污染媒介生态，腐蚀媒体公信力，甚至导致"零信任社会"的出现。同时，深度伪造因取得了传播先机与事

---

[1]　"Weaponised deep fakes—National security and democracy"，https://www.aspi.org.au/report/weaponised-deep-fakes，访问时间：2023年6月17日。

后核查真相之间富裕的时间差，使得正面舆论引导纠偏尤为困难。在更具传播力和煽动性的深度伪造内容面前，媒体究竟能在多大程度上有效应对虚假信息乃至继续扮演守门人角色，成为"深度后真相"时代难以回答的问题。

另一方面，深度伪造扩大政治分裂、威胁国家安全的武器化性质正日益凸显。根据美国情报界发布的研究报告，深度伪造被预测可能会成为未来虚假信息战的武器，被各方政治力量所使用。深度伪造已成为西方党派博弈的工具，用于干预政党竞选、制造政治鸿沟，以"爆料""揭丑"的方式对政敌实施舆论攻击，左右选民的情绪与抉择。就国际政治冲突而言，深度伪造更多的是通过散布流言到舆论反制的时间差来制造信息迷障和舆论乱局，如乌克兰危机中炮制双方领导人所谓讲话视频一定程度上混淆舆论走向。

5.2.4 传统互联网媒体平台遭遇瓶颈

当前，从全球传播的平台生态来看，以脸书和推特为代表的传统社交媒体巨头面临发展瓶颈。曾经红极一时的脸书在经历了剑桥分析丑闻、侵犯用户隐私和存在安全隐患等多重危机后，宣布改名Meta进军元宇宙。然而，低效率、难盈利的元宇宙业务并未在短期内为脸书带来收益，反致其亏损137.17亿美元，加之苹果公司收紧隐私政策使其赖以为生的广告收益大幅下跌，元公司不得不开启大规模裁员。随着资本市场的热点转向生成式AI，元公司如何在维持亏损严重的元宇宙部门的同时，持续加大投入，缩小在AI领域上的差距，考验着平台能力。

对另一大社交媒体巨头推特而言，被收购后的激进改革措施使公司接连迎来更换高管、多轮裁员、极端异议用户账号解封、蓝V认证服务致仿冒账户泛滥等风波。这一系列事件不仅造成过半广告商撤资，加剧推特的营收困境。因裁员带来的源代码泄露、重大宕机事故以及愈发鱼龙混杂的平台用户，更是严重冲击推特的技术和内容生态。

美国一大批互联网企业的低迷现状，有观点认为，这与对疫情可能带来的互联网经济的短期增长过于乐观有关。[1] 有专家表示，脸书和推特在新冠

---

1 "Elon Musk Takes a Page Out of Mark Zuckerberg's Social Media Playbook"，https://www.nytimes.com/2022/11/02/technology/musk-twitter-advertisers-civil-rights.html?searchResultPosition=20，访问时间：2023年4月29日。

疫情较严重的阶段，成长到超出它们的市场体量，现在是时候重新做出调整了。[1] 近几年弯道超车的TikTok的确在某种程度上引领着国际社交媒体平台的发展转向。TikTok采用的"UGC音视频内容生产+偏好算法内容分发+滑动式持续内容推送"的模式，有效满足了"Z世代"在移动互联网环境下信息获取和分享的需求。[2] 传统互联网媒体平台以"连接亲友"为核心的"强关系"社交已逐渐丧失吸引力，继之兴起的是以"探索他人"为目的的"弱关系"。TikTok在内容生产与分发、信息流形态和社群关系建立方面的优势，推动着全球社交媒体的"TikTok化"。曾经将失利原因全部归咎于TikTok的元公司，如今也不得已开启复制粘贴式的自救之路。元公司旗下的脸书和照片墙都已内嵌短视频应用Reels，该应用不仅照搬TikTok的界面设计与产品功能，还模仿其算法推荐机制重构信息流。传统媒体也纷纷在TikTok上创建账号，将新闻内容制作成适配TikTok环境的短视频形态。未来，全球社交媒体平台的新老交替趋势可能会日益明显。

---

1 BBC中文，"Facebook和Twitter：两大社交媒体巨头的生存期限快到了吗？"https://www.bbc.com/zhongwen/trad/world-63712326，访问时间：2023年4月29日。

2 史安斌等．"持久危机"下的全球新闻传播新趋势——基于2023年六大热点议题的分析［J］．新闻记者，2023（01）：89—96。

第6章

世界网络安全发展

图6-1　网络安全无处不在

（图片来源：视觉中国）

当前，全球地缘政治冲突加剧，乌克兰危机陷入胶着，网络空间安全态势复杂紧张，持续不断的网络攻击已深入各领域。勒索软件、数据泄露、高危漏洞、分布式拒绝服务攻击、高级持续性威胁等问题呈现出新的变化，严重危害国家关键信息基础设施安全和社会稳定，给全球安全态势带来了极大的不确定性。为此，各国加紧布局网络安全领域的顶层规划与设计，密集出台安全战略，持续优化机制建设，推进关键信息基础设施和供应链安全体系建设，加强数据安全和个人信息保护，加大网络安全技术研发和投入，扩充网络安全人才队伍，以更坚实的安全体系应对全球网络安全新挑战。

6.1　全球网络安全面临多种不稳定因素

地缘政治紧张局势加重了全球网络安全威胁态势，网络恶意攻击渗透至政治、经济、社会等各个行业领域。同时，随着通用人工智能、量子科技、卫星互联网等新技术高速发展，网络攻防进入智能化对抗时代，低成本自动化的新形式网络攻击层出不穷，太空网络逐渐成为网络攻防的新空间新领域。

6.1.1 地缘政治动荡加剧网络安全威胁

地缘政治局势特别是乌克兰危机对全球网络安全形势产生重大影响，2022年全球网络攻击同比增长38%。[1] 国家资助的网络犯罪和黑客行动是主要的威胁来源，乌克兰危机造成激进黑客活动愈演愈烈，出现了DDoS、数据擦除、勒索软件、恶意软件、钓鱼欺诈、漏洞利用、供应链攻击和深度伪造等更多恶意和广泛的攻击，造成了更大的破坏性影响。欧盟网络安全局（ENISA）发布的《ENISA威胁形势报告2022》指出，针对经济领域的网络威胁占比约为50%，其后依次为公共管理和政府部门（24%）、数字服务提供商（13%）和普通公众（12%）。[2]

6.1.2 通用模型等技术工具加剧网络安全威胁

2023年3月，欧洲刑警组织发布《ChatGPT：大语言模型对执法的影响》，表示ChatGPT等生成式人工智能将助长网络恶意行为。[3] 普华永道《2023年全球数字信任洞察》报告显示，三分之二的受访高管认为网络犯罪将成为他们未来一年面临的最严重威胁，而网络犯罪分子越来越多地使用现成的科技工具实施和策划各种攻击。[4] 黑莓调查数据显示，51%的受访者认为ChatGPT等生成式人工智能在一年内会成为"头号网络攻击工具"。[5]

以ChatGPT为代表的生成式人工智能带来的数据安全问题成为关注焦点。2023年1月，美国国家标准与技术研究院（NIST）公布《人工智能风险管理框

1 Check Point Research, "2023 CYBER SECURITY REPORT", https://pages.checkpoint.com/cyber-security-report-2023.html，访问时间：2023年6月26日。

2 ENISA, "ENISA Threat Landscape 2022", https://www.enisa.europa.eu/news/volatile-geopolitics-shake-the-trends-of-the-2022-cybersecurity-threat-landscape，访问时间：2023年6月26日。

3 Europol, "ChatGPT The impact of Large Language Models on Law Enforcement", https://www.europol.europa.eu/publications-events/publications/chatgpt-impact-of-large-language-models-law-enforcement#downloads，访问时间：2023年6月26日。

4 普华永道, "2023 Global Digital Trust Insights", https://www.pwc.com/us/en/services/consulting/cybersecurity-risk-regulatory/library/global-digital-trust-insights.html，访问时间：2023年6月26日。

5 黑莓, "The Growing Influence of ChatGPT in the Cybersecurity Landscape", https://blogs.blackberry.com/en/2023/03/the-growing-influence-of-chatgpt，访问时间：2023年6月26日。

架》（AI RMF 1.0）特别提到人工智能的数据安全风险。3月，意大利数据保护机构以ChatGPT研发公司OpenAI未能符合数据保护法相关要求为理由，宣布临时禁止使用ChatGPT，限制OpenAI公司处理意大利用户信息，同时开始立案调查。由于OpenAI公司涉嫌未经同意收集、使用和披露个人信息，加拿大隐私专员办公室4月宣布已对该公司展开调查。

6.1.3　太空网络安全维护刻不容缓

近年来，针对太空网络的破坏性攻击活动正成为新态势下的网络安全挑战。2022年卫讯（Viasat）卫星被攻击事件使得太空网络安全的重要性日益凸显。据忧思科学家联盟（UCS）卫星数据库数据，截至2023年1月1日，活跃在各个地球轨道的卫星总计超6700颗。[1] 美欧积极谋划太空网络安全发展和能力建设。2022年7月，美太空军启动"数字猎犬"项目，专注于针对卫星指挥和控制站等地面设施的网络攻击实施探测，属于太空军国防网络空间作战计划的一部分。同月，诺思罗普-格鲁曼（Northrop Grumman）和艾罗尼克斯（Aeronix）两家公司将合作开发太空终端加密单元，用于保障美太空军低地球轨道卫星网络安全。2023年2月，美国防部首次专门针对太空作战举行指挥和控制演练，重点部署包含敌我太空系统数字副本的典型太空网络作战环境。4月，欧洲航天局举行全球首次卫星网络攻击演习，提高对潜在缺陷和漏洞的识别。法国泰雷兹公司网络安全团队参与此次演习，并成功利用网络漏洞入侵卫星机载系统，利用恶意代码对选定地理区域的卫星影像进行遮挡处理等。

6.2　网络安全威胁呈现高危态势

与2021年相比，2022年全球网络攻击数量增长了38%，达到历史最高水平。[2] 勒索软件、数据泄露、DDoS攻击、APT、漏洞和供应链攻击是主要的网络安全威胁，云、车联网和工业互联网是网络安全的重灾区。

1　UCS卫星数据库，https://www.ucsusa.org/resources/satellite-database，访问时间：2023年6月26日。

2　Check Point Research，"2023 CYBER SECURITY REPORT"，https://pages.checkpoint.com/cyber-security-report-2023.html，访问时间：2023年6月26日。

6.2.1 典型网络安全风险威胁发展态势

1. 勒索软件

勒索软件攻击频发，攻击形式开始由加密转向数据窃取，受害组织普遍遭受多重勒索。据派拓网络（Palo Alto Networks）《2023年Unit 42勒索软件与敲诈攻击报告》统计，截至2022年末，约70%的勒索攻击案例中，攻击者会威胁要将盗取的数据在暗网上公开，以逼迫受害者支付赎金。企业支付赎金最高达700万美元，勒索金额中位数为65万美元，付款中位数为35万美元。勒索软件攻击导致的数据泄露事件已影响全球107个国家，其中美国受到的影响最为严重，占2022年泄露事件的42%，其次是德国和英国，各占近5%。[1]《2023年勒索软件危害探究》报告显示，73%的受访企业称在2022年至少遭遇过一次勒索软件攻击，有38%的企业遭受过两次以上的攻击。在支付赎金方面，受到一次攻击的企业有31%选择支付赎金，受到三次或以上攻击的企业有42%会支付赎金以恢复加密数据。此外，仍有27%的受访企业表示还没做好应对勒索软件攻击的准备。[2]

关键信息基础设施面临的勒索软件攻击威胁加大。攻击者意识到攻击知名度高的关键信息基础设施将更有可能获得回报。从勒索软件相关事件的占比上可以发现，勒索团伙除了考虑经济价值较高的行业外，也开始针对关键信息基础设施行业攻击勒索。[3]《2022年泰雷兹数据威胁报告（关键信息基础设施版）》统计结果显示，关键信息基础设施受到的恶意软件和勒索软件攻击愈发频繁和复杂，有53%的受访组织将勒索软件列为网络攻击的主要来源。关键信息基础设施行业只有45%的组织制订了正式的勒索软件防御计划，而所有行业的均值为48%。[4]

---

1 Palo Alto Networks, "2023 Unit 42 Ransomware and Extortion Report", https://start.paloaltonetworks.com/2023-unit42-ransomware-extortion-report，访问时间：2023年6月26日。

2 Barracuda, "2023 ransomware insights", https://www.barracuda.com.cn/assets/docs/2023-Ransomware-insights-report.pdf，访问时间：2023年6月26日。

3 绿盟科技，"2022年度安全事件观察报告"，https://smartsecurity3.nsfocus.com.cn/html/2023/92_0120/190.html，访问时间：2023年6月26日。

4 Thales, "2022 Thales Data Threat Report (Critical Infrastructure Edition)", https://cpl.thalesgroup.com/critical-infrastructure-data-threat-report#download-popup，访问时间：2023年6月26日。

2. 数据泄露

数据泄露事件仍较为严重，医疗健康行业尤为突出。IBM《2022年数据泄露成本报告》显示，2022年受访组织的数据泄露平均损失为435万美元，创下历史新高，较2021年增长了2.6%，自2020年以来增长了12.7%。其中医疗健康行业的数据泄露损失突破千万，飙升至1010万美元，连续十二年成为数据泄露平均损失最高的行业。[1] 研究发现83%的受访组织已经不是第一次发生数据泄露事件；60%的受访组织在事后提高了商品和服务价格，把数据泄露造成的损失转嫁到消费者身上。IBM研究发现，45%的数据泄露事件发生在云环境中。泰雷兹《2023年数据威胁报告》显示勒索软件和人为失误是云数据泄露的主要原因，而身份和访问权限管理（identity and access management，IAM）是受访者认为最好的防御措施。[2]

3. 分布式拒绝服务攻击

全球DDoS攻击依旧"活跃"。微软报告显示，出于政治动机的DDoS攻击在2022年大规模增加，物联网设备越来越多地被用于发起DDoS攻击。传输控制协议（TCP）攻击是2022年最常见的DDoS攻击形式，占所有攻击流量的63%，其次是用户数据报协议（UDP）攻击（22%），而数据包异常攻击则占15%。2022年，持续时间较短的攻击更为常见，89%的攻击持续时间不到一小时，跨越一到两分钟的攻击占比26%。[3]《Imperva 2023年全球DDoS威胁形势报告》认为，DDoS攻击对关键基础设施构成严重威胁。与2021年相比，针对应用层的DDoS攻击同比增长82%，其中针对电信和互联网服务提供商（ISP）应用层的DDoS攻击增长了250%，针对金融服务行业应用层的DDoS攻击增长了121%。另外，约46%的网站遭受多次DDoS攻击。[4]《DDoS威胁情报报告》

1　IBM, "Cost of a Data Breach Report 2022: Executive Summary", https://www.ibm.com/downloads/cas/OWEQVBYR，访问时间：2023年6月26日。

2　Thales, "2023 Data Threat Report", https://cpl.thalesgroup.com/about-us/newsroom/2023-data-threat-report-press-release，访问时间：2023年6月26日。

3　微软, "2022 in review: DDoS attack trends and insights", https://www.microsoft.com/en-us/security/blog/2023/02/21/2022-in-review-ddos-attack-trends-and-insights/，访问时间：2023年6月26日。

4　Imperva, "The Imperva Global DDoS Threat Landscape Report 2023", https://www.imperva.com/resources/resource-library/reports/ddos-threat-landscape-report-2023/，访问时间：2023年6月26日。

显示，自2019年以来，针对超文本传输协议/超文本传输安全协议（HTTP/HTTPS）应用的攻击增加了487%，2022年下半年增长尤为明显。"地毯式轰炸攻击"从2022年上半年到下半年增加了110%。[1]

4. 高级持续性威胁

欠发达地区受到的攻击数量上涨。2022年全球APT活动主要集中在东欧、南亚、东亚的几个国家和地区，呈现出六大特征：一是金融行业遭受的攻击加剧；二是针对国防军事和能源行业的攻击较去年增多；三是以漏洞作为突防利用的方式仍受攻击者欢迎；四是鱼叉式钓鱼邮件仍是最主要的载荷投递方式；五是Lnk快捷方式文件被大量用于部署攻击载荷；六是遭受攻击的目标平台趋于多元化。[2] 卡巴斯基报告提到，2022年针对中东、土耳其等国家和地区，特别是非洲国家的持续、复杂袭击的数量有所增加。[3]

国防军事、金融商贸、区块链、能源等行业成为2022年APT活动关注的新兴热点，发生多起影响重大的APT攻击事件。公开披露最多的五个APT组织分别为"拉扎鲁斯"（Lazarus）、"金素香"（Kimsuky）、"透明部落"（Transparent Tribe）、"原始熊"（Gamaredon）和"海莲花"（OceanLotus），其中"拉扎鲁斯""金素香"和"海莲花"也出现在2021年公开披露最多的五个组织中。网络安全公司捷邦研究（Check Point Research）披露，世界各地APT组织利用乌克兰危机作为诱饵进行的攻击大幅增加。[4]

5. 漏洞

据《2022年威胁形势报告》，2018—2022年，报告的漏洞数量年均增长率为26.3%。2022年共报告25112个漏洞，较2021年增长14.4%，比2016年增长

---

1 NETSCOUT, "5th Anniversary DDoS Threat Intelligence Report", https://www.netscout.com/threatreport/ddos-threat-intelligence-report/，访问时间：2023年6月26日。

2 奇安信，"全球APT 2022年度报告"，https://www.qianxin.com/threat/reportdetail?report_id=292，访问时间：2023年6月26日。

3 卡巴斯基，"Advanced threat predictions for 2023"，https://securelist.com/advanced-threat-predictions-for-2023/107939/，访问时间：2023年6月26日。

4 Check Point Research, "State-sponsored Attack Groups Capitalise on Russia-Ukraine War for Cyber Espionage", https://research.checkpoint.com/2022/state-sponsored-attack-groups-capitalise-on-russia-ukraine-war-for-cyber-espionage/，访问时间：2023年6月26日。

287%。已知的漏洞威胁依旧严峻，在2022年的前5大漏洞列表中仍占有重要地位。[1] 据新华三安全攻防实验室《2022年网络安全漏洞态势报告》，2022年共收录超危漏洞4086条，高危漏洞9958条，安全漏洞数量仍在快速增长，严重和高危漏洞数量占比进一步提升。按照影响对象进行统计，Web应用类漏洞占比最高，达到41.6%，其次是应用软件、网络设备漏洞。网络设备漏洞数量已经超过传统操作系统漏洞，智能终端（IoT设备）漏洞占比相对2021年也有所提高，移动设备、物联网漏洞也引起黑客持续的关注。[2]

6. 供应链网络攻击

随着开源、云原生等技术的应用，软件供应链开始向多元化发展，供应链攻击正在逐渐升级。《2023年软件供应链报告》指出，自2019年以来，软件供应链攻击年均增长率为742%，而96%的已知开源漏洞可以避免。[3]《供应链中的网络安全状况：数据洞察2023》报告发现，供应链攻击已成为增长最快的网络威胁，未来供应链网络攻击事件将继续增加。报告显示，40%的第三方供应商没有定期对内部系统进行渗透测试，33%的组织没有定期对其供应商的安全水平进行评估。[4]《供应链网络安全：未来三大进展》显示，44%的组织将在供应链网络安全方面大幅增加其支出。[5]

6.2.2　网络安全重点行业情况

1. 云安全

云安全状况不容乐观，受到企业重点关注。《2023年全球威胁报告》显示，

1　Tenable，"TENABLE 2022年威胁形势报告"，https://zh-cn.tenable.com/cyber-exposure/tenable-2022-threat-landscape-report，访问时间：2023年6月26日。

2　新华三，"2022年网络安全漏洞态势报告"，https://www.h3c.com/cn/d_202303/1796824_30003_0.htm，访问时间：2023年6月26日。

3　Sonatype，"8th Annual State of the Software Supply Chain"，https://www.sonatype.com/state-of-the-software-supply-chain/introduction，访问时间：2023年6月26日。

4　Risk Ledger，"The State of Cyber Security in the Supply Chain: Data Insights Report 2023"，https://connect.riskledger.com/en/cyber_insights_report_2023，访问时间：2023年6月26日。

5　Gartner，"Supply Chain Cybersecurity: 3 Future Advances"，https://www.gartner.com/en/supply-chain/trends/supply-chain-cybersecurity，访问时间：2023年6月26日。

2022年针对云环境的网络攻击急剧增加。[1] 根据《2023年全球云安全报告》，几乎所有受访者均表示，他们对云安全性的担忧程度普遍较高，云安全仍是企业关注焦点。43%的受访者认为，与本地环境相比，公有云环境存在更大的安全风险。[2]《2023年云原生安全状况报告》显示，受访企业高管普遍对其组织目前的云安全状况不满意，企业目前平均需要使用30种以上的安全工具来构建云应用的整体安全性，其中有1/3的产品专门应用于云安全。[3] 但这种复杂性并没有带来可靠的安全性，反而导致日常安全运营问题不断出现。

2. 工业互联网

全球工业互联网安全面临巨大挑战。据中国工业互联网研究院2022年11月发布的《全球工业互联网创新发展报告》，工控设备受到的网络攻击日益频繁，工控系统普遍缺乏安全设计，内外网互通带来的安全隐患突出。随着5G/SDN、卫星通信等新技术的不断应用，针对工业领域的各类新型攻击威胁日益增加。[4] 2022年3月，欧洲卫星通信因网络攻击中断，致使中欧和东欧近6000台风力发电机组失去远程控制。据国家工业信息安全发展研究中心《2022年工业信息安全态势报告》，2022年勒索软件攻击持续威胁工业信息安全，2022年公开披露的工业领域勒索软件攻击事件数量较2021年增长78%，达到了89起，电子制造行业遭受勒索软件攻击最多，占比约23%。此外，供应链扩大了网络攻击面，成为网络攻击的最佳切入点。[5]

3. 车联网

随着车联网技术快速发展，车联网网络安全威胁不断演进升级。汽车采集的数据范围越来越广，且精度越来越高，导致车联网数据安全威胁不断升级，

---

1 CrowdStrike，"2023 GLOBAL THREAT REPORT"，https://www.crowdstrike.com/global-threat-report/#，访问时间：2023年6月26日。

2 Cybersecurity Insiders，"2023 Cloud Security Report（ISC）²"，https://www.cybersecurity-insiders.com/portfolio/cloud-security-report-prospectus/，访问时间：2023年6月26日。

3 Palo Alto Networks，"The State of Cloud-Native Security Report 2023"，https://www.paloaltonetworks.com/state-of-cloud-native-security，访问时间：2023年6月26日。

4 中国工业互联网研究院，"全球工业互联网创新发展报告"，https://www.china-aii.com/newsinfo/5703773.html，访问时间：2023年6月26日。

5 央视网，"《2022年工业信息安全态势报告》发布"，http://news.cctv.com/2023/02/17/VIDEHwgmJkWXhbL4tHbk6s2B230217.shtml，访问时间：2023年6月26日。

如自动驾驶系统的漏洞可被用来篡改道路信息、干扰传感器，进而控制车辆行驶等目的。2022年7月，美国车用定位系统被曝多个安全漏洞，全球范围内影响超百万辆汽车。2022年12月，某汽车厂商大量包含用户个人信息的数据被泄露，造成重大社会影响。《2023年全球汽车行业网络安全报告》显示，过去五年，全球汽车行业因网络攻击造成的损失超过5000亿美元，造成的危害主要包括：数据/隐私泄露、服务/业务中断、车辆失窃、非法控制车辆、实施欺诈、地址跟踪、政策违规等。[1]

6.3 各国加强布局网络安全工作

一年来，世界主要国家聚焦网络空间安全战略顶层规划，从网络安全战略制定、机构设置、关键信息基础设施和供应链安全建设、数据安全和个人信息保护等方面积极推进网络安全相关工作，应对网络威胁重大挑战。

6.3.1 高度重视网络安全战略地位

面对全球网络安全威胁，2022年以来，世界多国持续出台网络安全相关战略文件，深化对网络空间主权概念的认识；提高国家网络安全能力建设，为网络安全综合体系建设提供战略指引；将加强国家信息基础设施保护作为重要目标，提升国家网络安全总体能力建设，推动网络安全技术发展和应用，强化网络风险应对能力，加强网络安全人才培养（详见表6-1）。

表6-1 2022年部分国家网络安全战略文件汇总

时间	文件名	国家	相关内容
2022-01	《2022—2030年政府网络安全战略》	英国	加强英国公共服务安全，保护系统免受网络安全威胁，帮助地方提高网络恢复能力
2022-05	《国防网络韧性战略》		建立网络韧性防御，加强英国网络领域的实力

---

1 Upstream, "2023 Global Automotive Cybersecurity Report", https://upstream.auto/reports/global-automotive-cybersecurity-report/，访问时间：2023年6月26日。

续表一

时间	文件名	国家	相关内容
2022-05	《2022—2026年意大利国家网络安全战略》	意大利	确定保护、响应和发展三大目标以更好地应对国家网络安全面临的挑战
2022-06	《国家网络信息工程战略》	美国	建立能够抵御网络威胁的能源系统，为能源部门加强网络培训和实践提供指导
2022-07	《2022—2026年战略计划》		提升网络安全和打击勒索软件作为保护美国国家安全的战略目标
2022-08	《推动网络空间发展到2025年、展望2030年的网络空间安全战略》	越南	加强网络安全保障能力，积极主动应对网络风险和挑战，保护国家网络空间主权，以及组织和个人在网络空间的合法权益
2022-09	《2023—2025年战略计划》	美国	加强国家基础设施遭受网络威胁的抵御能力，降低网络风险并提高恢复能力、加强政府与私营部门的合作和信息共享
2022-10	《荷兰网络安全战略2022—2028》	荷兰	提高政府、公司和组织的数字韧性，提供安全创新的数字产品和服务，培养网络安全专家，加强公民数字安全教育等
2022-11	《国家数据战略（草案）》公众咨询	尼日利亚	加快新兴技术在数据收集、验证、存储、分析、传输和报告中的采用
2022-11	国防部《零信任战略》	美国	计划在2027财年前在国防部范围内全面实施零信任网络安全框架
2022-12	新版《国家安全保障战略》	日本	提升网络安全应对能力、保障国家和关键信息基础设施的网络安全稳定
2023-01	《国家量子战略》	加拿大	扩大量子研究实力，发展量子技术、公司和人才
2023-02	《国防云战略路线图》	英国	明确到2025年将创建大规模云服务、开发机密云服务以实现数据共享
2023-02	《关键基础设施韧性战略》	澳大利亚	支持关键基础设施所有者和运营商有效管理风险、加强安全性和韧性
2023-03	新版《国家网络安全战略》	美国	保护关键基础设施、破坏和摧毁网络攻击者、推动安全性和韧性、加大网络安全投资、建立国际伙伴关系以追求共同目标

续表二

时间	文件名	国家	相关内容
2023-03	《国家量子战略》	英国	确保量子科学与工程领先，支持企业发展，推动量子技术的使用，建立监管框架等
2023-05	《国家量子战略》	澳大利亚	建立可靠的量子生态系统和强大的量子产业，成为全球量子技术领导者

6.3.2　优化网络安全和数据安全管理机构

为抵御网络安全威胁、保护数据安全，世界各国积极组建相关部门，加强网络安全和数据安全监管。

2022年1月，英国数字、文化、媒体与体育部宣布成立国际数据传输专家委员会，以共同商谈国际数据传输问题，重点关注国际数据传输方面的新法律。2月，美国国土安全部宣布成立网络安全审查委员会（CSRB），将审查和评估重大网络安全事件，以便政府、行业和安全社区能够更好地保护美国网络和基础设施。4月，美国国务院宣布成立网络空间和数字政策局，将重点关注国家网络安全、信息经济发展和数字技术三大领域。5月，俄罗斯总统普京签署了《确保俄罗斯信息安全额外措施》的总统令，要求在联邦行政机关、机构、组织内设立信息安全部门。8月，南非信息监管机构宣布了成立执法委员会以保障公众隐私权。

2023年1月，美国国务院设立"关键和新兴技术特使办公室"，为美国务院处理人工智能和量子信息技术等关键和新兴技术的方法提供更多的技术政策、外交和战略支撑。同月，俄罗斯设立数字身份识别技术协调委员会，将确定俄罗斯联邦生物识别技术发展和统一生物识别系统发展的战略方向。作为负责管理欧洲国家间网络危机的合作组织，欧洲网络危机联络组织网络同月正式成立。2月，印度财政部表示印政府将建立"数据大使馆"，允许各国和国际公司在印度境内设立数据大使馆，解决数据存储和数据跨境流动的问题。同月，韩国国家安保室成立政策咨询委员会，为韩国政府提供包括网络安全等国家安全领域的政策建议。3月，英国宣布成立国家保护安全局（NPSA），将提高英国应对国家威胁和恐怖主义的抵御能力。

6.3.3　强化关键信息基础设施安全防护

关键信息基础设施的安全漏洞可能会对社会造成难以预估的破坏，受到世界各地政府和监管机构的关注。2022年3月，美国国家安全局发布《网络基础设施安全指南》，以向所有组织提供最新的保护关键信息基础设施应对网络攻击的建议。10月，美国网络安全与基础设施安全局（CISA）发布关键信息基础设施部门网络安全绩效目标（CPGs），以衡量和提高关键信息基础设施网络安全成熟度基准，确保关键信息基础设施安全。CPGs于2023年3月由CISA更新。为促进能源数据共享，提升网络安全水平，推动智能电网建设，欧盟委员会10月提出"能源系统数字化——欧盟行动计划"。11月，七国集团发布内政和安全部长联合声明，强调G7国家将加强在基础设施网络安全的配合与防御行动。同月，美国CISA发布新版《基础设施韧性规划框架》，为政府机构和私营部门提供指导，提升关键信息基础设施服务的安全性和韧性。2023年1月，澳大利亚网络和基础设施安全中心（CISC）发布针对能源行业关键基础设施的风险评估咨询，以确保准确识别与国家经济和社会相关的资产运营风险。3月，欧盟委员会发布新版《海上安全战略》，加强对海底数据光缆、海上风电场等海洋信息基础设施的保护。

专栏6-1

近一年来美关键信息基础设施相关行业安全防护工作

2022年1月，美国政府发布《水务部门行动计划》，将针对工业控制系统（ICS）的网络安全计划扩展到美国各地的供水行业。同月，美国纽约电力局宣布与铁网（IronNet）和亚马逊网络服务公司达成一项新协议，加强电网安全防御能力。2月，美国CISA与圣路易斯市相关部门合作进行演习以保持供水系统网络安全。美国运输安全管理局7月宣布修订《石油和天然气管道网络安全的安全指令》，防止关键信息基础设施受到破坏，以实现安全要求；10月发布《加强铁路网络安全-SD1580/82-2022-01》指令，要求对指定的客运和货运铁路运营商实施监管，增强网络安全韧性。同月，美国白宫发布简报，将ICS网络安全倡议扩展至化工行业。2023年3月，美国CISA与陆军工程兵团工程师研发中心共同发布《海上运输系统（MTS）韧性评估指南》，旨在管理网络安全风险并增强海洋关键信息基础设施系统韧性和功能。同月，美国环境保护局（EPA）要求在供水系统的"卫生检查"中强制纳入网络安全评估。

6.3.4 注重个人信息保护

万物互联时代使得人们逐渐对隐私泄露问题产生担忧，加之各类网络安全事件造成的数据泄露影响，隐私保护需求日益迫切。

2022年1月，欧洲数据保护委员会（EDPB）发布《个人数据泄露通知示例指南》，围绕处理数据泄露和风险评估制定具体建议。同月发布《数据主体访问权指南》用于评估数据主体访问请求的考虑因素，以及相应限制。7月，新加坡个人资料保护委员会（PDPC）发布《区块链设计中的个人数据保护注意事项指南》，确保对个人数据进行更负责任的管理。9月，法国国家信息与自由委员会（CNIL）发布《个人登录令牌或令牌访问》指南，对数字令牌身份验证的用途进行评估分析。11月，韩国通信委员会宣布制订手机数据泄露预防计划。澳大利亚信息专员办公室同月发布新版《应通报数据泄露报告》，表示各组织应采取更严格的信息处理措施和数据泄露应对计划。12月，英国数字、文化、媒体和体育部发布《应用商店运营商和开发者行为守则》，为用户提供实现隐私信息安全的新措施。2023年1月，美国联邦通信委员会更新《数据泄露报告要求》，要求所有泄露事件都报告给联邦通信委员会、联邦调查局和美国特勤局。同月，美国国家档案和记录管理局（NARA）发布《新版政府记录存储规则》，要求完整的数据包捕捉数据至少保留72小时，网络安全事件日志必须保存长达30个月。为将资源用于调查和处置个人信息泄露重大事件，2月，英国信息监管局（ICO）宣布电子通信服务提供商向ICO报告数据泄露事件的时间期限从24小时延长至72小时。

2022年5月，新加坡个人资料保护委员会发布《在安全应用中负责任地使用生物特征数据的指南》，保护收集、使用或披露的个人生物特征数据。7月，美国国家标准与技术研究院更新针对医疗保健行业的网络安全指南，旨在帮助医疗保健行业维护受保护电子健康信息（ePHI）的保密性、完整性和可用性。8月，俄罗斯联邦数字发展、通信和大众传媒部发表声明，明确未经同意不得收集公民生物特征数据。同月，土耳其数据保护局发布《遗传数据处理注意事项指南（草案）》，将遗传数据归入敏感个人数据的范畴。11月，日本个人信息保护委员会（PPC）发布关于医疗机构处理个人信息的警告，指出多家医疗机构在向第三方提供手术视频之前未获得伦理委员会的许可。12月，罗马尼亚国家个人数据处理监管局发布公共部门在公共场所合法使用视频监控系统的指南，指出公共部门使用视频监控系统处理个人数据必须至少符合一条合法的处理依据。

各国重视儿童隐私保护。2022年3月，美国总统拜登在国情咨文演讲中呼吁国会加强对儿童的数据隐私保护，要求科技公司停止收集儿童的个人数据，禁止针对儿童的定向广告。4月，挪威数据保护局（Norwegian Data Protection Authority，Datatilsynet）发布《未成年人同意指南》，提出应设置与处理成人数据不同的规则处理儿童数据，儿童有权随着年龄的增长而增加自决和共同决定权。5月，欧盟委员会发布《儿童和青少年的数字十年：为儿童打造更好互联网的新欧洲战略》，旨在为儿童科学上网提供指导，保护儿童网上活动，避免儿童接触到网络有害信息。同月，美国联邦贸易委员会发布一项儿童在线隐私保护的声明，表示将对教育科技公司违法收集、使用、保留儿童数据相关行为进行重点审查。为保护网民特别是儿童的个人数据安全，爱尔兰数据保护委员会（DPC）5月制作了三份数据保护相关指南，分别为《数据保护是什么?》《我的数据保护权利》《维护数据在线安全的重要提示》。

6.3.5 推进供应链网络安全建设

随着经济和贸易全球化的发展，供应链网络安全面临的威胁和挑战不断加剧，各国缺乏针对供应链网络攻击设置有效应对措施。供应链攻击的最大特点是"突破一点，伤及一片"，呈现由点到面的巨大破坏性，供应链安全体系建设已成为网络安全领域重点工作。

2022年2月，美国NIST发布《软件供应链安全指南》，建议统一软件供应链报告语言，为软件采购相关人员定义工作指导方针。3月，英国国家网络安全中心（NCSC）发布《供应商安全评估》指南，帮助电信运营商评估供应商设备的网络风险。5月，美国NIST发布《系统和组织的网络安全供应链风险管理指南》，指导企业管理软件供应链风险。9月，美国行政管理和预算局发布《利用安全的软件开发实践增强软件供应链安全》的备忘录，旨在敦促美国联邦机构遵循NIST增强软件供应链安全的标准指南。同月，为保障美国联邦政府软件供应链安全，美国国家安全局、网络安全与基础设施安全局和国家情报总监办公室（ODNI）分别发布面向开发者、供应商、客户的《软件供应链安全指南》系列报告。10月，英国国家网络安全中心发布《供应链网络安全指南》，帮助组织评估供应链网络安全，增强抵御能力。为了保护通信供应链免受国家安全威胁，2023年2月，美国联邦通信委员会发布《通过设备授权计划保护通信供应链免受国家安全威胁》文件。

2022年1月，美国电信工业协会（TIA）发布专用于信息和通信技术（ICT）行业的首个供应链安全标准SCS 9001，适用于所有ICT行业产品。受汽车行业网络攻击事件影响，日本多部门3月联合发布公告，要求各公司、组织，包括政府机构和关键信息基础设施运营商实施适当的供应链安全措施。

专栏6-2 ————————————————————————

2022年度主要的网络安全演习

2022年3月，美国CISA举办"网络风暴VIII"演习，模拟对影响国家关键基础设施的网络危机的反应，评估网络安全准备情况，并检查事件响应流程、程序和信息共享。

4月，北约合作网络防御卓越中心组织2022年度"锁盾"网络演习，该演习是世界上年度规模最大、最复杂的国际实弹网络防御演习，旨在通过红蓝两队模拟网络攻防对抗，演练网络战战术战略。

6月，美国国防部开展2022年度"网络盾牌"演习，旨在测试军队网络安全人员的技能。

7月，美国网络司令部举行"网络旗帜22"防御性演习，旨在增强多国参与团队的战备状态和互操作性。

7月，欧盟开展"Cyber Europe 2022"网络战争演习，以评估和发展各参与方的网络安全韧性。

10月，美国网络司令部举行"网络旗帜23-1"多国战术演习，通过参与团队进行防御性网络协作提高战备状态和互操作性。

11月，北约举行"网络联盟22"网络防御演习，旨在增强北约、盟国和合作伙伴保卫其网络和在网络空间共同行动的能力。

12月，美国和以色列举行第七届"网络穹顶"联合演习，旨在模拟现实世界威胁、同步网络操作并建立互操作性。

12月，北约合作网络防御卓越中心举行"十字剑"红队技术网络演习，以试验在现代战场上整合进攻性网络空间作战，旨在为网络红队、渗透测试、数字取证和态势感知领域提供独特的全方位培训。

6.4　网络安全技术理念不断创新发展

一年来，网络安全技术不断更新发展，呈现创新活跃的态势。以后量子密码、隐私增强技术、零信任、生成式人工智能等为代表的新兴技术在网络安全领域的发展受到政府、组织和企业重点关注。

6.4.1　6G网络安全受到全球重视，中国贡献自主创新方案

相较于以往各代移动通信网络，6G开放融合、异构共存、智能互联的网络特点将引发更多未知复杂的安全威胁。无论是未来6G因网络高度暴露、节点高速运动、计算资源受限等特点带来的安全挑战，抑或是6G创新网络架构、潜在应用场景、新兴技术融合引入新的安全问题，传统的"外挂式"和"补丁式"的网络安全防护机制已经无法对抗未来6G网络潜在的泛在攻击与不确定性安全隐患。世界各国（地区）高校、科研机构、运营商、通信设备厂商等纷

纷纷展开对6G网络内生安全、广义功能安全、网络空间韧性、数据隐私保护和加密等方面的研究。中国在国际上率先提出基于内生安全的6G愿景，提出的内生安全理论解决了网络安全无法量化设计、不能量化评估的世界性难题，为6G智能网联基础设施建设提供了具有明显代际效应的引领性方案。此外，中国提出了基于网络发展新范式的多模态网络环境，为6G网络技术体系及其业务和性能发展提供了创新空间。

6.4.2　后量子密码研究和应用同步发展

作为可以抵抗量子计算的密码体制，后量子密码研究近年来持续发展。2022年7月，美国国家标准与技术研究院公布首批4种后量子密码标准算法（Crystals-Kyber、Crystals-Dilithium、Falcon、SPHINCS+）和4个候选算法（BIKE、Classic McEliece、HQC、SIKE），成为全球后量子密码发展重要里程碑事件。然而，目前Crystals-Kyber[1]和SIKE[2]算法已被破解。随着研究的深入，11月，谷歌云已经在内部应用层传输安全（ALTS）协议上启用了后量子密码。2023年3月，美国量子安全（QuSecure）公司宣布实现了可抵御量子计算攻击的星地加密通信，这也是美国首次采用后量子密码技术保护卫星数据通信。

6.4.3　ChatGPT等生成式人工智能推动网络攻防技术发展

以ChatGPT为代表的人工智能模型已成为开展网络攻击的潜在工具，尤其在生成攻击脚本、插件等方面展现不俗的能力，如：创建自动化攻击脚本，构建扫描工具、探测机器人以及自动化生成各类工具扩展插件等。网络安全公司捷邦（Check Point）通过对黑客社区的案例分析，发现几乎没有编程经验的网络犯罪分子已经开始使用ChatGPT等工具编写钓鱼软件、勒索代码、垃圾邮件，进而可以低成本低门槛发起网络攻击。[3]

1　Thomas Decru，Thomas Decru，Joel Gärtner，"Breaking a Fifth-Order Masked Implementation of CRYSTALS-Kyber by Copy-Paste"，https://eprint.iacr.org/2022/1713，访问时间：2023年6月26日。

2　Wouter Castryck，Thomas Decru，"An Efficient Key Recovery Attack on SIDH"，https://eprint.iacr.org/2022/975，访问时间：2023年6月26日。

3　Check Point，"OPWNAI: Cybercriminals Starting to Use ChatGPT"，https://research.checkpoint.com/2023/opwnai-cybercriminals-starting-to-use-chatgpt/，访问时间：2023年6月26日。

图6-2 "祖冲之号"量子计算原型机

(图片来源：视觉中国)

使用ChatGPT和谷歌Bard等人工智能工具可减少网络安全人员的工作流程，特别是可以帮助加速代码开发和检测漏洞代码。此外，还为组织提供更先进有效的异常检测和事件响应。2023年3月，微软推出安全副驾（Security Copilot）工具，旨在利用OpenAI的生成式人工智能模型简化网络安全人员工作，帮助他们更快速应对安全威胁。4月，谷歌在RSA大会上推出基于生成式人工智能的网络安全套件云安全人工智能工作台（Cloud Security AI Workbench），以更好地发现、总结和应对安全威胁。

专栏6-3 ————————————————————————

生成式人工智能为网络安全带来的11大发展趋势[1]

2023年2月，针对生成式人工智能对网络安全的影响，普华永道分

---

1 普华永道，"PWC Highlights 11 ChatGPT and Generative AI Security Trends to Watch in 2023"，https://venturebeat.com/security/pwc-highlights-11-chatgpt-and-generative-ai-security-trends-to-watch-in-2023/，访问时间：2023年6月26日。

析师预测了生成式人工智能11个方面的发展趋势。

1. 生成式人工智能的恶意使用；

2. 生成式人工智能的输入数据安全和输出可靠性评估；

3. 生成式人工智能训练和输出数据的安全防护；

4. 制订生成式人工智能使用规范；

5. 生成式人工智能推动网络安全审计现代化；

6. 做好网络安全基础工作以应对人工智能带来的安全风险；

7. 生成式人工智能赋予的网络安全新工作和责任机制；

8. 利用生成式人工智能优化网络安全投资；

9. 利用生成式人工智能增强网络安全威胁智能感知能力；

10. 利用生成式人工智能加强威胁防御和合规风险管理；

11. 基于生成式人工智能等新技术实施数字信任战略。

6.4.4 零信任安全得到企业重视

对于企业来说，零信任是降低网络安全风险的关键策略。IBM《2022年数据泄露成本报告》显示，没有部署零信任的组织比部署了零信任的组织的数据泄露平均成本高出100万美元。[1] 但很少有企业真正实现零信任，据Gartner预测，到2026年，10%的大型企业将实施成熟的零信任计划，而目前这一比例不到1%。[2]《零信任安全报告2023》显示，52%的受访组织表示要么已经实施了零信任安全，要么计划在9个月内实施，只有9%的受访组织没有采用零信任的计划，此外47%的组织预计其访问管理相关预算未来18个月内将会增加。[3]《全球零信任安全市场展望》数据显示，全球零信任安全市场正以17.3%

1 IBM，"2022年数据泄露成本报告"，https://www.ibm.com/reports/data-breach，访问时间：2023年6月26日。

2 Gartner，"Gartner Predicts 10% of Large Enterprises Will Have a Mature and Measurable Zero-Trust Program in Place by 2026"，https://www.gartner.com/en/newsroom/press-releases/2023-01-23-gartner-predicts-10-percent-of-large-enterprises-will-have-a-mature-and-measurable-zero-trust-program-in-place-by-2026，访问时间：2023年6月26日。

3 Cybersecurity Insiders，"2023 Zero Trust Security Report"，https://www.cybersecurity-insiders.com/portfolio/2023-zero-trust-security-report-fortra/#，访问时间：2023年6月26日。

的复合年均增长率增长，预计将从2021年的229.9亿美元增长到2027年的598.9亿美元。[1]

6.4.5 隐私增强技术广受关注

隐私增强技术是用于安全处理和共享敏感数据的技术，旨在平衡隐私保护和数据可用性。联合国官方统计大数据和数据科学专家委员会（UN-CEBD）《隐私增强技术指南》指出，隐私增强技术在不同应用场景下的合规性需求愈发迫切，世界主要国家和地区难以将其纳入到现有的管理框架，也尚未出台相关的监管政策。[2]经济合作与发展组织《新兴隐私增强技术——当前监管与政策方法》报告指出，隐私增强计算由于技术高度创新性和复杂性为政策制定者带来监管障碍。为了解决这一技术带来的安全风险，越来越多的政策制定者和机构正在考虑如何将隐私增强技术纳入其国内隐私和数据保护框架。[3]

6.5 网络安全产业保持增长势头

由于全球范围内地缘政治和网络安全风险存在较大挑战，2022年的网络安全团队的预算持续增加。在全球经济放缓的情况下，网络安全企业并购和融资交易数量仍处于较高水平，市场依旧活跃。

6.5.1 网络安全产业市场规模持续增长

受持续的网络攻击威胁以及数据隐私和治理要求的推动，全球网络安全市场保持增长势头，全球市场调研机构Markets and Markets报告预计，全球网络安全市场规模将从2022年的1735亿美元增长到2027年的2662亿美元，复合

---

1 EMR，"Global Zero Trust Security Market Outlook"，https://www.expertmarketresearch.com/reports/zero-trust-security-market，访问时间：2023年6月26日。

2 UN-CEBD，"The PET Guide"，https://unstats.un.org/bigdata/task-teams/privacy/guide/，访问时间：2023年6月26日。

3 OECD，"EMERGING PRIVACY ENHANCING TECHNOLOGIES: CURRENT REGULATORY AND POLICY APPROACHES"，https://www.oecd.org/digital/emerging-privacy-enhancing-technologies-bf121be4-en.htm，访问时间：2023年6月26日。

年均增长率为8.9%。[1] 2022年全球网络安全总投资规模为1955.1亿美元，并有望在2026年增至2979.1亿美元，五年复合年均增长率约为11.9%。[2] 2022年，中国网络安全支出规模为144.9亿美元，到2026年，五年复合年均增长率将达到18.8%，增速位列全球第一。[3] 从行业领域来看，医疗行业将保持最高的复合年均增长率。[4] 市场研究机构相关报告显示，2022年全球网络安全技术支出总额增长15.8%，达到711亿美元。特别是在2022年第四季度，网络安全技术的总支出同比增长14.5%，达到196亿美元。从地区方面来看（详见图6-3），北美地区的网络安全技术支出增长16.3%，达到102亿美元，占全球市场的一半以上；欧洲、中东和非洲是第二大网络安全市场，增幅为12.9%，达到59亿美元；同期，亚太地区增长11.2%，达到27亿美元，拉丁美洲增长14.4%，达到6.9亿美元。从企业方面来看，派拓网络仍然是支出领先的供应商，此外，排名前12位的网络安全供应商占总支出的47.1%。[5]

据《2023年网络安全年鉴》统计，2022年网络安全行业风险投资总额为185亿美元，涉及1037笔交易，较2021年304亿美元减少了39%，但仍然超过了其他年份，比2020年124亿美元增长49%。2022年，有95家公司融资超过5000万美元，至少有15家网络安全独角兽公司诞生。融资额排名靠前的几个领域分别是身份和访问权限管理、风险与合规、事件响应和威胁情报、应用安全、数

1　Markets and Markets，"Cyber Security Market by Component (Software, Hardware, and Services), Software (IAM, Encryption and Tokenization, and Other Software), Security Type, Deployment Mode, Organization Size, Vertical and Region—Global Forecast to 2027"，https://www.marketsandmarkets.com/Market-Reports/cyber-security-market-505.html，访问时间：2023年6月26日。

2　IDC，"2023年V1版全球网络安全支出指南"，https://www.idc.com/getdoc.jsp?containerId=prUS50498423，访问时间：2023年6月26日。

3　IDC，"中国网络安全相关支出将以18.8%的年复合增长率增长，增速位列全球第一"，https://www.idc.com/getdoc.jsp?containerId=prCHC50448623，访问时间：2023年6月26日。

4　Markets and Markets，"Cyber Security Market by Component (Software, Hardware, and Services), Software (IAM, Encryption and Tokenization, and Other Software), Security Type, Deployment Mode, Organization Size, Vertical and Region—Global Forecast to 2027"，https://www.marketsandmarkets.com/Market-Reports/cyber-security-market-505.html，访问时间：2023年6月26日。

5　Canalys，"Strong channel sales propel the cybersecurity market to US$20 billion in Q4 2022"，https://www.canalys.com/newsroom/cybersecurity-market-2022，访问时间：2023年6月26日。

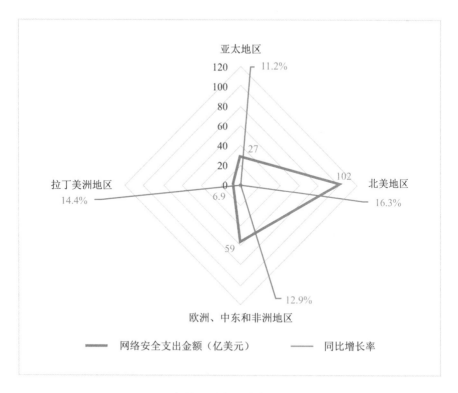

图6-3　2022年第四季度网络安全市场支出情况

（数据来源：Canalys）

据安全、区块链，以及网络和基础设施安全。[1]

6.5.2　网络安全大型企业地域分布较为集中

据全球上市公司市值排行网公司市值（CompaniesMarketCap）数据显示，截至2023年4月13日，IT安全企业市值排名中，前十名中除了以色列捷邦软件公司（Check Point Software）外，其余皆为美国企业（详见图6-4）。此外，前20名中，美国企业占据16席，其中派拓网络以590.9亿美元市值排名第一。[2] 美国长期在全球网络安全产业格局中保持领先地位，在技术创新、产业规模等方面处于第一梯队。

1　Momentum Cyber, "Cybersecurity Almanac 2023", https://momentumcyber.com/cybersecurity-almanac-2023/，访问时间：2023年6月26日。

2　CompaniesMarketCap, https://companiesmarketcap.com/，访问时间：2023年4月13日。

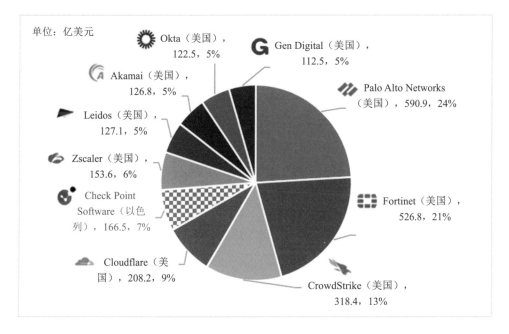

图6-4　全球IT安全企业市值排名及前十名中所占份额

（数据来源：CompaniesMarketCap，统计截至2023年4月13日）

6.5.3　网络安全企业并购活跃

网络安全并购活动中巨额交易占主导。2022年全球网络安全领域并购交易共有263笔，披露总价值1198亿美元，虽然比2021年的286笔（披露总价值775亿美元）。[1] 数量稍有减少，但总金额升高。上市公司的巨额并购交易总额为1032亿美元。2022年共有13笔交易价值超过10亿美元，其中包括博通（Broadcom）以692亿美元收购威睿（VMware），托马-布拉沃（Thoma Bravo）以69亿美元收购帆点（SailPoint），卡西亚（Kaseya）以62亿美元收购达托（Datto）等。[2] 动能网络（Momentum Cyber）统计的263起网络安全相关并购事件，最活跃领域是托管安全服务提供商（managed security service provider，MSSP），涉

1　Momentum Cyber, "Cybersecurity Almanac 2022", https://momentumcyber.com/cybersecurity-almanac-2022/，访问时间：2023年6月26日。

2　Momentum Cyber, "Cybersecurity Almanac 2023", https://momentumcyber.com/cybersecurity-almanac-2023/，访问时间：2023年6月26日。

及该领域的并购交易有46笔，MSSP、风险与合规、IAM以及安全咨询与服务继续引领行业交易数量，其中IAM同比增长71%，在所有行业中增幅最大。

科技巨头纷纷加入网络安全企业收购。2022年1月，谷歌以5亿美元收购以色列网络安全初创公司辛普利菲（Siemplify），将辛普利菲在安全协调、自动化和响应领域的优势整合到谷歌云服务中，以更好地管理威胁响应。3月，谷歌以53亿美元收购曼迪昂特（Mandiant），以利用其威胁情报优势增强谷歌云安全业务。微软继收购多家网络安全公司后，于2022年6月宣布收购威胁分析和检测公司米布罗（Miburo），以加强网络安全服务。IBM于2022年收购攻击面管理企业兰多里（Randori）以改善其网络安全服务。

6.6 网络安全专业人才存在短缺

随着全球网络安全行业的发展，网络安全人才需求数量逐步增加。受日益复杂和现代化的网络安全威胁影响，执行关键网络安全任务所需的专业人才缺口也在扩大。网络安全人才短缺问题依然是制约网络安全发展的最大瓶颈之一，部分国家和组织开始培养多样化网络安全人才，提升网络安全人才能力。

6.6.1 网络安全人才缺口扩大

国际信息系统安全认证联盟（ISC2）发布的《2022年网络安全人才研究报告》显示，尽管网络安全人员队伍2022年迅速增长，已增加了46.4万多名，但需求增长速度更快。2022年全球网络安全人才的短缺与2021年相比增长26.2%，网络安全行业需要增加343万人才能缩小全球人才缺口。[1] 相关数据表明，2022年全球网络安全人才缺口再次扩大（详见图6-5、6-6）。同时，70%的受访者表示他们的组织没有足够的网络安全员工。2022年6月，美国网络空间日晷委员会（CSC）发布《网络安全人才发展报告》，显示美国政府和私营部门超过60万个网络安全岗位存在空缺。

---

[1] ISC2, "ISC2 CYBERSECURITY WORKFORCE STUDY 2022", https://www.isc2.org/Research/Workforce-Study，访问时间：2023年6月26日。

单位：万人

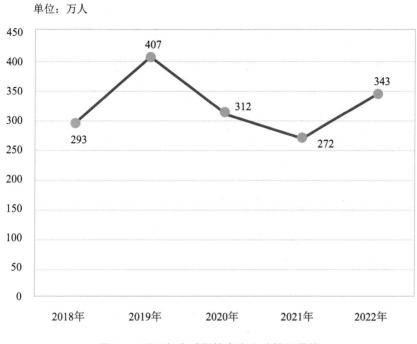

图6-5　近五年全球网络安全人才缺口趋势

（数据来源：ISC2）

6.6.2　网络安全经验和实践技能重要性开始凸显

《2023全球网络安全调研报告》显示，39%的受访人员认为"技能差距"是网络安全人员的最大挑战。[1]《2022年网络安全人才研究报告》显示，从2021到2022年，对于考虑从事网络安全职业的人来说，实用技能和经验已成为重要条件，其中IT工作经验（2021年29%，2022年35%）、问题解决能力（2021年38%，2022年44%）和相关的网络安全工作经验（2021年31%，2022年35%）备受重视。61%的网络安全专业人士主要关注区块链、人工智能、虚拟现实、量子计算等新兴技术的潜在风险，64%的受访者表示正在寻求新的技能认证。[2]

1　Ivanti，"Press Reset: A 2023 Cybersecurity Status Report"，https://www.ivanti.com.cn/resources/v/doc/ivi/2732/7b4205775465，访问时间：2023年6月26日。

2　ISC2，"ISC2 CYBERSECURITY WORKFORCE STUDY 2022"，https://www.isc2.org/Research/Workforce-Study，访问时间：2023年6月26日。

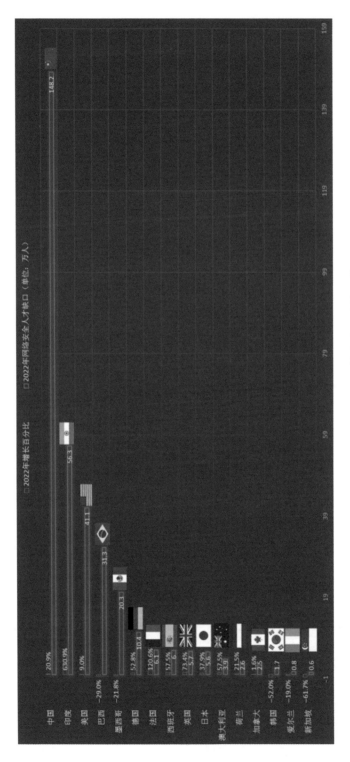

图6-6 部分国家2022年网络安全人才缺口情况

（数据来源：ISC2 CYBERSECURITY WORKFORCE STUDY 2022）

6.6.3　网络安全人才培养战略和计划不断发布

2022年7月，英国首次发布为5—19岁青少年绘制的非正式网络安全倡议图，建议支持年轻人投身网络安全领域。同月，美国白宫举办国家网络人才和教育峰会，讨论全国网络安全职位空缺问题。新西兰于7月举办该国最大的网络安全挑战赛以培养和选拔网络安全人才。为建设一支熟练的网络安全工作队伍，欧盟网络安全局9月发布《欧洲网络安全技能框架》。2023年2月，美国国防部发布《网络空间人才资格和管理计划手册》，旨在提高超过22万名网络服务人员的能力，包括军人、文职人员、承包商等；3月发布《美国防部2023—2027年网络人才战略》，重点从网络安全、信息技术、网络情报等领域加强人才培养。

第7章

世界网络法治发展

不同国家和地区间互联网发展的差异，深刻影响全球网络法治走向。各国基于国家利益立场和自身互联网发展实际，有针对性地开展立法、执法，维护本国互联网发展利益。维护供应链安全、加强互联网平台治理、强化数据管理和利用，成为各国立法中的"热词"。

在网络安全领域，部分国家在互联网领域以国家安全为名，片面强调别国威胁，网络法治出现了泛地缘政治化和泛国家安全化现象。部分国家法律规则不仅以强化关键信息基础设施供应链安全为名，增加贸易保护、出口管制和禁运内容，更是在执法层对跨国互联网企业无端打压。在网络平台治理领域，跨国互联网企业被作为治理重点对象，加大虚假信息、恐怖主义言论治理力度，强化网络信息内容治理责任。在广告投放方面，互联网平台保障用户知情权、提升广告透明度方面的责任强化。在个人信息和数据权益保护领域，各国积极探索信息数据的利用方式，并推出对数据分类分级管理的一些初步做法，同时，在数据跨境流动管理上，一些国家倾向于数据本地化存储。在新兴技术治理领域，多国相继出台相关立法和产业政策，以保持本国在新兴技术领域的竞争优势。

7.1　加强网络安全重点领域立法

面对不断发生的网络攻击和网络勒索事件，各国纷纷制定法律法规和政策措施维护自身网络安全与数据安全，其中核心技术、关键信息基础设施及其供应链安全是世界各国政府网络安全立法关注的焦点。

7.1.1　网络安全立法的战略地位日益凸显

网络安全威胁从传统的网络攻击，逐渐扩大到信息技术跨国投资、跨国社交媒体、关键产业供应链布局等诸多领域，各国不断完善网络安全顶层立法和战略规划，并在市场监管法、新闻媒体法等部门法中强调网络安全的重要性。

多国出台网络安全战略规划，为各领域立法提出方向。2023年6月，德国发布《国家安全战略》，将网络安全纳入国家安全的重要议题。该战略称，德国的发展韧性和竞争力根植于德国的科技创新和数字主权；网络安全与德国的数字主权密不可分，是综合安全的关键组成部分；维护网络安全是国家、企业和研究部门以及整个社会共同承担的任务，德国将健全治网机构，提升网络安全能力。其他国家也积极出台总体性的网络安全战略，指导各相关领域的政策法规发展。

2022年8月，越南批准《推动网络空间发展到2025年、展望2030年的网络空间安全战略》，计划制定并完善从中央到地方同步、统一的网络安全保护政策和法律，全面规制利用网络侵犯国家安全和社会秩序的违法犯罪，提升维护国家网络空间主权的能力。同月，日本总务省网络安全工作组发布修订后的《2022年ICT网络安全综合措施》，内政和通信部（MIC）将与相关组织和私营部门合作，建立重大事故威胁报告制度、降低对他国网络产品的依赖、推进美日全球数字连接计划，确保日本信息和通信网络的安全性和可靠性。危地马拉议会通过《预防网络犯罪法》，要求建立计算机事件技术响应安全中心，应对数据或计算机系统的攻击，规范公共部门与私营组织之间的关系与合作。

美国以安全为名限制自由投资和技术转让。2022年9月，白宫发布《关于确保美国外国投资委员会认真考虑不断演变的国家安全风险的行政令》（Executive Order 14083），强调即使是商业交易，如果直接或间接涉及外国对手的投资，则该投资可能会渗透进外国主体（包括外国政府）的意图，可能会给美国国家安全带来不可接受的风险。行政令要求外国投资委员会重点审查关键供应链韧性、技术领先地位、网络安全和敏感个人数据相关投资，确保外国对美国企业的投资不会威胁美国网络安全。

维护网络安全已成为世界主要国家网络立法关注的焦点，甚至影响到社交媒体管理立法。TikTok被欧美国家认定存在威胁国家安全可能性，受到欧盟和美国越来越多的审查。2023年2月，欧盟委员会发布通知，要求员工必须在3月15日之前删除该应用。美国联邦政府和几个州政府也已禁止在政府设备上使用TikTok，而一些国会议员则以国家安全风险为由，推动在全国范围内禁止该应用。这些国家认为，TikTok由中国字节跳动公司所拥有，因此其用户数据可能会被其资方所在国政府存储和访问，但实则是这些国家不希望来自不同意识形态和文化背景的他国企业占据内容消费市场，同时其背后隐含着话语权争夺。

7.1.2 产业链供应链监管立法逐步强化

随着数字经济在国家发展中的重要性不断增强，各国经济发展愈发离不开关键信息基础设施，将涉及关键信息基础设施的关键技术、零配件产业链供应链纳入国家的严格监管之下。

美国在信息技术领域优势明显，为巩固优势地位，美国不断强化关键核心技术自主控制、开展供应链安全审查。2022年10月，美国联邦通信委员会以国家安全为由，禁止华为、中兴等多家企业在美销售电信设备。同月，美商务部要求对华出售高端芯片需要申请特别许可证。2023年3月，美国国会两党六名参议员共同提出《限制出现涉信息和通信技术安全威胁法案》（RESTRICT Act），意欲在美国已有的出口管制、制裁政策外，增加强有力的立法限制，禁止个别外国对手的技术在美国境内使用。另外，美国政府还计划推出针对拥有敏感技术的美国企业的对外投资审查制度，对可能"以威胁美国国家安全的方式提升相关利益国技术能力"的交易进行审查。

欧洲也加强诸如政务、金融等领域关键信息基础设施的监管。2022年11月，欧洲议会通过《关于在欧盟全境实现高度统一网络安全措施的指令》（NIS2）和《数字运营韧性法案》。前者将欧盟现有关键基础设施监管的范围延伸至数字基础设施（数据中心服务提供商、内容交付服务提供商、信托服务提供商、公共电子通信网络或电子通信服务提供商）、航天、邮政和快递服务以及数字提供商（社交网络服务平台）；后者对金融服务公司（包括银行、保险公司、支付服务提供商和私募股权公司）以及关键服务提供商施加严格运营韧性要求和管理监督义务。

其他国家和地区也在逐步强化关键信息基础设施管理。2022年7月，新加坡网络安全局（CSA）发布《关键信息基础设施网络安全实践守则》，明确关键信息基础设施运营者为确保网络安全应落实的最低要求。守则包含审计要求、管理要求、识别要求、保护要求、检测要求、响应与恢复要求、网络韧性要求、培训和意识、操作技术与安全要求、特定领域问题等11个章节的内容。同月，巴西《电力部门代理人网络安全政策》正式生效，对电力部门代理商做出数据信息分类、进行网络韧性测试等多项网络安全要求。8月，俄罗斯政府批准第1478号决议，明确政府和国有企业只能使用俄罗斯或欧亚软件登记册中包含的软件，对于超过1亿卢布的购买须经批准。

在对关键信息基础设施进行严管的同时，多国也将监管领域延伸到产业链的上游环节，如芯片和关键矿产资源等。2022年8月，美国总统拜登正式签署了《芯片与科学法》，法案将为美国半导体芯片制造业提供527亿美元的激励和投资，并为无线电产业研发与应用提供15亿美元支持。同时，美国也通过了《通胀削减法案》，在针对清洁能源汽车产业的税收优惠和财政补贴中，明确要求此类汽车不能使用"由受关注的外国实体提取、加工或回收的关键矿物"。2022年9月，捷克国家安全委员会（BRS）授权国家网络与信息安全局（NCISA）制定法律，允许对具有战略重要性的基础设施的供应商进行筛选，从而确保更大的韧性和安全性。2023年2月，欧盟推出了《欧洲芯片法案》，强调半导体是欧盟数字化未来的重要产业，该法案旨在加强欧盟对半导体的战略自主权，希望到2030年将欧盟在全球先进芯片制造中的份额从10%提升至20%，使欧洲能够更好地应对半导体供应危机。《欧洲芯片法案》也寻求通过提供300亿美元的国家援助和欧盟直接资助，扭转全球半导体芯片生产从欧洲转移的趋势。2023年6月，荷兰颁布《投资、合并和收购安全审查法案》，授权荷兰政府审查特定行业交易，这些特定行业除了核能、天然气和金融市场等传统重点行业外，还包括半导体等敏感技术及产业园区管理，要求从事上述行业的公司须向投资核查局（BTI）报告，并且在生效八个月内，该部门还可以调查2020年9月8日以来在这些领域中发生的投资并购交易。

7.1.3 网络犯罪惩治力度不断加大

当前，互联网深度融入国家政务、商业、公共服务等重要领域，各类传统犯罪加速向互联网蔓延，网络犯罪对涉及社会秩序正常运作的重要领域产生的社会危害性远超一般犯罪，各国越来越注重加强网络执法，严厉打击整治网络违法犯罪。

2023年1月，世界经济论坛发布《2023年全球网络安全展望》报告，指出调研中涉及的91%左右的公司预计在未来两年会发生"网络灾难"。[1]因为对于

---

1 WORLD ECONOMIC FORUM, "Global Cybersecurity Outlook 2023", 2023年1月。

大型企业、政府部门及社会组织等实体而言，其采购的技术服务具有较高的同质化特征，供应链上存在一系列安全风险点，易被网络犯罪分子利用。同时，全球网络安全事件频发，涉及黑客攻击、个人信息泄露、网络勒索等多个方面，引起国际社会广泛关注。例如，由于推特公司应用程序编程接口（API）存在漏洞，黑客爬取超400万用户的个人信息，并在网络犯罪论坛售卖，对此爱尔兰数据保护委员会表示将扩大针对推特公司是否违反《通用数据保护条例》的调查。

面对如此严峻的网络安全形势，各国也在积极探索加强行政执法、有效打击网络犯罪的手段。2022年8月，菲律宾国家隐私委员会（NPC）发布《行政罚款指引》，明确个人信息控制者（PIC）和个人信息处理者（PIP）侵犯数据隐私行为，可对其处以其上年度收入2%的罚款。9月，中国颁布《反电信网络诈骗法》，为打击电信网络诈骗提供了全方位法律支持。11月，国际反勒索软件工作组（ICRTF）开始运作，该组织由36个国家联合设立，旨在通过信息和情报交流、制定最佳实践政策和法律权威框架，通过执法部门和网络当局之间的协作来推动国际合作以应对勒索软件。12月，法国国家信息与自由委员会宣布对法律关系简单、不存在技术困难案件的处理程序进行简化，使该机构可以快速处理投诉并做出两万欧元以下的罚款决定。[1]2023年6月，俄罗斯修改联邦法律，规定对破坏关键数字基础设施，传播恶意软件，违反信息存储、处理和传输规则，以及违反信息和电信网络访问规则，并造成严重后果的，相关人员将被没收财产。

中国不断规范网络执法程序，加大对违法犯罪打击力度。2023年3月中国国家网信办制定的《网信部门行政执法程序规定》发布，进一步明确行政执法程序。5月，中国政府召开全国打击治理电信网络新型违法犯罪工作电视电话会议，会上披露2022年全年共破案46.4万起，公安机关推送预警2.4亿条，工信、网信部门查处涉案网址269.8万个。[2]

---

1 "The 2022 annual report of the CNIL"，https://www.cnil.fr/en/2022-annual-report-cnil，访问时间：2023年6月19日。

2 https://www.mps.gov.cn/n2255079/n4876594/n5104076/n5104077/c9061457/content.html，访问时间：2023年7月10日。

图7-1　印度新德里警方打击一网络诈骗团伙，查获超2万张手机卡

（图片来源：视觉中国）

7.2　完善维护市场竞争秩序法治规则

大型互联网平台掌握越来越丰富的数据信息资源，为获取高额的经济利润，部分平台间不断进行资源争夺，出现侵害个人信息、不正当竞争等法律问题，为促进数字经济的持续健康发展，各国不断探索规制平台经济发展的政策举措，要求平台承担合法合理的主体责任基本成为共识。

7.2.1　欧盟《数字市场法》生效

2022年10月，欧盟公布《数字市场法》正式版本，于2023年6月25日生效。该法设立了守门人制度，调整不同科技企业间的竞争关系，监管重点是大型跨国互联网平台企业。2023年9月6日，欧盟委员会宣布将Alphabet、亚马逊、苹果、字节跳动、Meta和微软列为首批守门人企业，认定这些企业提供了社交网络、中介、广告、信息、视频共享、网络浏览器、操作系统、在线搜索等八类共计22项核心平台服务。

在守门人认定方面，该法主要采用营业规模和用户数量作为判定标准。一是最近三年中，该平台每年在欧盟的营业额均达到75亿欧元以上，或者平台企业市值达到750亿欧元，并在至少三个欧盟成员国提供相同的平台服务；二是该平台在过去一年的月平均活跃用户达到4500万并有1万个商业用户，且这一用户规模持续三年以上。同时满足这两个标准的互联网企业，将被认定为守门人。

一旦被认定为守门人企业，该法将赋予其较高合规义务。这些义务主要分为两类：一类为基础性义务，包括守门人必要的信息保护义务、信息披露义务、禁止滥用优势地位义务等；另一类是需要欧盟委员会依据守门人的具体情况，进一步与守门人磋商明确的义务，此类义务大多是积极性的，其目的是促进数字市场内部的公平有序竞争。

从先于《数字市场法》生效的《数字服务法》实施情况，以及欧盟委员会公布的守门人企业名单来看，美国和中国的互联网企业仍然会是欧盟的重点关注对象。《数字服务法》在重点监管企业认定上与《数字市场法》具有相似性，将在欧有4500万以上用户的互联网企业认定为超大在线平台，此类企业须承担独立审计、特殊风险管理等较高合规义务。按照《数字服务法》的时间表，互联网企业须在2023年2月17日前公布其在欧洲的用户数量。截至2023年2月17日，共有八家互联网企业公布的欧洲用户数量超过4500万，其中六家来自美国，两家来自中国。从用户规模标准上看，这些企业基本上满足守门人企业标准。

7.2.2　网络信息内容治理成为立法执法重点

过去一年，各国加大对网络虚假信息、有害信息的整治力度，尤其关注算法治理和具有社会动员属性的平台治理，力图使网络公共话语空间的信息传播符合本国的公共利益。

当前网络空间虚假信息、有害信息传播日益猖獗，多国制定专门立法加大对违法不良信息的处罚力度。2022年10月，乌干达总统签署《计算机滥用法（修正案）》，规定禁止使用社交媒体传播法律禁止发布的内容，不得使用伪装、虚假身份信息，禁止利用网络编写、发送或共享可能嘲笑、贬低他人、部落、宗教或性别的信息。2023年1月，因电报未能遵守要求暂停前总统贾尔·博尔索纳罗（Jair Bolsonaro）支持者账户的法院命令，巴西最高法院对其处以120万雷亚尔（约23.5万美元）罚款。2月，新加坡警方发布的《2022年度诈骗和网络犯罪情况报告》显示，2022年新加坡反诈骗中心要求网络平台对6500余个涉嫌网络诈骗的广告采取限制措施，最终删除了3100个有关账号。[1] 3月，英国议会通过《网络安全法案》，授权英国通信管理局，监督互联网企业及时删除并限制有害内容的传播，并明确拒不配合调查的企业高管可以判处刑罚。6月，因沃茨阿普未按照规定删除一款名为Lyrica的违禁药品信息，俄罗斯对其处以300万卢布罚款。

针对打击网络恐怖主义，美国表现出强化社交媒体平台责任的趋势。2023年5月，美国联邦最高法院就推特诉塔梅案（Twitter v. Taamneh）做出裁决，有限承认该案中互联网平台无须就传播恐怖主义消息承担责任。该案起因是，一名美国公民2017年在伊斯坦布尔被"伊斯兰国"恐怖分子袭击遇害，其家属以平台允许"伊斯兰国"在其平台上招募、筹款和传播宣传资料为由，起诉推特等互联网平台，矛头直指美国《电信法》第230条关于网络服务提供者免于对网络信息内容承担责任的规定。美国联邦最高法院暂时维持了电信法的规定，但也指出，如果互联网平台对传播网络恐怖主义提供更为直接有效的帮助，不能排除其他人成功获得索赔的可能。鉴于美国最高法院的谨小慎微，该案判决后不久，两党参议员联合提出了对美国《电信法》230条的修正案，要求在网络服务提供者使用AI的情况下，剥夺其豁免权。[2] 美国地方立法方面更为积极，2022年9月，美国加州颁布《社交媒体平台：服务条款法》，要求社交媒体平台应"在其平台上公开披露有关仇恨言论、错误信息、骚扰和极端主义的内容审核政策，并报告有关政策执行情况的数据"，以保护加州公民免受在线传播的仇恨和虚假信息影响。

1　SINGAPORE POLICE FORCE，"Annual Scams and Cybercrime Brief 2022"，2023年2月。

2　https://www.hawley.senate.gov/sites/default/files/2023-06/Hawley-No-Section-230-Immunity-for-AI-Act.pdf，访问时间：2023年6月27日。

专栏7-1 ——————————————————————————————

巴西处罚拒绝封禁传播违法信息账号平台

2022年巴西总统换届选举过程中，利用网络空间传播虚假消息、极端言论，已经影响到巴西的政治稳定。在巴西，前总统博尔索纳罗经常号召其支持者关注其在社交平台电报上的账号，同时该平台也长期存在传播仇恨言论、贩毒、假钱交易、纳粹宣传以及销售疫苗接种证书等违法犯罪行为。2022年3月，巴西法院命令电报冻结一批传播虚假信息的账户，但电报拒绝配合，也未向司法部门提供被冻结账户的注册信息。随即法院禁止该平台在巴西营运，直到其缴纳罚款并撤换了主要负责人之后才被撤销禁令。

败选后的博尔索纳罗阵营不甘心失败，支持他的数千示威者，采取冲击巴西政府、法院等国家机关的暴力行为。新当选的卢拉除了组织警力维持社会秩序外，巴西法院也继续支持对相关社交媒体账户的封禁。2023年1月，因电报拒绝执行法院指令暂停博尔索纳罗支持者的账户，巴西最高法院对其处以120万雷亚尔（约23.5万美元）罚款。该账号由当选议员尼古拉斯·费雷拉使用，他在巴西2022年大选中获得147万张选票，是当选议员中得票最多者。

——

7.2.3　在线广告治理规则细化

在线广告比传统广告的制作发行更便利，更易侵害消费者知情权，同时网络平台在市场竞争中的优势程度主要依赖其广告曝光率。为此，各国不断细化在线广告的管理。2023年5月，德国联邦反垄断局正式发布的一份有关非搜索在线广告的行业调查报告显示，单个市场参与者（尤其是谷歌）对整个程序化广告系统具有相当大的影响。谷歌几乎涉及广告产业的所有相关服务，并且在大多数情况下都占据强大的市场地位。谷歌控制着用户端软件基础设施的重要部分，如Chrome浏览器和安卓操作系统，加之公众对该系统的运行原理了解不足，使谷歌可以有效控制非搜索在线广告。

因此，欧盟以及欧洲多国加强对在线广告的监管。2022年9月，欧盟《数字服务法》正式通过，大部分规则将于2024年2月17日前在欧盟范围内生效。《数字服务法》规定企业对用户的义务，包括保证在线广告的透明度等内容，要求平台企业对在线广告进行明确标示，并且要求列明广告所代表的人，以及释明为何该广告会推送到目标客户面前。2022年11月，英国竞争与市场管理局（CMA）发布了《隐性广告：社交媒体平台的原则》《企业责任和社交媒体宣传》《隐性广告：向受众明确说明》这三份关于社交媒体隐性广告的指导方针，分别针对社交媒体平台、企业和品牌方、内容创建者三类主体给出了合规指导，以使相关人员更好地遵守英国消费者保护相关法律。其中，对平台提出以下要求：一是平台须保障用户知悉正在浏览在线广告；二是平台要为发布广告的人提供标记广告的便利；三是采取必要措施禁止隐性广告；四是提供用户举报在线广告的渠道；五是将广告指向的品牌方纳入监督行列；六是建立有效的处置机制。

中国对在线广告立法进行了积极尝试。2022年9月，中国国家网信办、工信部、国家市场监管总局联合发布了《互联网弹窗信息推送服务管理规定》，针对开屏广告、消息"轰炸"、软件内部弹窗等乱象提出了治理要求，例如，禁止推送违法和不良信息，禁止设置诱导用户沉迷、过度消费算法模型等具体要求。2023年2月，国家市场监管总局发布《互联网广告管理办法》，进一步明确和细化互联网广告行为规范，包括要求在线广告相关主体提供一次性关闭广告功能，将在线广告推荐算法记入广告档案等。

7.3 探索数据治理领域立法

数据作为社会资源，承载着多重利益，不仅关系数据主体及相关者利益，也关系到不特定社会主体的社会利益和国家利益。一年来，各国不断探索数据分类分级管理的数据治理方式，规范数据跨境流动。

7.3.1 探索数据利用立法保护模式

越来越多国家意识到数据的巨大经济价值，积极促进数据利用、发挥数据价值，但如何构建数据来源主体、数据收集者、数据处理者之间的利益平衡机制尚未有一致做法。

中国和欧盟积极探索数据权利化的专门立法，促进数据流通利用规则制定。2022年7月，中国最高人民法院发布《关于为加快建设全国统一大市场提供司法服务和保障的意见》，要求"依法保护数据权利人对数据控制、处理、收益等合法权益，以及数据要素市场主体以合法收集和自身生成数据为基础开发的数据产品的财产性权益……加强数据产权属性、形态、权属、公共数据共享机制等法律问题研究，加快完善数据产权司法保护规则"，尝试以民事财产权制度对数据权益予以保障。2023年6月，欧盟《数据法案》正式通过，除了强调保护个人对其数据的访问权等内容外，还明确基于用户要求，数据持有者向其他数据接受者提供数据时可以收取合理费用。

为平衡数据利用过程中社会、企业和个人利益，部分国家探索先对数据进行分类分级再构建利用规则。2022年10月，日本个人信息保护委员会发布了针对私人实体的数据映射工具包，指导企业管理数据。工具箱中列举了数据映射的示例项目，包括数据名称、数据涉及的人数、数据分类、处理目的、数据获取方式（直接获取或间接获取）等。2022年12月，中国工信部发布了《工业和信息化领域数据安全管理办法（试行）》，首次以部门规章的形式落实了《数据安全法》明确的数据分级分类保护原则。办法明确了工业和信息化领域数据的分类分级标准，分类上划分为工业数据、电信数据和无线电数据等数据类别，分级上划分为一般数据、重要数据和核心数据三个级别，同时规定工业和信息化领域数据处理者可在此基础上进一步细分数据的类别和级别。

7.3.2 数据跨境流动和数据本地化立法各有侧重

数字经济时代，无论是货物贸易还是服务贸易，都离不开信息的全球互联，离不开数据的跨境流动。近几年，随着各国对数据跨境流动的意义及影响的认识日益深化，国际社会既认识到数据跨境流动能带来巨大收益，也意识到其可能对国家安全和个人隐私造成冲击。

美欧加强区域合作，推动区域间数据流动。2022年3月，美国与欧盟达成《跨大西洋数据隐私框架》，双方都希望解决"隐私盾"协议被判无效后美欧间数据跨境流动的障碍。2022年10月，美国发布《关于加强美国信号情报活动保障措施的行政令》，强调美欧间顺畅的数据跨境流动事关美欧间7.1万亿美元的经济关系。该命令提出了两方面新的规定：一是提供约束性保护措施，将美国情报机构对数据的访问限制在保护国家安全所必需和相称的范围内；二是建立独立和公正的救济机制，其中包括建立新的数据保护审查法院（Data Protection Review Court），调查和解决有关美国国家安全部门访问数据的投诉。12月，欧盟委员会开启了"欧盟—美国数据隐私框架充分性决定"程序，提出草案并提交欧盟数据保护委员会征求意见。然而，欧盟委员会和美国行政当局的数据跨境努力并未得到其他欧盟机构和欧盟成员国的支持。2023年5月，爱尔兰数据保护委员会因Meta非法向其美国服务器传输欧盟用户的个人数据，按照《通用数据保护条例》的规定对其处以顶格的12亿欧元罚款。该机构认为，美国的个人信息保护水平逊于欧盟，并且Meta使用的欧盟委员会2021年更新的标准合同条款，不足以充分保护从欧盟流出的数据。

专栏7-2 ————————————————————————————————

爱尔兰数据保护委员会给Meta开出巨额罚单

脸书是Meta旗下重要品牌，在欧盟《数字服务法》颁行之后，Meta于2023年初披露，2022年后六个月在欧盟范围内平均月活跃用户达到2.55亿。

自2020年欧盟"隐私盾"判决后，欧盟数据保护机构数次对Meta旗下应用违反GDPR展开调查。2023年5月22日，欧盟隐私监管机构——爱尔兰数据保护委员会，依据GDPR第65条第1款（a）项对Meta做出罚款12亿欧元的处罚，刷新了GDPR实施以来的个人信息保护处罚纪录。

爱尔兰数据保护委员会称，脸书多年来一直违法在其部署在美国的服务器上存储来自欧盟区域的个人信息，除罚款外，还责令Meta须在六个月内停止在美国非法处理（包括存储）欧盟和欧洲经济区用户的个人数据。

2023年5月，欧洲议会在对"欧盟—美国数据隐私框架充分性决定"进行投票时，只有306票赞成，反对和弃权票则达到258票。从欧洲议会的决议来看，普遍认为美国最新的数据保护措施仍达不到欧盟标准，两地新的数据跨境协议仍面临被欧盟法院宣布无效的风险。

出现这种情况的主要原因在于，与欧盟相比，美国对数字隐私的保护力度较弱，美国的司法层面更倾向支持企业对数据更高自由度的利用。2022年5月，爱达荷州联邦地区法院对联邦贸易委员会针对Kochava数据公司的起诉判决明确，原始数据须经处理才有侵犯隐私的可能，原始数据销售与侵害个人隐私并不具有足够的因果关系，企业出售未经处理的原始位置信息是合理的经营行为。6月，哥伦比亚特区高等法院对2018年的华盛顿州诉脸书违法出售个人信息案做出判决，法院认为，脸书将其用性格测试收集的8700万用户信息出售给英国政治咨询公司剑桥分析（Cambridge Analytica）并不侵犯隐私权，因为脸书在收集个人信息时已经履行告知义务。

中国加强数据出境规范管理立法，积极促成稳定、高效的数据跨境流动模式形成。2022年至今，中国先后制定出台《数据出境安全评估办法》《个人信息出境标准合同办法》《关于实施个人信息保护认证的公告》等部门规章和规范性文件，明晰了数据合规出境的具体方式，主要包括安全评估、标准合同、个人信息保护认证三种路径，并为各路径的落实提供了切实的实践指引。自2022年9月1日《数据出境安全评估办法》实施后，中国境内企业数据出境安全评估申报有序展开，安全评估工作规范有序开展。首都医科大学附属北京友谊医院跨境医疗合作项目成为全国首个通过安全评估的数据出境项目，该申请内容是其与荷兰阿姆斯特丹大学医学中心合作共享医疗健康数据。

虽然各国都存在努力推动跨境数据流动的动力，但仍存在对数据跨境流动的担忧，持续强化数据本地化管理。2022年8月，越南政府发布《第53/2022/ND-CP号法令》详细解释越南《网络安全法》部分条款，包括须在越南本地化存储的数据类型、跨国企业在越南设置办事处的要求等。9月，印度尼西亚颁布《个人数据保护法》，要求数据出境目标地区必须有等同于或严于印尼的数据保护立法，否则数据处理者要跨境传输来自印尼的数据，必须有完善并有效的数据保护措施或者取得数据权利人的同意。12月，俄罗斯国家杜马全体会议通过了关于处理公民生物识别数据的法律，规定生物识别数据只允许在俄罗斯使用和存储，禁止跨境传输。2023年5月，坦桑尼亚《个人数据保护法》生效，要求数据出境目标地须具备足够完善的数据保护法律体系，并明确新成立的个人数据保护委员会可以禁止数据跨境传输。

7.4　关注新兴技术规范发展

以人工智能、工业互联网、5G等为代表的新兴技术，对产业经济发展具有重要作用，已成为各国竞争的制高点。技术发展水平较高的国家完善法律制度，引导新兴技术规范发展。以美国为代表的部分发达国家通过立法继续加强技术转让壁垒，在生成式人工智能等领域也积极探索相关立法和产业政策，以保持本国在新兴技术领域的竞争优势。

7.4.1　数字大国立法产业政策博弈加剧

一年来，以美国为代表的传统科技大国为继续捍卫数字技术优势和领先地位，在多个高科技领域形成程度各异的合作关系，核心目标在于垄断核心技术发展，在全球技术竞争中掌控主导权。

各国为保持技术权力优势，不断加大在核心技术和前沿技术研发方面的投入。德国启动信息技术安全研发框架计划，到2026年将投入3.5亿欧元资助信息技术安全领域的研发工作，以扩大在该领域的技术主权。2023年4月，英国首相和科学大臣宣布，将在计算技术预算外追加1亿英镑投资，成立政府产业工作组，以英国已有的防疫等医药卫生领域的数据和AI为基础，开展类ChatGPT生成式人工智能应用研究，确保英国未来在此类AI模型应用中的主权安全，促进英国2030年科技超级大国目标实现。

科技领域之争叠加意识形态分歧，安全与信任问题成为美国打压竞争对手的科技企业、产品与服务的借口。美国的《芯片与科学法》在科研机构资助方面，排除与中国合作共建孔子学院的高校获得此法案项下的资金支持，迫使欲获得此法案资金支持的美国高校放弃与中国共建的孔子学院。同月签署的《通胀削减法案》加强对清洁能源汽车行业补贴，要求动力电池至少有价值40%的

图7-2 法律计算机法官概念

(图片来源：视觉中国)

原材料来自美国或其所谓"自由贸易地区"才能申请，矛头直指装机量最高的中国锂电池行业。

7.4.2 技术强国布局人工智能技术产业规划

2023年以来，以ChatGPT为代表的生成式人工智能应用掀起了人工智能领域的新一轮热潮，互联网巨头纷纷推出相关产品，也让"人工智能如何引领新产业革命"再度引发广泛关注，各国普遍重视人工智能的发展与安全双重挑战。

各国从指导规范等"软法"的角度对人工智能做出初步回应。2022年10月，美国总统拜登签署《人工智能劳动力培训法》，要求预算部门制定并定期更新公职人员人工智能培训计划。2022年11月，中国国家网信办、工信部、公安部发布了《互联网信息服务深度合成管理规定》，针对深度合成服务提供者、技术支持者及使用者等主体提出了具体的责任要求，进一步厘清和细化了深度合成技术的应用场景，明确了深度合成服务提供者和使用者的信息安全义务。2023年1月，美国国家标准与技术研究院正式公布《人工智能风险管理框架》，指导机构组织在开发和部署AI系统时降低安全风险，避免产生偏见和其他负面后果，提高AI可信度。同月，澳大利亚包括昆士兰、塔斯马尼亚等州宣布禁止ChatGPT在学校中使用。2月，拜登签署《关于通过联邦政府进一步促进种族平等和支持服务欠缺社区的行政令》，要求联邦机构避免在设计和使用AI等新技术时的偏见，保护公众免受算法歧视。3月，英国正式发布首份《人工智能白皮书》，提出了英国监管人工智能的方法，并指出人工智能是英国未来重点发展的五大技术之一，致力于建立公众对人工智能技术的信任。依据该白皮书，英国设立了五项监管原则，具体包括：安全与安保、透明且可解释、公平、问责与治理、竞争与补救。5月，美国参议院公布《真实政治广告法案》（H.R. 3044），在政治广告中设定使用生成式人工智能的透明度和问责制规则。同月，新西兰隐私专员办公室（OPC）发布《生成式人工智能指南》，指出生成式人工智能对新西兰公民个人信息的使用应遵守新西兰2020年《隐私法》，公民如果认为自己的隐私受到侵犯，可以向OPC投诉。鉴于生成式人工智能技术的不断发展，OPC将持续关注这一领域，并将很快对该指南进行更新。6月，欧洲议会通过了《人工智能法案》，该法案旨在对任何使用人工智能系统的产品或服务进行管理，并根据风险的高低，将人工智能系统的使用场景划分为低风险、有限风险、高风险和不可接受的风险四个级别。同月，日本个人信息保护委员会警告OpenAI，未经用户许可不得收集敏感数据。

2023年7月，中国制定《生成式人工智能服务管理暂行办法》，将利用生成式人工智能技术向中国境内公众提供生成文本、图片、音频、视频等内容的服务纳入法律规制，明确中国坚持发展和安全并重、促进创新和依法治理相结合的原则。同时提出鼓励生成式人工智能的推广应用、平等互利开展国际交流合作等促进生成式人工智能技术发展的具体措施，明确对生成式人工智能实行包容审慎和分类分级监管，制定相应的分类分级监管规则或者指引。

7.4.3 多国探索5G和隐私增强技术相关立法

5G是当前信息通信领域的关键技术，各国高度重视5G战略发展，加强立法保障关键通信设施符合其公共利益。2022年7月，巴西联邦参议院修改

《天线法》，将授权在城市地区安装电信基础设施，确保5G移动网络和其他物联网基础设施快速部署。2023年2月，英国成立新的科学、创新和技术部（Department for Science, Innovation and Technology, DSIT），将量子、人工智能、工程生物学、半导体、未来电信及生命科学和绿色技术相关政府职能予以整合。4月，该部门推出总额1.5亿英镑的投资数字通信方案：一是实现2030年5G网络覆盖率77%的目标；二是向偏远地区约35000户居民铺设千兆宽带；三是投资5G创新基金研究政企的5G应用方式；四是布局6G研发；五是加强无线电频谱管理。5月，印度宣布5G频谱资源将以拍卖方式分配，印度总检察长宣称，在任何情况下，任何社会（Community）资源都应以获得最佳回报的方式分配，通过拍卖程序分配资源显然更有利于收获最大回报。

各国除禁止掌握海量数据的互联网企业故意违法使用数据外，对企业的被动防御能力也做出要求，通过柔性的指导性规则对隐私增强技术的研发和推广应用进行规制。2022年9月，英国信息监管局发布《匿名化、假名化及隐私增强技术指南（草案）》，指出隐私增强技术是通过最小化个人数据使用、最大化数据安全、提升个人自主权来实现基本数据保护原则的技术。2023年2月，联合国官方统计大数据和数据科学专家委员会发布《联合国官方统计隐私增强技术指南》（The PET Guide），重点关注隐私增强技术在官方统计数据中的应用，旨在帮助各国的国家统计局更好地理解和运用隐私增强技术处理敏感数据，提升数据的准确性和安全性，进而助力政府科学合理决策。

第8章

网络空间国际治理

当前，网络空间仍存在较为突出的治理赤字。乌克兰危机仍在持续，对国际格局的冲击不断显现，各方博弈延伸至网络空间并深刻影响国际治理进程。网络空间对抗态势更加复杂，网络空间碎片化引发国际担忧。从各国参与网络空间国际治理的情况来看，部分发达国家仍掌握主要话语权；广大发展中国家逐步提升治理能力，积极参与网络空间国际合作。联合国推动制定《全球数字契约》，呼吁各方避免互联网碎片化，持续推动构建开放连接的互联网；中国呼吁维护和平、安全、开放、合作、有序的网络空间，反对互联网碎片化，为推动构建网络空间命运共同体做出贡献。

一年来，生成式人工智能引发新一轮智能浪潮，但随之也伴生技术安全、数据安全和伦理等问题。人类社会与智能机器的关系面临新的重构，如何充分释放人工智能创新并有效应对各项风险、让人工智能更好地造福人类社会，成为智能时代的重大课题。数字技术与国际贸易深度融合推动数字贸易发展，数字贸易协定区域化趋势加强，为全球和区域数字经济增长带来新动能。数据成为网络空间的重要战略资源，主要经济体积极开展国际协调，加快数据跨境流动规则制定。许多发展中国家意识到数据对国家数字化转型和产业发展的重要性，越来越注重对数据资源的开发、利用，加强数字经济国际合作。数字贸易发展加速数字货币的研发应用与规范。主要经济体完善对私人数字货币监管举措，国际组织不断推出数字货币治理的规范性指导。与此同时，全球数据安全和网络安全治理议题的重要性和紧迫性不断提升，围绕这些议题的规则博弈更加激烈。联合国、金砖国家等多边机制持续推进打击网络犯罪、网络反恐、维护网络安全，探索构建各方共同参与的网络安全秩序。

8.1　网络空间国际治理年度特征

地缘政治博弈和冲突持续向网络空间延伸，网络空间秩序构建面临严峻形势，构建网络空间命运共同体得到越来越多国家的认同。在新技术领域，人工智能正在全球范围内推动广泛的技术变革和产业重塑，但同时带来风险挑战。新技术的"双刃剑"效应引发国际社会对监管治理的新思考。一年来，全球数字贸易合作提速，区域数字贸易协定谈判持续推进，为全球数字贸易规则的形成发展提供基础。

8.1.1　网络空间碎片化引发国际担忧

推动互联网更加开放普惠、包容发展、造福更多人民，是国际社会的共同愿景，也是世界主要大国本应承担的国际责任。然而，当前网络空间越来越受政治意识形态和安全因素影响。个别国家企图将网络空间划分阵营，将自己的价值观作为判定技术是否安全的首要标准，并拟将西方治理模式主导网络空间。美国作为世界头号科技强国，竭力拉拢盟友构建"芯片联盟"等小圈子，不断将美、日、印、澳四边安全机制以及美、英、澳三边伙伴关系等军事合作扩展至网络空间，打造多层次、网络化的同盟结构，以维护自身科技霸权。美国带头持续炒作科技公司的数据隐私、5G安全、供应链安全等问题，滥用国家安全等理由打压胁迫别国企业，并施压其他国家在技术和产业链供应链方面进行"脱钩""断链"，实施技术围堵，加速网络空间碎片化。

这一趋势引发国际担忧。联合国、世界互联网大会等国际组织做出多项努力，推动遏止网络空间碎片化。联合国《全球数字契约》以《数字合作路线图》为基础，重申构建开放连接的互联网的重要价值，推动各方就"避免互联网碎片化"等核心原则达成共识，为全球数字未来的发展提供关键的基本原则。联合国秘书长技术事务特使办公室、联合国互联网治理论坛（IGF）领导小组等召开多次会议，积极推动《全球数字契约》的制定，广泛听取政府、研究机构、社会组织、技术社群等意见，倡导开展数字技术国际合作，促进实现可持续发展目标。2023年4月，世界互联网大会国际组织围绕《全球数字契约》关于连接所有人、数据保护、歧视与误导性内容治理、人工智能治理、数字公共产品五项议题向联合国秘书长技术事务特使办公室提交建议。2023年5月，中国IGF向联合国技术特使办公室提交了关于《全球数字契约》的建言，提出"支持数字技术包容发展""保持互联网核心资源的中立性""保持数字接入技术的通用性"等具体建议。[1] 2022年12月，国际互联网协会（ISOC）发布2023

---

[1] "中国IGF关于全球数字契约的建言"，https://www.isc.org.cn/article/16622542962814976.html，访问时间：2023年6月30日。

年行动计划——《我们的互联网，我们的未来：保护今天和明天的互联网》，强调要维护互联网共享、安全，促进互联网普惠发展，避免互联网碎片化。[1]

各国政府是防范网络空间碎片化、维护全球互联网开放连接的重要主体。2022年11月，中国发布《携手构建网络空间命运共同体》白皮书，明确指出"中国政府反对将技术问题政治化，反对滥用国家力量，违反市场经济原则和国际经贸规则，不择手段打压遏制他国企业"，"反对分裂互联网"等原则；表明中国对深化网络空间国际治理与合作的重要立场。2023年4月，中国外交部公布了《中国关于全球数字治理有关问题的立场》文件，就制定《全球数字契约》向联合国提交意见，呼吁"应致力于维护一个和平、安全、开放、合作、有序的网络空间，反对互联网分裂和碎片化"，"应以联合国为主导，在成员国普遍参与的基础上，讨论制定一套全球可互操作性的网络空间规则和标准，推动构建多边、民主、透明的国际互联网治理体系"。当前网络空间发展和秩序建设正处于关键时期，各国政府应遵循《联合国宪章》宗旨和原则，秉持开放、合作、包容精神，开展多层级的合作与对话，加强网络议题磋商协调，妥善处理分歧矛盾，推动各类新技术新应用更好地服务社会，共同维护网络空间和平与稳定。

专栏8-1 ————————————————————————————

《全球数字契约》有关背景

"全球数字契约"是联合国提出的概念，旨在为全球构建开放、自由和安全的数字未来提供关键的基本原则。为响应2020年《纪念联合国成立75周年宣言》中提出的"加强数字合作"，2021年9月，联合国秘书长古特雷斯在《我们的共同议程》报告中提出，基于2020年《数字合作路线图》，将推动由多利益相关方（包括政府、联合国机构、私营部门、公民社会以及个人等）商议达成《全球数字契约》。

---

1 "Our Internet, Our Future: Protecting the Internet for Today and Tomorrow"，https://www.internetsociety.org/wp-content/uploads/2022/12/Internet-Society-Action-Plan-2023-EN.pdf，访问时间：2023年6月30日。

联合国《数字合作路线图》阐述了国际社会如何更好把握数字技术机遇，应对挑战。该文件借鉴了数字合作高级别小组（2018年成立）提出的建议以及成员国、私营部门、民间社会、技术领域和其他利益攸关方的建言，呼吁实现全民、安全、包容、可负担的互联网接入，呼吁将保障人权作为数字技术的核心，呼吁减轻网上危害和数字安全威胁，尤其要保护弱势群体。

《全球数字契约》以《数字合作路线图》为基础，希望促进全球各方就七大领域的有关原则达成共识，重点关注两个方面的内容：一是所有政府、公司、社会组织和其他利益相关方应当遵守的核心原则；二是各方落实这些原则的关键承诺和行动。[1]

8.1.2　网络作战手段在地区冲突中广泛应用

在乌克兰危机中，大量新兴网络工具与信息技术手段，以及电子战、信息战、太空战等作战方式在战争中综合运用，智能化、自动化、武器化的网络攻击层出不穷。人工智能技术用于实施作战侦察、情报窃取、人员识别、无人机操纵、社交媒体舆论操纵等，深度伪造技术用于散播虚假信息。国家间军事进攻行为更快速且具有针对性，网络攻击更难防守和溯源。冲突国家的关键信息基础设施、国家机构、军队和重点企业均遭到不同程度的数据泄露。

乌克兰危机中，卫星互联网跃升为重要的战略资源，将现实战场扩展至网络空间。美国"星链"卫星在乌克兰危机中直接参与作战任务，通过建立太空卫星互联网络，进行情报收集、信息传输、卫星成像、遥感探测等，进一步提升作战部队的通信水平。作战部队还可进行全地域、全天时侦察，提升空间态势感知能力和天基防御打击能力。乌克兰危机以来，美国进一步加快部署太空领域行动，优化机构设置，并强化太空领域盟友体系构建。例如：美国、加拿大、澳大利亚、法国、德国、新西兰和英国七国共同发布《2031年联合太空作战愿景》；2023年1月，美国联邦通信委员会正式成立航天局和国际事务办

1　"Global Digital Compact"，https://www.un.org/techenvoy/global-digital-compact，访问时间：2023年6月30日。

公室，加快促进卫星产业发展；同月，美日签署"太空合作协议"，双方将加强空间技术、太空运输、民用太空合作等[1]；日本还将加快建立太空任务部队，与美国太空司令部加强准天顶卫星系统对接，帮助美国增强欧亚战区空间监测网络能力[2]；美国和印度正式启动"关键和新兴技术倡议"，强化双边太空伙伴合作关系。网络空间军事化进一步加剧安全困境，网络空间战略稳定和秩序建设面临更加严峻形势。

8.1.3　负责任的人工智能治理需求上升

当前，全球人工智能研究蓬勃兴起，模式识别、机器学习和计算机视觉等成为研究热点。人工智能技术的不断成熟和普适性应用大幅提升数字内容的生产能力，具有促进经济发展的巨大潜力，可极大地丰富人们的数字生活，同时有助于解决教育、医疗等社会问题。许多企业积极部署人工智能技术，工业部门对人工智能的应用需求越来越高。世界经济论坛预测，到2030年，人工智能对全球经济贡献可高达15.7万亿美元。[3]

以ChatGPT为代表的生成式人工智能应用引发了人们对聊天机器人技术的广泛关注。ChatGPT可构建低门槛的数字内容生产工具，但技术滥用容易导致数据滥用、内容侵权、虚假信息等问题进一步发酵，使监管难度和复杂性与日俱增。针对人工智能伦理规范、风险框架等方面的探索引发广泛讨论。2023年4月，斯坦福大学发布《2023年人工智能指数报告》称，人工智能领域成为越来越多国家关注的立法重点，自2016年以来，人工智能在全球立法程序中被提及的次数增加了近6.5倍。[4]

与新技术的快速变革相比，全球人工智能相关指引和应用规范仍存在模糊性和滞后性，国际社会对于负责任的人工智能治理需求大大增加，相关探索和实践受各方重视。联合国是推动负责任的人工智能治理的重要主体，支持全球

1　"US, Japan Sign Space Collaboration Agreement at NASA Headquarters"，https://www.nasa.gov/press-release/us-japan-sign-space-collaboration-agreement-at-nasa-headquarters，访问时间：2023年6月30日。

2　"Going Farther Together: The U.S.-Japan Space Pact Is an Accelerator"，https://www.csis.org/analysis/going-farther-together-us-japan-space-pact-accelerator，访问时间：2023年6月30日。

3　"The 'AI divide' between the Global North and the Global South"，https://www.weforum.org/agenda/2023/01/davos23-ai-divide-global-north-global-south/，访问时间：2023年6月30日。

4　Standford University Human-Centered Artificial Intelligence, Artificial Intelligence Index Report 2023.

人工智能合作是联合国"数字合作路线图"。[1] 该建议书于2021年11月由193个成员国和地区一致通过,旨在促进人工智能为人类、社会、环境以及生态系统服务,并预防其潜在风险。2023年2月,经济合作与发展组织提出十项人工智能原则,呼吁人工智能开发和使用者需对技术系统的正常运行承担必要责任,确保人工智能是可信赖的——即能够造福于人类、尊重人权和公平并且是安全可靠的,在规划设计、数据收集处理、模型构建验证、系统部署和操作等人工智能的整个生命周期中,加强对所有环节的风险管理。[2]

8.1.4　全球和区域数字贸易合作提速

随着数字技术的广泛渗透,全球数字贸易蓬勃发展。数字贸易的快速发展推动新业态、新模式不断涌现。据世界贸易组织经济学家的模拟计算,2021—2030年的十年中,数字技术的应用将使全球贸易每年增长2%,发展中国家的贸易每年增长2.5%。[3]许多国家和地区对数字贸易采取积极态度,这一趋势对国际规则提出了更多需求和更高要求。世界贸易组织电子商务谈判的小组成员推出的包容性举措,有助于支持更多成员参与电子商务谈判,推动电子商务诸边谈判逐渐转向在世界贸易组织多边框架下开展,推动各方共享电子商务发展的红利,缩小数字鸿沟,实现全球数字经济的蓬勃发展。截至2023年2月,世界贸易组织电子商务多边谈判已扩员至89个,成员间贸易额已达全球贸易总额的90%。[4]

二十国集团持续在推动数字经济国际合作中发挥重要作用。2022年11月,二十国集团领导人峰会在印尼巴厘岛召开,各成员认识到有必要通过承担集体

1　UNESCO, "Artificial Intelligence: UNESCO calls on all Governments to implement Global Ethical Framework without delay", https://www.unesco.org/en/articles/artificial-intelligence-unesco-calls-all-governments-implement-global-ethical-framework-without,访问时间:2023年6月30日。

2　OECD, "Advancing accountability in AI Governing and managing risks throughout t-he lifecycle for trustworthy AI", https://www.oecd-ilibrary.org/science-and-technology/advancing-accountability-in-ai_2448f04b-en,访问时间:2023年6月30日。

3　"世贸组织副总干事:2021年至2030年数字技术将使全球贸易年增2%", https://www.chinanews.com.cn/gn/2022/11-05/9887920.shtml,访问时间:2023年6月30日。

4　"Joint Initiative on E-commerce", https://www.wto.org/english/tratop_e/ecom_e/joint_statement_e.htm,访问时间:2023年6月30日。

图8-1 2023年5月9日，河南郑州，第七届全球跨境电子商务大会展览展示正式开启。展览展示涉及国际物流、跨境电商直播和数字商务等板块，数百家目光聚焦企业中、跨境展商占近七成。图为尼泊尔展馆

（图片来源：中新社）

责任、采取合作举措，以促进世界经济复苏、应对全球挑战，为强劲、可持续、平衡和包容增长奠定基础。《二十国集团领导人巴厘岛峰会宣言》强调包容性国际数字贸易合作的重要性，呼吁加强国际贸易和投资合作。

亚太地区经贸协定逐步扩围，以日本、新加坡为代表的国家探索区域数字贸易规则框架。新加坡积极推进《数字经济伙伴关系协定》进程，2023年1月《韩国—新加坡数字伙伴关系协定》正式生效，将强化两国在数字贸易便利化、在线消费者保护、个人信息保护、数据传输和人工智能治理等方面的监管合作。目前，提出加入DEPA并已完成技术性磋商的经济体有中国、韩国、加拿大等。DEPA联合委员会成立相关工作组，全面推进加入协定的谈判。此外，2023年4月，菲律宾向东盟秘书长正式交存《区域全面经济伙伴关系协定》核准书，RCEP于6月2日起对菲律宾生效。这标志着RCEP对15个成员国全面

生效，全球最大的自贸区将进入全面实施新阶段。2023年3月，《全面与进步跨太平洋伙伴关系协定》成员国部长召开会议，就英国加入该协定达成共识，这意味着英国将成为首个亚太以外的成员国；5月，日本政府宣布CPTPP于2023年7月12日正式生效。DEPA、RCEP、CPTPP等条款将推动数据保护和数据跨境流动，促进缔约国国内和区域数据监管机制兼容，推动数字贸易合作，促进释放数据潜能。

8.2 网络空间国际治理热点议题的进展

一年来，发展中国家数字化转型步伐加快，数字领域国际合作意愿强烈。许多国家对新兴技术安全与伦理问题监管进行探索。一些国家和地区进一步加大对私人数字货币监管。数据跨境流动、数据安全等成为国际协调和规则制定的重点领域。围绕网络安全的国际规则博弈持续加剧。与此同时，国际与区域双多边合作持续推进。

8.2.1 发展中国家努力弥合数字鸿沟

目前，互联网发展不平衡问题依然严峻。国际电信联盟发布报告《衡量数字化发展：2022年的事实和数字》显示：在欧洲和北美国家，80%—90%的人口使用互联网；在非洲，64%的城市居民可以上网，而农村地区可以上网的人口比例仅为23%。[1]目前拉美移动网络渗透率较低，2G、3G和4G网络渗透率不足80%。在5G网络建设方面，拉美地区接入5G的速度参差不齐，据数据统计机构Statista有关报告显示，到2025年，预计拉美地区5G网络平均渗透率仅为7%。[2]拉美地区部分国家加快5G部署，例如2022年7月，巴西首都巴西利亚正式开通5G网络，成为巴西首个拥有5G网络服务的城市。阿根廷于2023年第一季度举行5G频谱招标，并计划增加投资来安装5G网络所需的信号塔。哥伦比亚、秘鲁、波多黎各等国家已推出商用5G网络，但一些国家甚至没有明确的

---

1 ITU，"Measuring digital development: Facts and Figures 2022"，https://www.itu.int/en/ITU-D/Statistics/Pages/facts/default.aspx，访问时间：2023年6月30日。

2 中华人民共和国商务部，"预计拉美地区2025年5G网络渗透率仅为7%"，http://www.mofcom.gov.cn/article/zwjg/zwxw/zwxwwmd/202208/20220803343447.shtml，访问时间：2023年6月30日。

频谱招标日期，尚不具备5G频段的运营商则在小规模的私有网络上进行测试。

在非洲，数字化转型与数字经济合作受多国重视。2022年10月，首届非洲世界移动通信大会（MWC AFRICA 2022）在卢旺达首都基加利举行，来自全球近百个国家的2000多名代表参会，围绕"携手共建数字未来"主题展开讨论，呼吁各国继续弥合非洲国家的数字鸿沟，推动非洲地区数字经济发展。2022年8月，加纳通信和数字化部以及贸易和工业部倡议启动数字平台——"非洲大陆自由贸易区中心"，帮助中小企业和初创企业促进自由贸易，推动非洲经济转型[1]；11月，尼日利亚就《国家数据战略》草案征求意见，该战略旨在利用数据的潜力创造社会和经济价值，以促进尼日利亚数字经济发展。此外，贝宁、布基纳法索、喀麦隆、科特迪瓦、肯尼亚、毛里求斯和尼日利亚等非洲国家参加世界贸易组织联合声明倡议电子商务谈判。2023年3月，世界贸易组织电子商务谈判代表推进工作会议召开，来自亚洲、非洲和拉丁美洲的中小企业代表参加并商讨促进数字贸易。[2]

在东南亚地区，中国—东盟合作推动东南亚地区数字互联互通，打造"数字丝绸之路"，弥合数字鸿沟。2022年度中国—东盟信息港建设重点项目85个，面向东盟国家建设运营了一批数据中心，分别在老挝、柬埔寨、缅甸等国家建设了海外云计算中心；面向中国—东盟新一代信息技术创新与应用合作，加快数字技术有序转化，助力数字经济、跨境贸易、物联网、5G通信技术、科技成果转化等多个方面项目签约。2022年11月，第25次中国—东盟领导人会议在柬埔寨金边举行，会议发布《关于加强中国—东盟共同的可持续发展联合声明》，双方强调将进一步加强在电子商务、智慧城市、人工智能、中小微企业、数字转型等领域合作。

国际组织等多边机制认为国际合作是解决数字鸿沟问题的重要路径。国际电信联盟《2024—2027战略规划》提出要促进普惠安全的电信基础设施建设，推动可持续的数字化转型，加快解决各国和各地区数字鸿沟，推动实现联合国

1　"Ghana spearheads digital trade, launches AfCFTA hub"，https://gna.org.gh/2022/08/ghana-spearheads-digital-trade-launches-afcfta-hub/，访问时间：2023年6月30日。

2　"E-commerce negotiators advance work, discuss development and data issues"，https://www.wto.org/english/news_e/news23_e/jsec_30mar23_e.htm，访问时间：2023年6月30日。

图8-2　肯尼亚儿童使用笔记本电脑

（图片来源：视觉中国）

2030年可持续发展目标。[1] 2022年9—10月，国际电信联盟2022年全权代表大会召开，成员国就推动确保数字技术惠及全人类达成共识。2023年世界电信和信息社会日（WTISD）主题为"通过信息和通信技术为最不发达国家赋能"，呼吁加强国际合作支持最不发达国家数字领域发展。2022年11月，二十国集团领导人第十七次峰会在印度尼西亚巴厘岛召开。峰会通过了《二十国集团领导人巴厘岛峰会宣言》，呼吁推进更加包容、以人民为中心、赋能和可持续的数字转型，鼓励就发展数字技能和数字素养、数字基础设施互联互通开展国际合作。中国国家主席习近平在峰会第一阶段会议上发表讲话，指出中方在二十国集团提出了数字创新合作行动计划，期待同各方一道营造开放、公平、非歧视的数字经济发展环境，缩小南北国家间数字鸿沟。[2]

1　"ITU Strategic Plan 2024-2027"，https://www.itu.int/en/council/planning/Pages/default.aspx，访问时间：2023年6月30日。

2　中华人民共和国司法部，《习近平在二十国集团领导人第十七次峰会第一阶段会议上的讲话（全文）》，http://www.moj.gov.cn/pub/sfbgw/gwxw/ttxw/202211/t20221115_467315.html，访问时间：2023年6月30日。

图8-3　非洲小女孩使用手机

（图片来源：视觉中国）

8.2.2　新兴技术安全与伦理问题日益受重视

当前，数字技术成为驱动各国经济增长和科技创新的核心引擎。世界主要国家在数字技术领域的竞争日趋激烈，5G、人工智能、量子计算依然是竞争焦点。伴随着信息技术的快速迭代发展，其带来的安全和伦理等问题日益凸显，国际社会对新兴技术治理规则的共性需求越来越强烈。如何维护网络空间的秩序、规范新兴技术在合理安全有序的条件下使用，成为许多国家和地区以及国际组织重点讨论的议题。

欧盟加快人工智能领域立法。2023年4月，欧洲数据保护委员会启动工作组监控ChatGPT，调查其潜在的隐私侵犯行为。2023年5月，欧洲议会内部市场委员会和公民自由委员会通过《人工智能法案》提案的谈判授权草案，向推进立法严格监管人工智能技术应用迈出关键一步。新文本提出严格禁止"对人类安全造成不可接受风险的人工智能系统"，包括有目的地操纵技术、利用人性弱点或根据行为、社会地位和个人特征等进行评价的系统等。谈判授权草案还要求人工智能公司加强算法管理，提供技术文件，并为"高风险"应用建立风险管理系统。根据法案，每个欧盟成员国都将设立一个监督机构，确保遵守规则。6月，欧洲议会通过该法案草案。

其他国家也加快开展针对人工智能等新兴技术的监管规范研究与实践探索。英国政府发布《人工智能监管白皮书》，提出加强人工智能安全性、透明度、公平性、问责与治理等监管原则，促进人工智能创新与安全应用。西班牙、法国、美国、加拿大等国家先后调查ChatGPT数据收集情况及安全风险。中国加快提升科技伦理治理能力。2023年5月，中国正式成立工业和信息化部科技伦理委员会、工业和信息化领域科技伦理专家委员会，研究制定重点领域科技伦理审查规范和标准，建立健全工业和信息化领域科技伦理审查监督体系。此外，中国就制定《全球数字契约》向联合国提交《关于全球数字治理有关问题的立场》意见中提出："各国应坚持伦理先行，建立并完善人工智能伦理准则、规范及问责机制，明确人工智能相关主体的职责和权力边界，充分尊重并保障各群体合法权益。"

各方积极寻求行之有效的治理路径，平等开放的良性合作有助于促进产业协同发展和可信治理。2022年10月，亚太人工智能学会（AAIA）与中国人工智能学会签订战略合作协议，双方将携手合作，推动全球人工智能科学家的学术交流与合作，共同推进人工智能产业的发展，让人工智能技术赋能更多的产业以及更好地服务于人类。11月，印度正式担任新一届人工智能全球合作组织（Global Partnership on Artificial Intelligence，简称GPAI）主席国。印度表示将同GPAI成员国一道，共同推进尽快制定一项通行的国际准则或法律框架，以防范人工智能技术滥用，特别是用于违法犯罪。2023年5月，第七届世界智能大会在中国天津召开，聚焦生成式人工智能、智能网联汽车等前瞻领域和热点话题展开全球对话，促进各方加强合作。

此外，防范人工智能的军事化应用同样备受关注，迫切需要深化国际合作共识，共同防范风险。2023年2月，中国、美国等60多国在荷兰海牙首届军事人工智能国际峰会上签署《负责任开发使用军事人工智能联合声明》，倡议负责任地开发使用军事人工智能，强调签署方将致力于承担国际法律义务，以不破坏国际安全、稳定为前提，并采取问责制的方式开发和使用军事人工智能。[1]

---

1 "Call to action on responsible use of AI in the military domain"，https://www.government.nl/ministries/ministry-of-foreign-affairs/news/2023/02/16/reaim-2023-call-to-action，访问时间：2023年6月30日。

8.2.3 数字货币的治理力度不断加大

随着数字经济快速发展与数字金融服务需求不断增加，全球货币金融体系迈入数字化变革时代，许多经济体加快部署央行数字货币。截至2022年12月，全球114个国家（经济总额占世界GDP的95%以上）正在研发或测试央行数字货币。[1] 金融稳定理事会在《G20跨境支付提升路线图》报告中，将央行数字货币在跨境支付的应用视为"改善支付的潜在路径"[2]。但各国设计及推出数字货币的方式不同，数字货币的潜在利弊存在较大争论。与此同时，世界主要国家和地区陆续将数字货币纳入国家监管体系。

从发行人角度看，数字货币主要分为私人数字货币和央行数字货币两大类。由于私人数字货币存在合规风险、欺诈风险、洗钱等风险和法律监管问题，其大规模应用将对传统金融体系和国家主权货币秩序造成冲击，大多数经济体对私人数字货币采取了强化干预、加大监管力度的态势。在全球范围内，对私人数字货币实施税收、制定反洗钱和打击恐怖主义融资法规（AML/CFT laws）的地区数量也持续上升。

从国家和地区层面看，如何发展和监管数字货币已经成为美国、日本、英国、新加坡等国家或地区重点关注问题。2022年9月，美国白宫发布"数字资产负责任发展框架"，该框架包含消费者和投资者保护、促进金融稳定、打击非法金融犯罪、加强美国全球金融系统领导地位和经济竞争力、普惠金融、负责任创新、探索美国央行数字货币七个方面，旨在保护美国数字资产涉及的消费者、投资者和企业，维护金融稳定、国家安全和金融环境。2023年4月，欧洲议会表决通过《加密资产市场法规》，根据该法案，加密资产服务供应商有义务保护用户的数字钱包安全，如果导致投资者加密资产损失，需承担责任。大型服务供应商还必须公开其能源消耗情况，以配合欧盟推动数字货币产业降低其高额碳排放量的举措。这也意味着欧盟国家拥有首份在整个区域统领性的全面加密

---

1 Atlantic Council，"Central Bank Digital Currency Tracker"，https://www.atlanticcouncil.org/cbdctracker/，访问时间：2023年6月30日。

2 Financial Stability Board，"G20 Roadmap for Enhancing Cross-border Payments: Consolidated progress report for 2022"，https://www.fsb.org/2022/10/g20-roadmap-for-enhancing-cross-border-payments-consolidated-progress-report-for-2022/，访问时间：2023年6月30日。

监管框架。稳定币作为数字货币的重要组成部分，越来越多国家将其纳入监管范畴。例如：2022年6月，日本颁布全球首个稳定币法案《资金结算法修订案》，该法规定了对稳定币运营方的管制措施；10月，新加坡金融管理局发布稳定币拟议监管政策咨询文件；2023年6月，英国批准《金融服务和市场法案》，该法案承认加密货币是一种受监管的活动，并将稳定币纳入支付规则范围。

从国际组织层面来看，国际组织对数字货币的监管与治理参与力度不断加大。国际货币基金组织（IMF）、国际清算银行、金融稳定理事会、二十国集团等纷纷出台各类报告和规范性意见。2022年10月，金融稳定理事会发布《加密资产活动和市场的监管与监督：咨询报告》。[1] 报告称，包括稳定币在内的加密资产正在快速发展，但需要加强国内和国际层面的有效监管，且相关服务提供商须确保遵守其运营所在司法管辖区现有法律。2022年7月，世界银行向G20提交了《央行数字货币跨境支付的接入及互操作性选择》联合报告，强调各国在设计央行数字货币时，需确保与当前金融系统的共存和兼容，遵守现有法律和监管框架，建立足够灵活的央行数字货币生态系统。2023年4月，国际货币基金组织发布文件《IMF关于央行数字货币能力发展的做法》，称来自低收入国家和大型新兴经济体关于发行央行数字货币的援助请求正不断增加，因此IMF将推出"央行数字货币手册"（CBDC Handbook），提供评估央行数字货币的信息、经验、实证结果和分析框架，助力各国金融决策。[2]

8.2.4 数据跨境流动合作与规则制定步伐加快

随着数字经济和数字贸易快速发展，加强数据跨境流动成为世界主要国家和地区在全球发展格局中打造优势的关键。一年来，美国、欧盟、英国、韩国、新加坡等国家和地区加强数据跨境流动的国际协调，抢占数据跨境流动规则制定权和话语权。英国加快双边数据跨境流动领域合作布局：2022年7月，英国与韩国签署新的数据充分性原则协议，该协议将促进两国数据共享，保障两国数据能够不受限制地安全传输；10月，英国与美国签署的《英美政府间就

---

1 Financial Stability Board，Regulation, Supervision and Oversight of Crypto-Asset Activities and Markets: Consultative document，2022年10月11日。

2 IMF，IMF Approach to Central Bank Digital Currency Capacity Development，2023年4月10日。

获取电子数据打击严重犯罪的协定》（又称《数据访问协议》）正式生效，允许英美执法机构在获得适当授权的情况下，直接从高科技公司获取与严重犯罪相关的电子数据，试图突破传统的数据属地管辖，通过强制网络服务提供者披露数据的方式单边获取他国境内数据，扩张域外数据控制权；11月，英国信息监管局更新《国际数据传输指南》，为数据从英国传输到其他国家提供了合理且适当的保护；12月，英国和日本正式建立数字合作伙伴关系，双方强调支持基于信任的数据自由流动，加强监管合作及数据创新。[1] 欧盟加强数据跨境安全传输水平，并持续推进"欧盟—美国数据隐私框架"：2022年6月，欧洲数据保护委员会通过关于数据跨境传输认证机制的指南以指导个人数据从欧洲经济区传输到第三国时维持高水平的数据保护；10月，美国白宫发布《关于加强美国信号情报活动保障措施的行政令》，表示美国将采取步骤落实有关欧美数据隐私框架下的承诺；2023年2月，欧洲数据保护委员会发布《关于"欧盟—美国数据隐私框架"的充分性决定草案》意见书，认可美国情报收集数据的必要性和相称性原则要求，以及为欧盟数据主体建立的新补偿机制。[2] 新加坡在数据跨境流动合作与联合执法方面取得进展：2022年7月，新加坡个人数据保护委员会与中国香港个人资料私隐专员公署签订谅解备忘录，扩大合作范围，包括个人数据跨境事件联合调查。2023年2月，欧盟和新加坡正式签署数字合作伙伴关系协定，这是欧盟与亚洲主要合作伙伴签署的第三个合作伙伴关系。双方同意在基于可信的数据流动和数据创新、数字信任、数字贸易便利化和公共服务数字化转型等关键领域开展合作。

在非洲，卢旺达、尼日利亚和南非大力研究推动数字资源促进产业发展，通过加快数据跨境流动合作提升数字化转型步伐。2022年6月，智慧非洲联盟和数字合作组织（Digital Cooperation Organization）在第八届世界电信发展大会上签署合作谅解备忘录。根据备忘录，两家机构将通过加强数据跨境流动、支持创新驱动型企业的成长以及创造有利的商业环境等创新合作方式，共同加

---

1 "UK-Japan Digital Partnership", https://www.gov.uk/government/publications/uk-japan-digital-partnership/uk-japan-digital-partnership，访问时间：2023年6月30日。

2 European Data Protection Board, "Opinion 5/2023 on the European Commission Draft Implementing Decision on the adequate protection of personal data under the EU-US Data Privacy Framework, Adopted on 28 February 2023", https://edpb.europa.eu/system/files/2023-02/edpb_opinion52023_eu-us_dpf_en.pdf，访问时间：2023年6月30日。

速非洲大陆的数字化发展和转型。[1]

2023年3月，联合国贸易和发展会议发布《G20成员国数据跨境流动规则》调查报告，对G20成员国和特邀国进行了调查，介绍了数据的多元性以及各国相关政策和立法，讨论了多利益相关方监管方法之间的共同点、差异和融合要素，总结各国数据跨境流动合作主要做法。例如：加拿大、墨西哥、新加坡和美国相关法律涉及各方为推动数据流动而签订的合同和谅解备忘录；阿根廷、加拿大、俄罗斯、英国和美国建立双边数据跨境流动司法合作；土耳其多边税收行政互助公约、欧盟关于建立数字单一市场的指令、新加坡使用亚太经济合作组织跨境隐私规则框架等，其本质均是尽可能地促进数据的自由流动。该报告呼吁加快促进成员国之间就数据跨境流动问题达成共识，制定相互协调的数据治理政策。[2]

数据跨境流动合作相关讨论不断增加。2022年《二十国集团领导人巴厘岛峰会宣言》中强调推进各国数字互联互通和数字经济发展，进一步推进数据跨境流动；《2022年亚太经合组织领导人宣言》强调将促进数据流动，加强数字交易中消费者和商业信任。

七国集团进一步强化成员国政策协调，围绕数据跨境流动规则制定加强磋商，加快构建符合成员国利益的数据跨境流动体系。2023年4月，七国集团数字部长会议召开，讨论促进数据跨境流动等多项议题。会议发表声明，提出"基于信任的数据自由流通"（DFFT）构想建立国际机制，加强跨国数据流通。

8.2.5　数据安全治理日益加强

数据安全保障关乎国家安全、经济安全和个人安全，各国对于数据安全及其治理能力重视程度日益上升。印度尼西亚、越南等发展中国家首次颁布数据安全保护有关法律法规；巴西、阿根廷修订国内的个人数据保护法，进一步明确主体责任和重要敏感数据管理规定，对违法行为处罚进行说明。[3] 不少国

---

1 中华人民共和国商务部，"智慧非洲联盟和数字合作组织签署谅解备忘录　共同促进非洲数字经济的合作与发展"，http://rw.mofcom.gov.cn/article/jmxw/202206/20220603317533.shtml，访问时间：2023年6月30日。

2 United Nations Conference on Trade and Development: G20 Members' Regulations of Cross-Border Data Flows，2023年3月22日。

3 "Brazil: Provisional measure published amending LGPD with respect to ANPD"，https://www.dataguidance.com/news/brazil-provisional-measure-published-amending-lgpd；"Argentina:AAIP issues Resolution amending enforcement classification"，https://www.dataguidance.com/news/argentina-aaip-issues-resolution-amending-enforcement，访问时间：2023年6月30日。

家逐步探索健全数据安全管理机制，优化数据安全保护制度框架。例如：尼日利亚《2022年数据保护法案（草案）》、印度《2022年个人数据保护法案（草案）》，均提出建立一个专门的数据保护委员会，以加强数据处理行为的合规监督[1]；2022年11月，坦桑尼亚议会通过《2022年个人数据保护法案》，建议设立个人数据保护委员会，并授权委员会对个人数据处理不当的行为处以罚款[2]。2023年6月，美国联邦通信委员会宣布成立隐私和数据保护工作组，负责协调在隐私和数据保护领域的规则制定、执法等工作。

面对全球数据安全议题的复杂性和紧迫性不断上升，加强国际合作对于推动构建全球数据安全治理体系、构建网络空间命运共同体具有重要意义。联合国2021—2025年信息安全开放式工作组持续开展工作，政府、国际组织、互联网企业、技术社群、社会组织、公民个人等通过多种方式广泛参与进程讨论。数据安全议题作为该工作组的职责任务之一列入2022年度报告。2023年3月，中国与俄罗斯发表关于深化新时代全面战略协作伙伴关系的联合声明，强调中方《全球数据安全倡议》和俄方关于国际信息安全公约的概念文件将为联合国信息安全开放式工作组相关准则制定做出重要贡献。中国还与中亚国家积极推进数据安全合作，2023年5月，中国—中亚元首举行会晤并发布《中国—中亚峰会西安宣言》，强调各方支持在《全球数据安全倡议》框架内构建和平、开放、安全、合作、有序的网络空间，共同落实好《"中国+中亚五国"数据安全合作倡议》，共同推进在联合国主导下谈判制定关于打击为犯罪目的使用信息和通信技术全面国际公约，合力应对全球信息安全面临的威胁和挑战。

8.2.6　网络安全国际规则博弈与合作并存

主要经济体围绕网络安全国际规则的博弈持续展开。2023年2月，美国、澳大利亚、印度和日本四方高级网络小组举行网络安全会议并发表联合声明，承诺通过四国政府的安全实践推动软件服务和产品的可靠性，为四国关键基础设施建立共同的网络安全标准，并强调在四方网络安全伙伴关系框架下，在印

1　"NIGERIA DATA PROTECTION BILL, 2022"，https://ndpb.gov.ng/Files/Nigeria_Data_Protection_Bill.pdf，访问时间：2023年6月30日。

2　"MPs underline benefits of personal data protection law"，https://dailynews.co.tz/mps-underline-benefits-of-personal-data-protection-law/，访问时间：2023年6月30日。

太地区联合开展网络安全能力建设活动。5月，俄罗斯、白俄罗斯、朝鲜、尼加拉瓜和叙利亚共同向联合国提交了关于《联合国国际信息安全公约》的更新版概念文件。该文件提出制定一项具有法律约束力的条约，以填补当前国际法的空白，并强调通过信任、合作和数据交换来增强网络安全能力，促进冲突解决。此外，波兰、欧盟、巴基斯坦等相继发布了国际法适用于网络空间的立场文件，阐明各方对国际法适用于网络空间的立场，以及关于网络攻击行为、网络空间军事化、网络空间能力建设等问题的主张和态度。[1]

在联合国框架下关于网络安全国际规则的相关讨论日益激烈。2023年3月，联合国2021—2025年信息安全开放式工作组第四次实质性会议在纽约联合国总部召开。各国就网络安全诸多重要议题展开丰富讨论，如网络威胁的评估、所涉法律问题、建立信任措施、能力建设和机制性对话等。各方对于采取何种法律框架约束网络安全行动仍存在争议。部分国家大力推广"促进网络空间负责任国家行为的行动纲领"的方案。法国、埃及等国重申创建某种形式的"定期机制性对话平台"或"永久性结构"以处理网络安全问题。[2]5月，联合国2021—2025年信息安全开放式工作组召开多利益相关方非正式磋商会议，包括政府、企业、非政府组织和学术界在内的代表参加，讨论国际法在信息通信技术使用中的适用问题。同月，联合国安理会举行了主题为"对关键基础设施进行网络攻击的国家责任与回应"的"阿里亚模式"（Arria Formula）会议。中国、俄罗斯、美国、英国、法国、澳大利亚、日本、巴西、阿联酋、莫桑比克等41国代表参加会议，讨论如何发挥联合国安理会作用，促进各国负责任地使用信息通信技术。中国、俄罗斯提出制定网络空间新规则的重要性，中国强调应确保各方广泛参与规则制定，特别是保障发展中国家权利；俄罗斯呼吁制定普遍而具有法律约束力的新公约。澳大利亚和日本等则认

1　"The Republic of Poland's position on the application of international law in cyberspace", https://www.gov.pl/web/diplomacy/the-republic-of-polands-position-on-the-application-of-international-law-in-cyberspace; "EU Statement—UN Open-Ended Working Group on ICT: International Law", https://www.eeas.europa.eu/delegations/un-new-york/eu-statement-%E2%80%93-un-open-ended-working-group-ict-international-law-0_en?s=63 ; "Pakistan's Position on the Application of International Law in Cyberspace", https://docs-library.unoda.org/Open-Ended_Working_Group_on_Information_and_Communication_Technologies_-_(2021)/UNODA.pdf, 访问时间：2023年7月3日。

2　"UN OEWG—The Plot Thickens: The UN Open-Ended Working Group on ICTs—Fourth Session", https://ict4peace.org/activities/un-oewg-the-plot-thickens-the-un-open-ended-working-group-on-icts-fourth-session/, 访问时间：2023年6月30日。

为现阶段的重点是进一步讨论国际法如何适用于网络空间。

在打击网络犯罪方面，联合国加快推进打击网络犯罪全球公约谈判进程。该公约是联合国在网络领域主持制定的第一个公约，对网络空间国际规则的讨论和发展具有十分重要的指标性意义。自2022年以来，联合国打击网络犯罪公约特设政府间委员会举行多次谈判会议，持续推进打击网络犯罪国际公约的起草工作。联合国主要成员国以及其他有关主体代表参加会议，先后就公约起草工作路线、公约框架、具体内容条款等进行多次协商和谈判。该委员会主席团成员来自中国、俄罗斯、阿尔及利亚、爱沙尼亚、埃及、美国等14个国家。2023年1月，联合国打击网络犯罪特设委员会举行第四次谈判会议，会后发布关于打击网络犯罪的一般规定、刑事定罪、程序措施和执法规定的综合谈判文件，会议对公约术语、打击网络犯罪的基本原则、定罪范围等进行磋商，并强调加强打击利用信息通信技术从事犯罪活动的国际合作。[1] 2023年4月，该委员会举行第五次谈判会议，与会各方围绕公约序言、国际合作、包括信息交换在内的技术援助、预防措施、实施机制、最后条款展开讨论。在维护网络空间稳定方面，2023年3月，联合国裁军研究所（UNIDIR）举办网络稳定会议，探讨适用于网络空间的《联合国宪章》下的权利和义务，包括与使用武力等主题相关的法律原则和门槛、武装攻击和自卫、联合国安理会的作用和权力、和平解决争端等。[2]

多国网络安全双边合作互动积极。2022年10月，新加坡与德国签署网络安全消费物联网标签互认协议；10月，日本和澳大利亚签署新的双边安全协议，强调加强网络安全等合作；11月，美国和新加坡举行首届网络对话（United States-Singapore Cyber Dialogue，简称USSCD），讨论加强关键信息基础设施保护、打击勒索软件攻击、打击数字诈骗，并加强区域网络能力建设、促进网络人才等合作。双方决定在新加坡网络安全局和美国国家网络主任办公室之间

---

1 "Consolidated negotiating document on the general provisions and the provisions on criminalization and on procedural measures and law enforcement of a comprehensive international convention on countering the use of information and communications technologies for criminal purposes", https://www.unodc.org/documents/Cybercrime/AdHocCommittee/4th_Session/Documents/CND_21.01.2023-Copy.pdf, 访问时间：2023年6月30日。

2 "2023 Cyber Stability Conference—Use of ICTs by States: Rights and Responsibilities Under the UN Charter", https://unidir.org/events/2023-cyber-stability-conference-use-icts-states-rights-and-responsibilities-under-un-charter, 访问时间：2023年7月3日。

建立关于技术和网络的双边工作组。[1]

区域层面的网络安全治理合作取得一定进展。2022年7月，西非国家经济共同体委员会（ECOWAS Commission）在"有组织犯罪：西非对网络安全和打击网络犯罪的回应"（Organised Crime: West African Response on Cybersecurity and fight against Cybercrime，简称OCWAR-C）项目框架内，与欧洲委员会（Council of Europe）和国际刑事警察组织（INTERPOL）合作，在佛得角首都普拉亚举办有关电子证据和网络犯罪应急响应的培训项目。OCWAR-C项目由欧盟资助，其目标是提高成员国信息基础设施的韧性和稳定性，并提升成员国相关部门打击网络犯罪的能力。2022年11月，东盟防长扩大会议网络安全专家工作组第9次会议举行，韩国和马来西亚作为共同主席国主持会议，中国、美国、俄罗斯、日本、印度、澳大利亚、新西兰和东盟十国参与，讨论网络安全问题和区域合作，参与国代表进行了网络安全跨国演习。这是中、美、俄首次共同参与网络安全演习。中方倡导各方积极维护网络空间的和平、安全与稳定，共同推动构建网络空间命运共同体。

金砖国家在网络安全领域拥有广泛共同利益，积极引领全球网络安全合作进程。2023年6月，金砖国家领导人峰会通过并发表了《金砖国家领导人第十四次会晤北京宣言》。宣言支持联合国在推动关于信息通信技术安全的建设性对话中发挥领导作用，包括在2021—2025年联合国开放式工作组框架下就信息通信技术的安全和使用开展的讨论，并在此领域制定全球性法律框架；落实《金砖国家网络安全务实合作路线图》以及网络安全工作组工作，继续推进金砖国家务实合作。7月，"金砖国家安全事务高级代表之友"会议举行，中国、南非、巴西、俄罗斯、印度、白俄罗斯、伊朗、沙特、埃及、布隆迪、阿联酋、哈萨克斯坦、古巴等国代表出席，围绕"网络安全日渐成为发展中国家的挑战"主题进行深入讨论。为应对网络安全问题，中方提出建设公正合理、开放包容、安全稳定和富有生机活力的网络空间。各方表示，国际社会应当加强和规范信息通信技术使用，共同打击网络犯罪，促进数字互联互通，缩小数字鸿沟，加强技术创新国际合作，促进各国经济和社会发展；应当改革、完善全球网络治理体系，增加发展中国家的代表性和发言权。

---

1 "The Inaugural U.S.-Singapore Cyber Dialogue"，https://www.state.gov/the-inaugural-u-s-singapore-cyber-dialogue/，访问时间：2023年6月30日。

第9章

中国为世界互联网发展做出贡献

2023年是中国全功能接入互联网第三十年。作为全球第77个接入互联网的成员，中国的互联网普及率由0.001%飞跃为76.4%[1]，互联网的应用由单纯发邮件逐步拓展到物联网、车联网、人工智能、天地互联等各种场景，助力中国和世界发展。中国凭借其独特的制度优势和市场优势等，为世界互联网发展贡献智慧和力量，提出了构建网络空间命运共同体的理念主张，做大了全球数字经济蛋糕，成为拉动全球发展的重要引擎。中国致力于弥合数字鸿沟、分享数字红利等，以实际行动推动世界特别是广大发展中国家互联网发展，助力实现联合国2030年可持续发展目标。

9.1　为世界互联网发展贡献中国方案和智慧

中国国家主席习近平站在人类前途命运的战略高度，直面世界互联网发展共同问题，顺应信息时代发展大势，坚持以人民为中心的发展思想，做出了建设网络强国的重大战略部署。在互联网发展和治理实践中，习近平主席提出系列治网理念和主张。2015年提出推进全球互联网治理体系变革的"四项原则"和构建网络空间命运共同体的"五点主张"：强调"尊重网络主权，维护和平安全，促进开放合作，构建良好秩序"；倡导"加快全球网络基础设施建设，促进互联互通；打造网上文化交流共享平台，促进交流互鉴；推动网络经济创新发展，促进共同繁荣；保障网络安全，促进有序发展；构建互联网治理体系，促进公平正义"。特别是在推进全球互联网治理体系变革的关键时期，习近平主席强调发扬伙伴精神，"大家的事由大家商量着办"，做到"四个共同"，即"发展共同推进、安全共同维护、治理共同参与、成果共同分享"。2022年11月，国务院新闻办公室发布《携手构建网络空间命运共同体白皮书》，全面介绍党的十八大以来中国互联网发展治理实践成就，介绍中国加强网络空间国际交流合作、推动构建网络空间命运共同体的理念、行动和贡献，提出构建更加

1　CNNIC，"第52次《中国互联网络发展状况统计报告》发布"，https://www.cnnic.net.cn/n4/2023/0828/c199-10830.html，访问时间：2023年8月。

紧密的网络空间命运共同体的中国主张。

2017年习近平主席提出共建"数字丝绸之路"。秉持产业数字化、数字产业化理念，推动发展中国家并联式实现工业化、数字化、智能化、网络化，助力广大发展中国家实现弯道超车、换道超车，扭转着"强者越强、弱者越弱"的全球化趋势，截至2023年7月，中国与152个国家和30多个国际组织在"一带一路"框架下开展或间接推进数字合作。同时，习近平主席还先后提出《全球发展倡议》《全球安全倡议》《全球文明倡议》三大全球性倡议，逐渐探索走出一条以"构建网络空间命运共同体"为核心的中国式互联网发展治理道路，为全球互联网治理提供中国方案、贡献中国智慧，进一步为变革中的世界指明前进方向和实践路径。

中国致力于与世界各国共享互联网发展成果，以中国新发展为全球提供新机遇，秉持共商共建共享的全球治理观，深化数字经济、网络安全、网络文化等领域对话合作，在推动建立更加公正合理的全球互联网治理体系中发挥了重要作用，携手构建网络空间命运共同体理念日益赢得国际社会广泛共识。

专栏9-1 ————————————————————————————

"携手构建网络空间命运共同体"全球智库征文活动

2022年，为推动国内外学界共同参与研究阐释构建网络空间命运共同体理念，汇聚各方创新思路和研究成果，中国网络空间研究院携手新华社研究院、中国国际问题研究院共同开展"携手构建网络空间命运共同体"全球智库征文活动，为全球智库、科研机构和专家学者提供了新的交流平台与窗口。此次活动征集到来自中国、美国、俄罗斯、法国、德国、西班牙、印度、巴西、克罗地亚、乌兹别克斯坦、不丹、韩国等国家近百位专家学者的优秀稿件，择优汇编成《数字世界的共同愿景——全球智库论携手构建网络空间命运共同体》文集，并在2022年世界互联网大会乌镇峰会数字经济论坛正式发布。

图9-1　2022年11月，世界互联网大会数字经济论坛在中国乌镇举行。论坛期间，《数字世界的共同愿景——携手构建网络空间命运共同体》全球智库征文活动成果正式发布

（图片来源：《中国网信》杂志）

9.2　不断扩大全球数字经济红利

9.2.1　推进信息基础设施建设，助力全球互联网普及

一是积极推进全球光缆海缆建设。通过光纤和基站等建设，提高相关国家光通信覆盖率，推动当地信息通信产业跨越式发展。推广IPv6技术应用，助力"数字丝绸之路"建设，"云间高速"项目首次在国际云互联目标网络使用SRv6技术，接入海内外多种公有云、私有云，实现端到端跨域部署、业务分钟级开通，已应用于欧洲、亚洲和非洲的十多个国家和地区。二是推动北斗相关产品及服务惠及全球。北斗相关产品已出口至全球一半以上国家和地区。与阿盟、东盟、中亚、非洲等国家和区域组织持续开展卫星导航合作与交流，推动北斗系统进入国际标准化组织、行业和专业应用等标准化组织。三是助力提升全球数字互联互通水平。大力推进5G网络建设，积极开展5G技术创新及开发建设的国际合作。中国企业支持南非建成非洲首个5G商用网络和5G实验室。中国积极支持共建"一带一路"国家互联互通建设，助力提高基础设施数字化水平。将"智慧港口"建设作为港口高质量发展的新动能。

专栏9-2 ————————————————————————————————

中国企业助力推动全球网信基础设施建设

案例一

2017年6月，由中国联通发起并主导建设的亚非欧1号（Asia-Africa-Europe-1 Cable System，简称AAE-1）海缆于2017年正式投产，全长25000公里，实现了亚欧之间东起中国香港，经柬埔寨、越南、马来西亚、新加坡、泰国、印度、巴基斯坦、阿曼、阿联酋、卡塔尔、吉布提、沙特阿拉伯、埃及、希腊、意大利，连接至法国，跨越缅甸海、印度洋、阿拉伯海、红海、地中海，互联18个国家和地区，为沿线22.6亿人口提供了至少40Tbps（最小设计容量）的通信带宽，并进一步构建了绕过马六甲海峡，通过中缅穿境光缆传输系统直达中国大陆的差异化互联通道，为欧亚间的互联网开辟了世界上最长、最复杂、技术最先进、时延最低的大型连接通道。

2022年5月，由中国联通参与发起并宣布计划铺设SEA-H2X海缆，为亚洲及全球数字化转型扩容提速。SEA-H2X将连接中国海南、中国香港、菲律宾、泰国、马来西亚（东）及新加坡等地，进一步可延伸至越南、柬埔寨、马来西亚（西）以及印度尼西亚，建成后将极大提升亚洲区域内的网络连接性。

————————————————————————————————

案例二

中国移动推动2Africa海缆项目建设，连接非洲23个国家，为沿途登陆的国家和地区提供更高速、更稳定的网络连接服务。2Africa海缆建设项目是迄今为止全球最大规模的海缆项目，它的建成将连接非洲的23个国家，可为沿途登陆的国家及地区提供更高速、更稳定的网络连接服务。同时，2Africa海缆将满足中非方向的国际通信发展需求，为丝绸之路经济带提供基础通信网络，实现基础通信网络的互联互通，让多地的经济合作变得更加顺畅，让各国之间的联系更加紧密。

2022年，2Africa海缆在意大利热那亚完成首次登陆，2Africa海缆将接入Equinix位于意大利热那亚的运营商中立数据中心。与2Africa其余登陆点一致，热那亚登陆点将在公平、公正的基础上向服务商提供连接服务，进一步促进互联网及连接生态的健康发展。此外，2Africa海缆已与意大利运营商合作部署一条新陆上链路，连接位于Equinix数据中心的海缆登陆点至米兰的主要运营商中立数据中心。目前2Africa海缆项目在主要海底勘测及生产工作中均取得良好进展，按计划将于2024年完工并投产。

截至2022年底，中国移动国际传输总带宽超过123T，全球网络资源能力覆盖60多个共建"一带一路"国家和地区。其中亚欧BAR-1海缆为在建亚欧方向系统设计容量最大国际海缆通道，带宽容量超过200T；亚太SJC2海缆、SEA-H2X海缆联通东盟热点地区，中老泰陆缆通道由中国昆明贯穿中南半岛东部通达泰国曼谷，实现陆上超短时延。在POP点方面，中国移动海外POP点超过230个，在82个共建"一带一路"国家和地区、121个城市布局183个POP点，极大提升区域内连接设施能力。在数据中心方面，中国移动在中国香港、新加坡、英国、德国等热点区域布局数据中心资源，IDC总数达万余架，有效保障企业数据安全。

案例三

中国电信通过与中国接壤国家建立的跨境陆地光缆先后为越南、尼泊尔、缅甸、蒙古、哈萨克斯坦、吉尔吉斯斯坦等国家运营商提供通过中国线路接入互联网的服务。2018年，中尼跨境互联网高速光缆正式开通，为两国共建"一带一路"提供成功样本，更好地满足了尼泊尔民众日益增长的上网需求，也促进了尼泊尔国际网络出口的多样性和安全性。

中国电信在非洲和中东陆续建成覆盖南非、肯尼亚、尼日利亚、吉布提和阿联酋为核心的优势网络，并通过这些网络辐射周边国家和地区。2023年，中国电信CTGNet网络成功部署高速率互联网转接节点，并已在吉布提、肯尼亚向多家运营商提供互联网转接服务。

中国电信旗下的中国通服聚焦亚太、中东和非洲三大区域，为40多个国家（地区）的通信运营商、政府及企业客户提供数字网络建设服务，通过推动一系列重点项目的高水平落地，促进东道国信息化发展。2016年10月，中国通服总承包的坦桑尼亚国家ICT骨干网项目投入运营，坦桑尼亚电话资费相对于网络建设前减少了57%，互联网资费降低了75%，大幅压低坦桑尼亚的通信成本，完善了坦桑尼亚通信基础设施；中国通服承建的沙特电信运营商ITC国家宽带网项目，是沙特2030发展愿景和沙特国家转型计划框架下的国家级重点项目，中国通服通过部署约60万户FTTH高速光网络，加快了沙特通信基础设施建设和信息化产业升级进程；2022年底，中国通服建成了援毛里塔尼亚城市安全系统相关项目。该项目是为毛里塔尼亚政府定制开发的信息系统，通过资源整合、互联互通、信息共享，形成一个系统集成化、信息一体化、管理动态化、决策科学化的公共安全综合业务平台。该项目的建成增强了毛里塔尼亚政府维护城市居民生命财产安全的能力，在保障当地人民安居乐业，促进社会和平稳定发挥积极作用。

9.2.2　分享数字技术和应用，助推全球经济发展

中国积极发挥数字技术对经济发展的放大、叠加、倍增作用，助推全球数字产业化和产业数字化进程，推进数字化和绿色化协同转型。一是"丝路电商"合作成果丰硕。自2016年以来，中国与五大洲24个国家建立双边电子商务合作机制，建立中国—中东欧国家、中国—中亚五国电子商务合作对话机制。电子商务企业加速"出海"，带动跨境物流、移动支付等各领域实现全球发展。与自贸伙伴共同构建高水平数字经济规则，电子商务国际规则构建取得突破。二是云计算、人工智能等新技术创新应用发展。中国积极为非洲、中东、东南亚等国家以及共建"一带一路"国家提供云服务支持。以世界微生物数据中心为平台，有效利用云服务平台等资源，建立起由51个国家、141个合

作伙伴参加的全球微生物数据信息化合作网络，牵头建立全球微生物菌种保藏目录，促进全球微生物数据资源有效利用。协助泰国共同打造泰国5G智能示范工厂，积极同以色列等国家开展交流合作，提升农业数字化水平。

专栏9-3 ————————————————————————————————

中国企业积极推动全球数字经济发展

案例一

近年来，腾讯公司的微信支付作为数字金融的一项科技创新，为全球经济发展注入了新的活力。自2015年至今，微信支付已为境外69个国家和地区提供高效的移动支付工具，支持26个币种结算。境外合作机构超1000家，连接境外商户超400万，覆盖包括餐饮、百货、便利超市、旅游景点、出行等大量场景，为当地经济发展注入新动力。近年来，微信智慧模式还进一步拓展到了城市服务场景。小程序购票、退税，扫码预约旅游服务等，已经在瑞士、荷兰、日本、韩国等多个国家和地区落地。2020年底，日本著名旅游观光城市富良野市政府全面接入微信生态，打造智慧生态旅游城市样板，中国游客可通过富良野官方旅游小程序完成滑雪场预约购票、巴士路线查询、扫码乘车、扫码识物等便捷旅游服务；瑞士、韩国的国家级铁路运营部门亦先后上线了官方购票小程序，不仅提升中国游客购买车票的效率和体验，更解决了语言和信息障碍的痛点；荷兰阿姆斯特丹史基浦机场是欧洲首个微信支付智慧旗舰机场，通过小程序、微信支付等全平台生态能力，为中国游客提供更快捷的境外出行体验。

案例二

数字支付是数字经济发展的核心之一，也是商业数字化的关键驱动因素。蚂蚁集团应用Alipay+这一创新的跨境数字支付和营销解决方案，助力全球数千万商家与移动时代的消费者建立广泛连接，覆盖了以亚洲为主的超14亿消费者支付账户，助力全球消费者"一个钱包走遍世界"，打造熟悉、安全、无缝和完全自动化的支付流程。

2022年6月，蚂蚁集团在新加坡成立的星熠数字银行正式开业，成为首批获得新加坡金管局批准成立的数字批发银行之一。星熠数字银行致力于为中小微企业提供可负担、易获取的金融服务组合，推动金融普惠。银行65%的客户为新加坡的小微企业，年销售额低于一百万新加坡币；23%的客户展业时间不超过三年，过去难以获取银行贷款。此外，星熠数字银行有10%的外企客户，蚂蚁集团通过其远程服务能力，有效解决了疫情期间传统银行面对面验证的不便。同时，星熠数字银行推出APIs（ANEXT Programme for Industry Specialists）项目，计划通过嵌入式融资合作为15000家中小微企业带去便捷顺畅的金融服务。

案例三

浪潮集团已为全球120多个国家和地区提供IT产品和服务。在共建"一带一路"国家中，浪潮在沙特、阿联酋项目较多，且在沙特成立了公司，作为长期扎根本地市场的服务平台。沙特在2016年发布了《2030年愿景》，其中一个目标就是要实现全国100%宽带覆盖。浪潮通信信息以运营支撑业务为切入点，为沙特电网提供面向通信骨干网的运维保障系统，实时发现和解决网络问题，保障网络持续服务。同时，浪潮集团积极同沙特企业合作，为Dawiyat公司提供整体网络服务，开通IT解决方案，并通过该项目协助沙特提升数字基础设施水平，为社会提供更优质、稳定的电信服务，拉动当地经济增长，帮助沙特国家推进《2030年愿景》中关于国家宽带战略的规划落地。

9.2.3 积极参与数字经济治理，推动建立相关国际规则

中国在国际或区域多边经济机制下，推动发起多个符合大多数国家利益和诉求的倡议、宣言和提案。一是推进亚太经合组织数字经济合作。2014年，中

国作为亚太经合组织领导人非正式会议东道主首次将互联网经济引入亚太经合组织合作框架，发起并推动通过《促进互联网经济合作倡议》。积极推动全面平衡落实《APEC互联网和数字经济路线图》，先后提出"运用数字技术助力新冠疫情防控和经济复苏""优化数字营商环境，激活市场主体活力""后疫情时代加强数字能力建设，弥合数字鸿沟""数字化绿色化协同转型发展"等倡议。2021至2023年，中国国家互联网信息办公室先后举办亚太经合组织数字减贫研讨会、数字能力建设研讨会、数字化绿色化协同转型发展研讨会，分享数字经济建设实践经验，深化亚太经合组织数字经济合作共识。二是积极参与二十国集团框架下数字经济合作。在中国的推动下，2016年"数字经济"被首次列为二十国集团创新增长蓝图中的一项重要议题，全球首个由多国领导人共同签署的数字经济政策文件《二十国集团数字经济发展与合作倡议》通过。2022年，中国提出《二十国集团数字创新合作行动计划》，旨在推进数字产业化、产业数字化方面国际合作，释放数字经济推动全球增长潜力。三是积极推动世贸组织数字经济合作。2017年，中国正式宣布加入世贸组织"电子商务发展之友"。2019年，中国与美国、欧盟、俄罗斯、巴西、新加坡、尼日利亚、缅甸等76个世贸组织成员共同发表《关于电子商务的联合声明》，启动与贸易有关的电子商务议题谈判。2022年，中国与其他世贸组织成员共同发表《关于〈电子商务工作计划〉的部长决定》，支持电子传输免征关税，助力全球数字贸易便利化。

此外，中国积极在《区域全面经济伙伴关系协定》等框架下开展数字经济治理合作，积极推进加入《数字经济伙伴关系协定》《全面与进步跨太平洋伙伴关系协定》，不断深化同金砖国家、东盟、非盟、阿盟等开展数字经济交流合作，建立数字经济伙伴关系，促进数字创新、数字技能与素养、数字化转型等务实合作，合力营造开放包容、公平公正、非歧视的发展环境。

9.3　持续深化全球网络安全合作

9.3.1　深化网络安全领域合作伙伴关系

中国积极推动达成《金砖国家网络安全务实合作路线图》，通过《上合组织成员国保障国际信息安全2022—2023年合作计划》，分别与印度尼西亚、泰国签署网络安全领域合作谅解备忘录，并与东盟联合建立网络安全交流培训中心。截至2023年5月，中国已与82个国家和地区的285个计算机应急响应组织建立了"CNCERT国际合作伙伴"关系，与其中33个组织签订网络安全合作备忘录。中国坚持以开放包容的态度推动全球数据安全治理、加强个人信息保护领域的合作，在保障个人信息和重要数据安全的前提下，与世界各国开展交流合作。2020年9月，中国发布《全球数据安全倡议》，为制定全球数据安全规则提供了蓝本。随后，中国同阿拉伯国家、中亚五国等签署数据安全合作倡议，标志着发展中国家在携手推进全球数字治理方面迈出了重要一步。

9.3.2　共同打击网络犯罪和网络恐怖主义

中国一贯支持打击网络犯罪国际合作，支持在联合国框架下制定全球性公约。中国推动联合国网络犯罪政府间专家组于2011—2021年间召开七次会议，为通过关于启动制定联合国打击网络犯罪全球性公约相关决议做出重要贡献。推动在上合组织和金砖机制下签署共同打击国际恐怖主义的声明，提出加强网络反恐合作交流建议。

9.4　积极推动网络空间全球治理

9.4.1　参与网络空间国际治理重要平台进程

一是推动联合国网络空间治理进程。中国坚定维护以联合国为核心的国际体系、以国际法为基础的国际秩序，始终恪守《联合国宪章》确立的主权平等、不得使用威胁或武力、和平解决争端等原则，尊重各国自主选择网络发展道路、网络管理模式、互联网公共政策和平等参与网络空间国际治理的权利。2020年9月，《中国关于联合国成立75周年立场文件》发布，呼吁国际社会要在相互尊重、平等互利基础上，加强对话合作，把网络空间用于促进经济社会发展、国际和平与稳定和增进人类福祉，反对网络战和网络军备竞赛，共同建立和平、安全、开放、合作、有序的网络空间。中国与上合组织其他成员国向联合国大会提交"信息安全国际行为准则"，并于2015年提交更新案文，成为国际上第一份系统阐述网络空间行为规范的文件。中国建设性参与联合国信息安全开放式工作组与信息安全政府专家组，积极参与联合国教科文组织《人工智能伦理问题建议书》制定工作，深度参与联合国互联网治理论坛，围绕数字经济国际合作、人工智能等议题举办开放论坛、研讨会等活动，宣介阐释中国关于构建网络空间命运共同体的理念主张，分享互联网发展治理和网络空间国际合作的经验做法。积极参与国际电信联盟、联合国人权理事会、联合国经济及社会理事会等机构涉网信议题磋商。组织中国技术社群和研究机构等智库力量积极参与联合国《全球数字契约》磋商制定工作，在参与全球数字治理、推动全球数字合作方面发挥实质性作用，促进人类社会共享数字技术，弥合"南北"数字鸿沟。二是拓展与国际组织的网信合作。世界互联网大会作为中国搭建的网络空间国际交流合作平台，广泛吸纳了诸多国际组织参与其中。国际电信联盟、世界知识产权组织、全球移动通信系统协会等连续多年担任世界互联网大会支持单位。三是积极参与全球互联网组织事务。积极参与互联网名称和数字地址分配机构等平台或组织活动。支持互联网名称和数字地址分配机构治理机制改革，增强发展中国家的发言权和代表性，推进互联网基础资源管理国际化进程。积极参与国际互联网协会、国际互联网工程任务组、互联网架构委员会活动，促进社群交流，推进产品研发和应用实践，深度参与相关标准、规则制定，发挥建设性作用。

9.4.2　推动开展平等互信的网络空间国际交流合作

2017年3月，中国发布首份《网络空间国际合作战略》，就推动网络空间国际交流合作首次全面系统地提出了中国主张，向世界发出了中国致力于网络空间和平发展、合作共赢的积极信号。中国秉持相互尊重、平等相待原则，积极同世界各国开展网络空间交流合作。一是深化中俄网信领域的高水平合作。2015年，签署《中华人民共和国政府和俄罗斯联邦政府关于在保障国际信息安全领域合作协定》，为两国信息安全领域合作规划方向。2021年，双方重申将巩固国际信息安全领域的双多边合作，继续推动构建以防止信息空间冲突、鼓励和平使用信息技术为原则的全球国际信息安全体系。二是推进中欧网信领域开放包容合作。举办中欧数字领域高层对话，围绕加强数字领域合作，就通信技术标准、人工智能等方面进行务实和建设性讨论。与欧盟共同成立中欧数字经济和网络安全专家工作组，建立中欧网络工作组机制，双方在工作组框架下不断加强网络领域对话合作。与英、德、法等国开展双边网络事务对话，深化与欧洲智库交流对话。举办"2023年中欧数字领域二轨对话"，进一步深化中欧之间在数字领域的理解与互信，推动务实合作。三是加强与周边和广大发展中国家网信合作。持续推动中国与东盟国家数字领域合作，举办中国—东盟信息港论坛、中国—东盟数字合作吹风会，建立中国—东盟网络事务对话机制。建立中、日、韩三方网络磋商机制。举办中非互联网发展与合作论坛，发布"中非携手构建网络空间命运共同体倡议"，提出"中非数字创新伙伴计划"，与亚非国家开展网络法治对话。四是以平等和相互尊重的态度与美国开展对话交流。中国致力于在尊重彼此核心关切、妥善管控分歧的基础上，与美国开展互联网领域对话交流，为包括美国在内的世界各国企业在华发展创造良好市场环境，推进中美网信领域的合作。但一段时间以来，美国采取错误对华政策致使中美关系遭遇严重困难。推动中美关系健康稳定发展，积极开展双方网信合作，符合两国人民根本利益，也是国际社会的共同期待。

9.4.3　搭建世界互联网大会交流合作平台

2014年以来，中国连续九年在浙江乌镇举办世界互联网大会，搭建中国与世界互联互通的国际平台和国际互联网共享共治的中国平台。自2017年起，中国网络空间研究院连续六年在大会上发布《中国互联网发展报告》和《世界互联网发展报告》蓝皮书，全面分析中国与世界互联网发展态势，为全球互联网发展与治理提供思想借鉴与智力支撑。近年来，国际各方建议将世界互联网大会打造成为国际组织。在多家单位共同发起下，2022年7月，世界互联网大会国际组织在北京成立，更好助力全球互联网发展治理。2023年6月，世界互联网大会首次举办专题性活动，即数字文明尼山对话，大会主题为"人工智能时代：构建交流、互鉴、包容的数字世界"，来自全球数百名政企学研各领域高级别代表与会。尼山对话旨在推动全球各国在数字时代更好挖掘历史文化时代

图9-2　世界互联网大会2022

（图片来源：世界互联网大会秘书处）

价值，加强国际人文交流合作，为人工智能技术的发展开辟新道路，共同推动人类文明事业发展进步。

9.5　努力促进全球普惠包容发展

9.5.1　积极开展网络扶贫国际合作

中国在利用网络消除自身贫困的同时，采取多种技术手段帮助发展中国家提高宽带接入率，努力为最不发达国家提供可负担的互联网接入，消除因网络设施缺乏导致的贫困。在非洲20多个国家实施"万村通"项目，通过亚太经济合作组织等平台推广分享数字减贫经验，提出解决方案。例如，将简单小巧的基站放置在木杆上，而且自带电源、功耗很低，快速、低成本地为发展中国家偏远地区提供移动通信服务，目前已有60多个发展中国家受益。2021年，举办亚太经合组织数字减贫研讨会，为APEC各经济体分享数字减贫实践经验、深化数字减贫合作提供交流平台，让互联网发展成果更好惠及亚太地区人民。

专栏9-4

中国企业推动发展中国家数字化建设发展

案例一

中国通服现有31家驻外机构，海外员工约4400人，本地化率约70%，在东道国招募并培养市场、技术、财务、项目管理等各方面专业人才3000余人。此外，在重大项目实施期间，更是充分利用当地劳工资源，拉动本地就业，如坦桑尼亚项目施工期间，雇用8000多名本地员工，尼日尔国家骨干光缆项目雇用2000多名本地员工，刚果（金）国家光传输网络项目雇用8000多名本地员工，南非FTTH项目雇用约1000名本地员工。

中国通服依托1所电信大学、10家职业教育机构和13个培训中心等核心培训资源，持续向海外客户、供应商、合作伙伴及本地员工提供完善的通信类培训，实现知识和技能的有效传递，促进了中外文化交流。据不完全统计，中国通服为刚果（金）、赞比亚本地员工提供充分的技能培训机会，并将技术与晋升挂钩，已累计参训本地员工百余人，专业涵盖了通信站点维护安装、通信线路建设维护、数据机房建设等多个方面。

案例二

中国移动是巴基斯坦唯一一家中国电信运营商，中国移动辛姆巴科公司建成了巴基斯坦覆盖最广、质量最好、体验最佳的4G网络，成为行业创新力领军企业，为4500多万用户提供服务。辛姆巴科公司坚持央企责任为先，全面助力国家战略，支撑服务好中巴经济走廊项目，直接雇用了3100余名当地员工，间接带动当地超5万人就业，以实际行动促进当地经济社会和民生的发展。

案例三

世界银行成员国际金融公司同蚂蚁集团携手，于2018年起合作开展了"10×1000科技普惠计划"，该计划目标是在十年内为新兴市场国家培训10000名科技领军者，使其成为推动当地数字经济发展的驱动力量。近四年来，通过线上和线下相结合的方式，该计划已吸引来自92个国家和地区超过6000名创业者、从业者和合作伙伴参与其中。2022年，"10×1000科技普惠计划"培训了全球1741名科技从业者。

截至2022年底，"10×1000科技普惠计划"50%以上的学员具有超过三年的数字经济领域从业经验，其中，女性学员占比超过30%。同时，蚂蚁集团作为学术合作伙伴参与了由新加坡金融管理局（MAS）、国际金融公司以及联合国开发计划署（UNDP）发起的小微企业开放金融教育平台，帮助亚洲和非洲的中小企业提升金融素养。"10×1000科技普惠计划"分享了平台运营经验及部分课程内容，帮助全球更多的小微企业走上数字化的道路。

9.5.2 助力提升数字公共服务水平

中国积极研发数字公共产品，中阿电子图书馆项目以共建数字图书馆的形式面向中国、阿盟各国提供中文和阿拉伯文自由切换浏览的数字资源和文化服务。充分利用网络信息技术，建设国际合作教育"云上样板区"。联合日本、英国、西班牙、泰国等国家的教育机构、社会团体共同发起"中文联盟"，为国际中文教育事业搭建教学服务及信息交流平台。2020年10月，与东盟国家联合举办"中国—东盟数字经济抗疫政企合作论坛"。向相关国家捐赠远程视频会议系统，提供远程医疗系统、人工智能辅助诊疗、5G无人驾驶汽车等技术设备及解决方案。

专栏9-5 ——————————————————————————————

中国企业携手发展中国家应对疫情带来的挑战

案例

为帮助民众正确自查新冠肺炎风险，避免恐慌和不当求医造成交叉感染风险，帮助疾控人员提供精准早筛、决策及流调支持，2022年，腾讯使用互联网和医疗AI技术开发了新冠早筛及预警监测系统，并向全球开源新冠肺炎AI自查助手。疾控智能对话问诊系统在用户端应用已在疫情期间服务全球用户60亿人次，腾讯健康实时疫情及新冠自查引擎模块国际版的源代码已通过Github开放，供全球开发者使用，累计访问量达18000+，已在中国内地、中国澳门、大洋洲、非洲等国家/地区上线使用，取得了巨大的社会效益。精准新冠早筛引擎基于实时电子病历数据对医院就诊患者开展自动化筛查，精准早筛出新冠疑似患者，精确率达到93%，比核酸检测速度更快并能够发现核酸假阴性新冠患者，从就诊到该系统给出高风险预警信号平均耗时4.8小时，此外，该方案提前15小时发现了一例核酸假阴性新冠患者，从而将高危疑似患者推送至疾控部门和公共卫生人员进行早期筛选、核实与判断。

——————————————————————————————

9.5.3　推动网络文化交流与文明互鉴

打造网上文化交流平台，促进文明交流互鉴。2020年9月，中国举办"全球博物馆珍藏展示在线接力"项目，吸引来自五大洲15个国家的16家国家级博物馆参与。2021年5月，联合法国相关博物馆举办"敦煌学的跨时空交流与数字保护探索"线上研讨会，共同探索法藏敦煌文物的数字化保护与传播的新方向、新模式、新方案，以推进敦煌文物的数字化呈现和传播。此外，中俄网络媒体论坛、中国—南非新媒体圆桌会议、中坦（坦桑尼亚）网络文化交流会、中国网络文明大会"网络文明国际交流互鉴论坛"等持续举办，也在以不同形式推动着网络文化与文明交流互鉴。

专栏9-6

中国企业推动网络文化交流弥合数字鸿沟

案例一

中国移动为实现数字巴基斯坦国家战略做出贡献。2022年，中国移动开展品牌焕新、网络优势等主题宣传，塑造引领巴基斯坦数字化转型的企业形象。开展"一起数字化"品牌焕新宣传，在各类数媒投放宣传广告，邀请网红、大V拍摄视频及撰写blog，触达2000万人次。开展网络质量领先宣传，结合网络测试排名领先，在社交媒体和数字媒体发表帖子和文章，触达1000万人次。2022年7月，"一带一路"微纪录片《中国信号助力消除巴基斯坦数字鸿沟》在央视播放。

案例二

携程集团通过与海外旅游局的合作助力海外目的地旅游复苏。2022年，携程开展十余场境外目的地云旅游直播，平均每场观看热度超百万。6月，携程牵手纽约旅游局推出"超级目的地"纽约站专题，举办"世间万貌，尽在纽约"专场直播，通过双语直播云旅游形式展出纽约特色风景。该专场直播收获的效果可观，直播间热度达到314万，点赞量超过34万，当晚20—24点，携程平台"纽约"目的地及产品搜索热度环比前一日提升超23倍。11月，携程集团联合加拿大旅游局推出"传奇加拿大直播周"特别企划。连续四场直播，为用户全方位、沉浸式地介绍加拿大最具代表性的优势旅游资源，完整展示了加拿大不列颠哥伦比亚省、阿尔伯塔省、安大略省等多个省区的不同魅力，累计吸引430万人观看。

案例三

北京快手科技有限公司国际化业务的产品形态简单易用，通过为用户提供丰富多彩的创作工具和普惠机制的分发渠道，帮助所在国各个阶层的用户快速融入数字时代，不少居住在偏远地区的用户通过快手的国际化产品认识了更加丰富多彩的世界，向世界展示了自己真实、有趣的生活。在巴西，2022年第一季度，快手的单DAU时长已接近60分钟，获取了高粘性的用户群体和健康的内容创作消费正循环生态。迷你肥皂剧（类似在国内受欢迎的短剧模式）也在快手国际版上取得巨大成功。标签#TeleKwai下已有57.3万个视频，浏览量超过170亿。

一花独放不是春，百花齐放春满园。互联网是人类共同的文明成果、共有的精神家园，网络空间未来应由世界各国共同开创。展望未来，中国愿继续同世界各国一道，携手走出一条数字资源共建共享、数字经济活力迸发、数字治理精准高效、数字文化繁荣发展、数字安全保障有力、数字合作互利共赢的全球数字发展道路，加快构建网络空间命运共同体，为世界和平发展与人类文明进步贡献智慧和力量。

名词附录

[说明：1.按中文拼音排序；2.本附录顺序为互联网相关专业术语，部门机构、国际组织及行业组织，互联网平台、媒体及企业，战略规划、法案、行政令等文件。本书名词附录由中国网络空间研究院和新华社译名室共同审核。]

（一）互联网相关专业术语

（二）部门机构、国际组织及行业组织

（三）互联网平台、媒体及企业

（四）战略规划、法案、行政令等文件

后 记

　　当前，世界之变、时代之变、历史之变正以前所未有的方式展开。信息革命的时代浪潮滚滚而来，新一轮科技革命和产业变革加速推进，互联网发展让世界变成了"地球村"，国际社会越来越成为你中有我、我中有你的命运共同体。我们希望通过《世界互联网发展报告（2023）》（以下简称《报告》），全面展现过去一年来全球互联网发展现状，解读互联网发展的全球态势，推动各方携手构建网络空间命运共同体，更好地实现网络空间发展共同推进、安全共同维护、治理共同参与、成果共同分享。

　　对《报告》的编撰工作，中央网信办室务会高度重视，办领导给予有力指导，网信办各局各单位大力支持，有关部委以及各省（自治区、直辖市）网信办对《报告》编写工作特别是相关数据和素材内容的提供给予了鼎力帮助。《报告》由中国网络空间研究院牵头编撰，参与人员主要包括夏学平、宣兴章、李颖新、钱贤良、刘颖、江洋、邹潇湘、廖瑾、姜伟、程义峰、尹鸿、李博文、姜淑丽、吴晓璐、龙青哲、李玮、邓珏霜、迟海燕、袁新、贾朔维、陈静、肖铮、林浩、王猛、李晓娇、郭思源、叶蓓、沈瑜、蔡杨、李阳春、刘超超、吴洁琼、徐艳飞、路丹、孟庆顺、龙超泽、崔雯雯、李灿、杨笑寒、刘佳朋、田原、刘瑶、李静怡、赵高华、宋首友、王普、牛学利、蔡霖、张杨、王奕彤、杨旭、张晏宁、张璨、翟优、张婵、杨欣彤、林治平、王花蕾、王丽颖、李宏宽、陈耿宇、王宏洁、罗玮琳、王理达、白茹梦、高宁广、徐晓瑜、叶秀敏、李海生、齐佳音、史安斌、杨晨晞、赵精武、刘传相、周茂林等。张力、赵国俊、郎平、吕勇强、陈琪、李广乾、王立梅、郭丰、徐龙第等专家学者在编写过程中提出宝贵意见。同时，新华社译名室对本书的名词附录进行了审校。

《报告》的顺利出版离不开社会各界的大力支持和帮助。鉴于编撰时间有限，《报告》难免存在不足之处。为此，我们希望国内外政府部门、国际组织、科研院所、互联网企业、社会团体等各界人士对《报告》提出宝贵的意见和建议，以便进一步提升编撰质量，为全球互联网发展治理贡献智慧和力量。

中国网络空间研究院

2023年10月